JN441464

제연설비
추병길

머리말

근래에는 건축물에 화재가 발생하면 각종 가연성 내장재 등에서 발생하는 연기로 인하여 피난 및 소화활동의 어려움이 많아 인적, 물적 피해가 커지고 있다. 이에 방연과 제연의 대책이 요구되고 있으며, 특히 현대의 건물은 지하시설 및 무창층(無窓層)이 증가하고 구조가 복잡해지는 추세로 그 중요성이 더욱 절실해졌다.

연기의 유해성은 연기로 인한 질식, 시계 저하, 연기 유독성, 연기 층의 높은 온도 등으로 소방에서는 연기 때문에 특히, 건축물의 구조, 불특정 다수의 수용 인원 및 피난의 어려움 때문에 지하층이나 무창층이 주 관심 대상이 되고 있다.

제연설비는 소화활동설비의 하나로 건축물의 화재 초기단계에서 발생하는 연기 등을 감지하여 화재실의 연기는 배출하고 피난경로인 복도, 계단 등에는 연기가 확산되지 않도록 함으로써 거주자를 연기로부터 보호하고 안전하게 피난할 수 있도록 함과 동시에 소방대가 소화활동을 할 수 있도록 연기를 제어하는 데 그 목적이 있다.

연기의 특성과 유동은 복잡하여 그 거동을 예측하기 어렵기 때문에, 부력, 가스팽창, 연돌효과, 외부 풍력 영향 등 열과 유체학적인 지식 또한 필요하다. 건물설계 시 연기의 유동을 역학적으로 예측하여 배연구의 위치 등을 고려하도록 해야 한다.

이 책은 제연설비의 설계 및 시공과 관련된 기초 유체역학적 내용과 작동원리로부터 그 적용대상까지 기술하였으며, 화재안전기준에 따른 용어와 원리 등을 개정된 기준에 따라 설명하였다.

따라서 이 책은 화재안전성능기준(NFPC 501, 501A)과 화재안전기술기준(NFTC 501, 501A) 및 그 해설서를 중심으로 편집하였으며 소방, 건축설비 관계자, 그리고 산업안전 관계인에게 건축물의 방연·제연과 소방법상 제연설비에 대한 원리와 대책을 이해시키는 데 도움이 될 수 있으리 생각한다. 또한 소방설비기사 자격증을 준비하는 수험생들에게도 도움이 되기 위하여 제연설비 기출문제를 삽입하고 중요한 용어나 설명 등에는 밑줄을 넣었다.

본서는 1. 연기, 2. 제연설비 관련 유체역학적 기초이론, 3. 방연계획, 4. 자연제연 및 기계제연, 5. 제연설비 설계 순으로 구성하였다.

지금까지 방연·제연의 내용에 접근해 보지 못한 관련분야 분들이 이 책을 통하여 원리적인 차원으로 공부해 나간다면 의외로 도움이 있을 것이라 생각한다.

끝으로 세심하게 교정 및 편집을 도와준 지우북스 출판사 대표를 비롯한 관계자에게 고마움을 전한다.

추병길

차례

CHAPTER 01 연기

CHAPTER
02 제연설비 관련 유체역학적 기초이론

CHAPTER
03 방연계획

CHAPTER 04 제연설비

CHAPTER

05 제연설비 설계

CHAPTER

01 연기

1.1 연기의 특성
1.2 연기농도
1.3 연기의 유해성
1.4 연기확산
1.5 건물 내의 연기유동 특성

연기는 여러 가지 물질에 의해 생성되기 때문에 그 성분은 여러 가지이다. 화재에 의한 연기도 건물에 수납되는 물질에 따라 다르고 근래에는 고분자 화합물에서 발생하는 연기의 독성이 문제가 되고 있다.

건물 내의 연기의 거동에 관해서는 크게 두 가지 방식으로 나눌 수 있다. 그 하나는 화재실과 그 부근에서는 연기가 연소에 의해 발생 된 열에너지에 의해 열팽창과 부력을 생성하기도 하고 혹은 각종 가스를 발생하여 체적이 증가하는 등의 움직임을 갖는다. 다른 하나는 외부 바람이나 이미 화재 이전에 발생해 있던 연돌효과에 의한 기류 등으로 화재가 계속 진행하여 발생 된 대량의 연기 등의 영향으로 연기를 확산하려고 하는 움직임이다. 전자를 연기의 마이크로적인 거동이라 한다면 후자는 매크로적인 거동이라 할 수 있겠다.

1.1 연기의 특성

(1) 연기의 정의

연기란 기체, 일반적으로 공기 중에서 고체나 액체의 미립자가 부유하고 있는 상태를 말한다. 화재 시 연기란 물질의 열분해 생성물, 즉 유리탄소입자, 액적입자 등이 동시에 발생한 가스체가 공기 중으로 부유, 확산한 상태를 말한다. 보통 유기질 재료가 가열되면 열분해를 일으켜 휘발성가스 및 유리탄소를 방출한다. 그것을 1차 반응이라고 한다. 또한 이들 생성물질에 가열이 행해지면 2차 반응으로써 발열반응이 일어난다. 2차 반응을 할 때쯤 산화가 완전히 진행되지 않고 열분해로 생성된 유리탄소 입자나 혹은 탄소입자에 타르계 물질이 부착한 것, 또는 액적입자가 그 외의 가스 입자화된 분해생성물과 함께 대기 중에 부유, 확산하고 있는 상태를 연기라 말한다.

연기는 열에 의한 물질의 분해 생성물이기 때문에 그 물질이 가진 화학조성과 연소 시 온도 및 산소의 공급조건에 크게 영향을 받는다. 그러므로 물질에 따라 방출된 연기입자나 가스는 다양하지만 어떤 일정한 조건에서는 그 물질 특유의 값을 나타낸다. 온도가 낮아 그을림이 많은 연소의 단계에서는 액적입자가 대부분이기 때문에 백색 혹은 청백색의 연기가 발생하고, 온도가 상승해 착화연소의 단계에 도달하면 유리탄소의 발생에 의해 짙은 검정 연기가 나온다. 연기입의 크기는 0.01～10 μm 정도인데, 분무입자가 10～50 μm 정도인 것에 비교해서 매우 작은 것이다.

1.2 연기농도

(1) 연기의 농도 표시 방법

연기의 농도 표시 방법에는 다음의 3가지가 있다.

① 중량농도법
단위체적 중의 연기입자의 중량(mg/m^3) 으로 표시한다.

② 입자농도법
단위용적 중의 입자의 개수(개수/mg^3)로 표시한다.

③ 투과율법(감광계수법 : C_2)
연기 중에서의 통과량으로부터 구한 광학적 농도표시. 일반적으로 감광계수(m^{-1})를 사용한다. 제연설비에는 일반적으로 연기의 감광계수(C_s)에 의한 표시 방법이 사용되고 있다. 연기의 농도지표로서는 연기 중에 포함된 유독가스량이나 산소량이 부족한 대로 사용하는 것이 가능하지만 사람의 피난을 쉽게 할 것을 목적으로 할 경우 연기 중의 예측량으로 구해진 광학적인 농도가 제연설비 관계의 표시법으로 적당하다.

(2) Lambert's 법칙

연기 중의 빛의 강도(I)는 감광계수 C_s를 이용하여 다음 식과 같이 표현하는 것이 가능하다.

$$I = I_o e^{-C_s L} \quad \cdots\cdots (1.1)$$

$$C_s = \frac{1}{L} \ln \frac{I_o}{I} \quad \cdots\cdots (1.2)$$

여기서, I_o : 연기가 없을 때 빛의 강도

I : 연기가 있을 때 빛의 강도

L : 광원과 수광점과의 거리(m)

C_s : 감광계수(1/m)

식 1.1을 Lambert's 법칙이라고 한다.

C_s의 기호는 Concentration of smoke의 의미로부터 만들어진 것으로 단위는 1/m이다. C_s의 개념은 좀처럼 정의하기 어렵지만 연기의 입자가 같은 크기라고 할 때 단위 체적당의 연기의 입자 수라고 생각하면 이해가 쉽다. 즉 C_s가 크다면 입자가 많이 있고 작다면 조금밖에 없다고 생각할 수 있다.

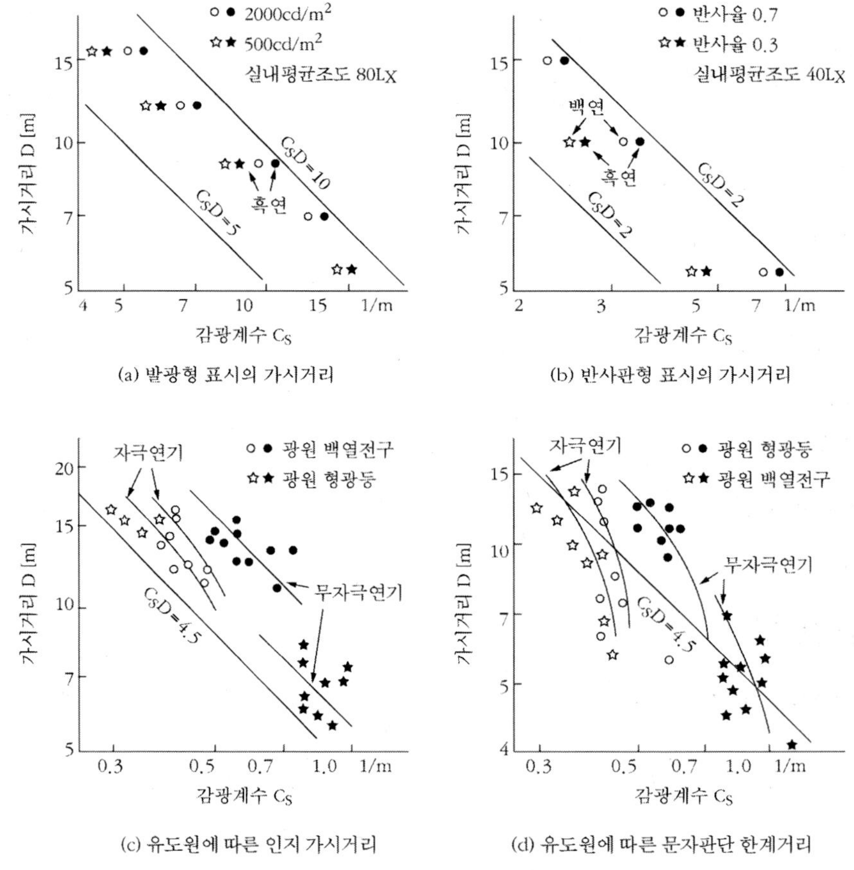

그림 1.1 연기 중의 각종 표시에 따른 가시거리

(3) 연기의 농도와 예측거리

연기농도가 높아지면 연기의 입자에 의한 빛의 차폐효과 때문에 예측된 거리가 저하된다. 이것을 연기의 시야장애효과라고 하고 피난이나 소화활동상 현저한 장해가 된다. 또한 일본의 神忠久의 실험에 의하면 연기의 농도, 즉 감광계수(C_s m-1)와 예측거리(m)의 사이에는 그림 1.1에 나타낸 것처럼 $C_s \times \mathrm{D} = k$(상수)의 관계가 있다. 이 관계는 유도등 등의 가시거리의 경우에는 자극성의 연기 중에서 농도가 어느 정도 이상으로 되면 예측거리가 급격하게 저하하는데, 이는 연기의 자극에 따른 흐름 때문이다.

(4) 연기의 농도 허용한계

피난한계 가시거리는 그 건물을 숙지하고 있는 사람과 숙지하지 못하는 사람에 따라 다르다. 일반적으로 건물을 숙지하고 있는 사람의 피난한계 가시거리는 5 m 정도이고 피난한계 연기농도 C_s는 0.2~0.4 (평균 0.3 m^{-1}) 정도이다. 비숙지자의 경우는 가시거리가 30 m, C_s= 07~0.13 (평균 0.1 m^{-1}) 정도이다.

화재 시 발생하는 연기의 농도는 실험 시 샘플링 후 실온까지 냉각하여 측정했을 때 C_s =25~30 m^{-1} 정도로 그 값이 크다. 따라서 피난한계 가시거리에서부터 농도를 관찰해보면 화재실로부터 C_s = 30의 검은 연기가 나오는 경우 피난한계농도를 C_s= 0.1~0.3으로 낮추기 위해서는 $\frac{30}{0.1} = 300$, $\frac{30}{0.3} = 100$으로 연기를 100~300배로 희석하지 않으면 안 된다는 것을 의미한다. 재료의 발연계수(K)는 연기가 많은 물질과 적은 물질에 따라 수백 배 차이가 있다. 그러함에도 독성지수(단위 중량당의 독성)는 수십 배의 차이가 있다. 따라서 건축의 사용재료를 선정하는 경우 연기가 많이 발생하는 재료를 사용하지 않아야 연기로부터 독성지수도 낮아져서 연기의 유해성을 낮추는 효과도 커질 것이라고 생각된다.

그림 1.2는 발연계수와 온도와의 관계를 나타내었으며, 표 1.1은 연기의 감광계수(C_s)와 가시거리(R)의 관계를 보인 것이다.

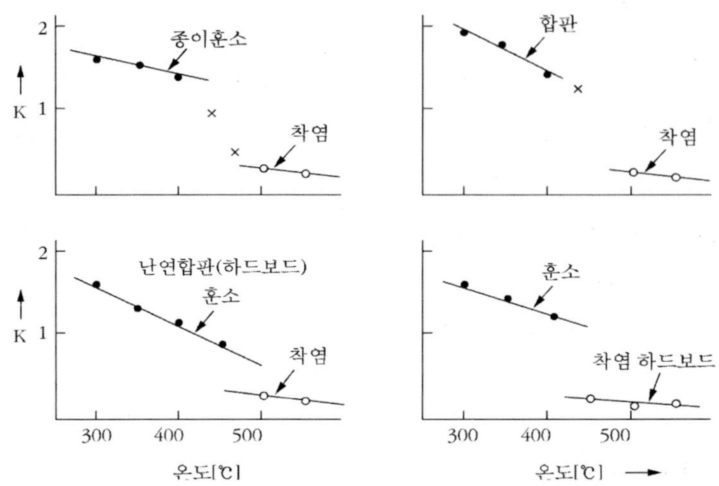

그림 1.2 발연계수와 온도와의 관계

표 1.1 연기의 농도와 가시거리와의 관계

감광계수[m^{-1}]	가시거리[m]	상황
0.1	20～30	연기감지기가 작동할 정도
0.3	50	건물 내부에 익숙한 사람이 피난에 지장을 느낄 정도의 농도
0.5	3	어두침침한 것을 느낄 정도의 농도
1.0	1～2	거의 앞이 보이지 않을 정도의 농도
10	0.2～0.5	화재 최전성기 때의 농도, 유도등이 보이지 않을 정도의 농도
30	-	출화실에서 연기가 분출될 때의 농도

1.3 연기의 유해성

연기의 유해성은 연기로 인한 시계저하(Smoke Obscuration)로 인한 피난의 어려움과 연기의 유독성 및 산소농도의 저하로 인한 질식, 연기층의 온도상승으로 인한 화상 등이 있다.

(1) 연소생성가스의 성분

화재에 의한 피해가 발생할 때마다 최근 건축에 사용되고 있는 새로운 건축자재에서의 연기 문제가 대두되고 있다. 새로운 자재로 사용되고 있는 여러 가지 플라스틱계 재료는 화재 시에 다양한 유독가스를 발생한다. 일반적으로 이용되고 있는 건축재료를 크게 나누면 ① 목질계 ② 염소계 ③ 질소계 ④ 불소계 ⑤ 유황계로 나눌 수 있다. 표 1.2는 연소생성물의 분석표이다.

① 목질계

목재, 종이, 합판, 목질섬유판 탄소(C), 수소(H), 산소(O)로 된 셀룰로오스, 리그닌(lignin)이 주성분으로 된 재료이다. 대부분 자유연소 및 훈소가 동시에 일어나고 연소 생성의 대부분은 이산화탄소(CO_2) 및 일산화탄소(CO)의 발생이 크게 나타난다.

※ 리그닌

침엽수나 활엽수 등의 목질부를 구성하는 다양한 구성 성분 중에서 지용성 페놀 고분자를 의미

② 염소계 목재

폴리염화비닐이나 일반적으로 사란(saran : 합성섬유직물의 일종)이라고 알려진 염소(Cl)를 포함한 재료는 자기연소성을 가진 반면 독성이 강한 염화수소(HCl), 염소(Cl_2), 포스겐($COCl_2$)을 생성한다. Cl은 거의 HCl이 되고 다른 가스는 극히 미량이다.

③ 질소계 재료

명주나 양모 등의 동물성 천연섬유나 아크릴 유지, 나일론, 폴리우레탄, 우레아수지, 멜라민수지 등 질소를 포함한 재료는 자기 연소성을 가진 반면 연소에 의해 CO, CO_2, HCN, NH_3를 생성한다. HCN은 일반적으로 400~500℃에서 발생하고 공기량이 부족하거나 고온으로 되면 될수록 많은 양이 발생한다.

④ 불소계 재료

상품명 테프론으로 잘 알려진 불소(F)를 포함한 수지는 난연성이지만 가열을 계속하면 연소 시에 자극성과 부식성이 있는 불화수소(HF)를 생성한다.

⑤ 유황계 재료

가류고무나 아스팔트 등 유황을 포함한 재료는 연소에 의해 황화수소(H_2S), 아황산가스(SO_2)를 생성한다.

표 1.2 연소생성물의 성분 분석(단위 g/시료 g)

	자연연소(800℃ 공기 중)						
	탄산가스	CO	암모니아	포스겐	HCN	알데히드	염소
목재	1.626	0.270					
종이	1.202	0.135					
염화비닐	0.433	0.229		0.0001			0.496
saran	1.047	0.022					0.621
나일론	1.226	0.304	0.0064		0.0076	0.032	
레이온	1.836	0.116					
양모	1.641	0.446			0.007		
직물	1.352	0.634	0.0024		0.036	0.053	
폴리에틸렌	0.192	0.142					
에틸셀룰로오스	2.294	0.440					
요소수지	1.193						
폴리스틸렌	0.666	0.173			0.0033		
	훈소연소(800℃ O_2 11.7%)						
	탄산가스	CO	암모니아	포스겐	HCN	알데히드	염소
목재	0.934	0.366					
종이	1.001	0.273					
염화비닐	0.743	0.086		0.00008			0.473
saran	0.416	0.221					0.774
나일론	0.907	0.355	0.0065		0.0093	0.210	
레이온	1.130	0.225					
양모	0.650	0.138			0.003	0.035	
직물	1.033	0.141	0.0012		0.007	0.308	
폴리에틸렌	1.698	0.504	0.003				
에틸셀룰로오스	0.202	0.172	0.012				
요소수지	0.980	0.080			0.022		
폴리스틸렌	0.625	0.160			0.0012		

(2) 연소생성가스의 독성

연기는 눈이나 기관의 점막을 자극하고 폐에 흡착하여 산소의 흡수를 방해하는 등 인체에 대해 유해하며 연소 시에 동시에 발생하는 유독가스의 독성은 훨씬 강하게 인명에 영향을 미친다. 표 1.3에서는 각종 유독가스가 인체에 미치는 영향을 나타냈으며, 표 1.4는 각종 가연물에서 발생 가능한 유해가스를 보이고 있다.

표 1.3 화재 시에 발생하는 유해가스의 독성(단위 : ppm, 1기압, 25℃)

유해가스	LTV*	0.5~1시간에서 위험	0.5~1시간에서 치명적	작용
CO	50	1,500~2,000 (1시간)	4,000	• 혈액 중의 헤모글로빈과 결합하여 CO-Hb를 형성하여 산소의 수송을 방해한다. • CO는 화학적 질식제이다.
NO NO_2	- 5	100~150	400~800	• 아질산 및 질산을 기관지의 O_2 및 H_2O의 존재하에서 생성함. 질산염류가 폐부종을 일으키는 데 대하여 니트릴은 methemoglobin을 형성함
HCl	5	1,000~2,000 (단시간에 위험)	4,350	• 기도의 알칼리성 조직을 중화시킨다. 후드 및 기도의 부종 또는 경련으로 사망한다.
Cl_2	1	50 (단시간)	1,000 (단시간)	• 가수분해하여 기관지에서 발생기산소와 HCl로 된다.
$COCl_2$	0.1	12.5	50 (0.5시간)	• 가수분해하여 기관지, 폐포에서 HCl과 CO를 생기게 한다. 폐부종과 질식
HF	3	50~250 (단시간)	-	• 점막의 궤상, 화학적 폐렴
COF_2	-	-	-	• 가수분해하여 HF 및 CO로 된다. $COCl_2$와 같다.
H_2S	10	400~700	800~1,000 (고농도에서 즉사)	• 자극성 피부의 알칼리와 결합 하여 Na_2S를 생성 : 고농도에서는 폐부종, 질식 : 호흡중추마비
HCN	50	2,500~6,500 (0.5시간)	5,000~10,000 (급 치명적)	• 폐부종

표 1.4 각종 가연물에서 발생 가능한 유해가스

유해가스 또는 증기	가연성 물질
이산화탄소(CO_2)	목재 등의 탄소를 함유한 대부분의 가연물
일산화탄소(CO)	폴리우레탄
질소산화물(NOx)	양털, 견직, 폴리아크릴로니트릴
시안화수소(HCN)	
개미산(HCOOH)	셀룰로오스계 물질(목재, 레이온 등)
초산(CH_3COOH)	
아크로레인	목재, 종이
황산화물(SOx)	고무
할로겐화수소(HX)	
포스겐($COCl_2$)	폴리염화비닐, 할로겐을 이용한 난연성 플라스틱
알데히드류(RCHO)	목재, 레이온, 페놀·포름알데히드수지, 폴리에스테르수지
암모니아(NH_3)	멜라민, 나일론, 요소알데히드 수지
벤젠(C_6H_6)	폴리스틸렌, 폴리염화비닐
페놀(C_6H_5OH)	페놀·포름알데히드 수지

1.4 연기확산

화재실에서 연기가 확산되는 주요 요인은 부력(Buoyancy), 가스팽창(Gas Expansion), 연돌효과(steak effect), 외부에서 풍력 영향, 공조시스템, 피스톤효과(Piston Effect), 공기층의 하강 등이 있다.

(1) 연기운반기구

연기의 이동은 열역학 제2법칙에 의하여 열의 방향과 동일하다. 화재 발생 시 공기와 연기는 열을 받아 온도상승으로 밀도차가 커지면서 부력을 발생하여 상 방향으로 상승하여 천장에 부딪혀 방향을 바꾸고 천장기류(Ceiling)를 형성하여 수평으로 확산해 간다. 이 경우 연기의 온도강하가 없다면 고온의 연기인 채로 주위의 공기와는 확실히 구분된 층의 흐름, 즉 고온층(hot layer)과 저온층(cold layer)의 2개 층을 형성해 흐르게 되며(zone model), 일반적으로 주위의 벽면에 의해 냉각되고 밀도가 커지면서 연기층은 하강된다. 또한 더욱 냉각한 공기를 유인, 혼합하기 때문에 온도강하와 연기의 확산 및 희석을 일으켜서 수평으로 이동해 간다.

점차 이 건물 내의 기류의 강제이동 요인인 냉난방이나 공조시스템, 기계환기 또는 외부의 바람에 의해 발생하는 여러 가지 기류가 있다면 화재 시에 발생한 연기는 이 건물 내에 처음부터 존재하는 기류에 편승하여 운반하게 된다. 예를 들면 한랭한 동절기에 있어서 고층 건물에 난방을 행하고 있는 경우에는 외기와 실내의 온도 차는 25~45℃에 달하기에 내·외부의 연기 밀도 차는 더 커지고 화재가 성장함에 따라 온도상승이 되어 연기는 더 팽창하고 부력에 의하여 상승기류를 발생하여 연돌효과의 요인이 존재하고 있는 것이다. 아울러 엘리베이터가 설치된 건물에서는 승강기의 수직이동에 따른 연기의 유동도 확산의 요인이 될 수 있다.

위에서 설명한 것처럼 연기의 확산은 주위의 상황에 따라 각각 서로 다른 양상을 나타내지만 대략의 확산속도는 표 1.5와 같다.

표 1.5 연기의 대략 확산속도

연기확산속도	초기		중기
	훈소화재(자연확산)	발염화재(대류확산)	고온화재(대류확산)
수평 확산속도	0.1 m/s	0.3 m/s	0.5~0.8 m/s
수직 확산속도(계단 등)	3~4 m/s		

(2) 온도에 의한 기체팽창

연기란 불완전연소에 의해 발생한 고체 및 액체의 입자가 공기 중에 부유해 있는 상태로 엄밀히 이야기하면 공기와는 비중량이 다르다. 표 1.6에서 각종 재료의 연소에 의해 발생한 연기의 비중과 농도를 나타내었다. 연기의 비중은 일반적으로 기체보다 무겁고 특히 합성수지계의 물질이 발생하는 연기는 공기보다 약 3% 무겁다. 그러나 무거운 연기 중에는 많은 응축물방울을 포함해 냉각되면 침강이나 부착에 의해 제거되기 때문에 일반적으로 연기의 비중은 공기에 비해 약 3% 이하의 증가에 지나지 않는다. 따라서 연기를 정량적으로 계산할 경우는 연기의 비중량은 공기의 비중량과 같다고 취급해도 큰 지장이 없다.

표 1.6 각종 재료의 연소 시 발생한 연기의 비중과 농도

재료	목재		염화비닐	발포스틸렌	우레탄	알콜
연소온도(℃)	310~210	580~620	820	500	720	720
과잉공기율*	0.41~0.49	2.43~2.65	0.64	0.17	0.97	-
비중량(%)**	0.7~1.1	0.9~1.5	2.7	2.1	0.4	2.5
감광계수(m^{-1})	10~35	20~31	>35	30	32	32

* 완전연소에 필요한 이론공기량에 대한 연소시 공급공기량의 비

** 동일온도하에서 공기비중량 γ_a에 대한 연기의 비중량 γ_s의 차의 백분비 $\frac{\gamma_s - \gamma_a}{\gamma_a} \times 100$

기체의 용적과 온도의 관계는 게이-루삭의 법칙으로 표현된다. 즉, 압력을 일정하게 하고 온도를 상승시킬 때 비체적의 증가는 다음 식으로 나타내어진다.

$$V_\theta = V_o(1 + \alpha\theta) \quad \cdots\cdots (1.3)$$

여기서, V_θ : 온도 θ(℃)일 때의 비체적(m^3/kg)

V_o : 온도 0(℃)일 때의 비체적(m^3/kg)

α : 기체의 팽창계수, 이상기체일 때는 1/273이다.

화재 시 발생하는 연기의 양은 놀라울 정도로 많은 양이라는 것이 경험적으로 알려져 있다. 이것은 발연량이 많은 물질을 사용하는 것이 가장 큰 원인이지만 유입된 신선한 공기가 화재실에서 열을 받아 팽창하기 때문이기도 하다. 예를 들면 0℃의 공기가 화재 실에 유입되어 열을 받아 273℃가 될 경우 그 체적은 2배로 팽창하게 된다. 그림 1.3에는 공기의 온도와 체적의 관계를 나타내었다.

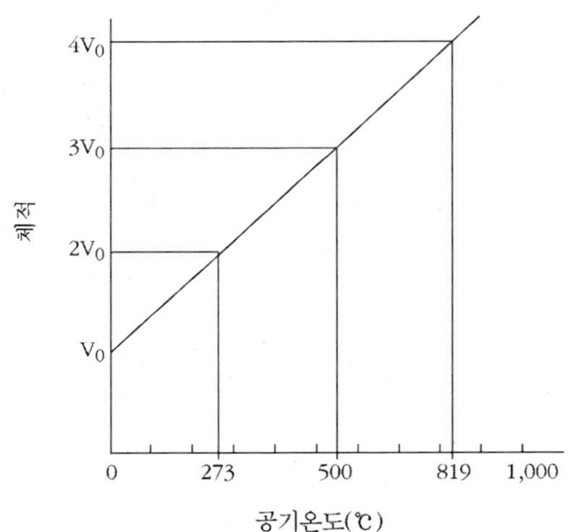

그림 1.3 공기 온도에 따른 체적의 증가 관계

(3) 물질의 연소가스에 의한 연기의 증가량

물질이 완전히 연소한다면 원소 조성에 의해 다음과 같이 변화한다.

- 수소 : 물을 생성 $2H_2 + O_2 \rightarrow 2H_2O$
- 탄소 : 이산화탄소를 생성 $C + O_2 \rightarrow CO_2$
- 유황 : 이산화황을 생성 $S + O_2 \rightarrow SO_2$
- 알콜 : 이산화탄소와 물을 생성 $C_2H_5OH + 3O_2 \rightarrow 2CO_2 + 3H_2O$

1 kg의 목재가 완전연소하는 데 필요한 최소공기량 $Q_{\min}(m^3)$은 0℃, 760 mmHg의 상태 있어서 $Q_{\min} = 3.975\ m^3$이다. 실제 연소에서는 공기를 많이 공급하기 때문에 이것을 공기과잉률 n으로 표시하면 실제의 공기공급량 $Q(m^3)$은 $Q = n\,Q_{\min}$가 된다. Q의 공기가 공급되면 탄소의 x 부분이 완전연소할 경우 x를 완전연소율로 하면 $(1-x)$ 부분이 불완전연소한 것으로 되어 생성된 연소가스량은 모두가 완전연소할 때보다 약간 많게 된다.

그림 1.4에 목재에 대한 완전연소율, 공기과잉률과 배기가스 온도가 각각 다른 경우에 연소가스량의 산출표를 나타내었다. 연기량에는 공기과잉률과 화재실의 온도가 큰 영향력을 미치고 있다는 것을 알 수 있다.

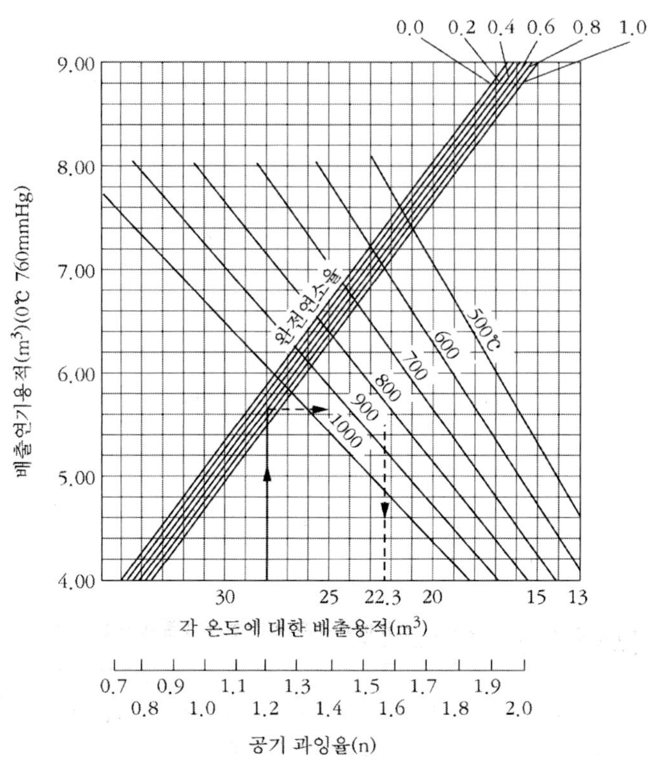

예 : 공기과잉률(n) 1.2, 완전연소율(x) 0.6, 화재온도 800℃
에서 연기량은 목재 1kg에 대하여 22.3m^3이다.

그림 1.4 목재의 연소가스량

(4) 복도를 흐르는 연기의 강하

복도나 터널 등의 길이가 긴 통로에 연기가 흐르면 화원의 근처에서는 높은 열에 의하여 밀도가 낮아져 천장 면 부근을 흐르는 연기가 냉각되어 밀도가 커지므로 점차 아래로 강하하는 현상을 관찰할 수 있다. 이것은 연기가 천장이나 주위 벽에 의해 냉각되어 밀도가 커지므로 점차 부력을 잃어서 먼저 벽 주위로 연직선 강하를 시작하고 계속 진행하여 복도의 중앙 부분만 마지막까지 남는다(그림 1.5 및 그림 1.6 참조).

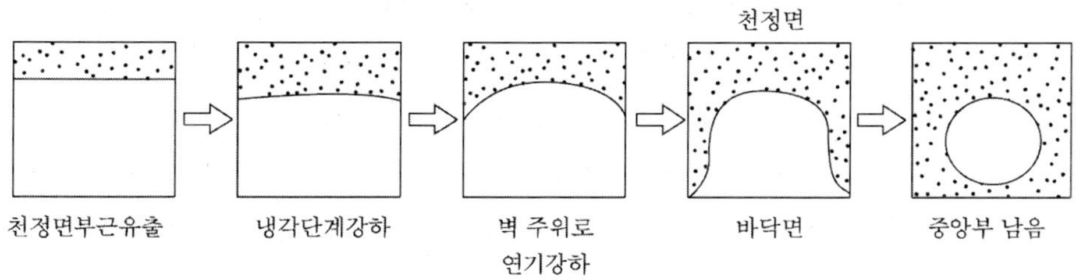

그림 1.5 복도 내의 연기의 강하 상태

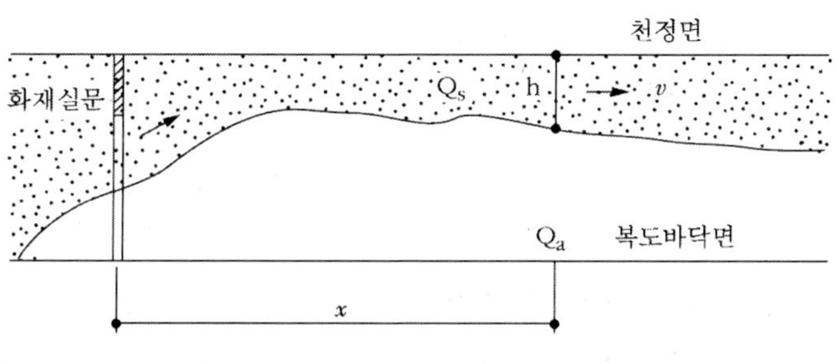

그림 1.6 복도를 흐르는 연기의 강하

1.5 건물 내의 연기유동 특성

(1) 기류분포와 연기유동

화재에 의해 발생한 연기는 건물 내를 확산하여 비화재실이나 피난통로에 침입하여 비화재실의 거주자가 연기에 의하여 질식사하기도 하고, 피난통로가 연기에 의하여 시야가 방해되어 가시거리가 짧아져 피난이 늦어지기도 하는 원인이 된다. 방연계획의 목적은 이러한 연기의 재해를 방지하기 위해 연기의 확산을 막자는 것이다. 이것은 건물 내 중요한 곳에 방화셔터, 방화문, 방연댐퍼를 설치하거나 국소적으로 연기를 차단하는 장치를 설치하는 것으로 어느 정도 달성되지만 이 장치들을 보다 효과적으로 사용하기 위해서는 연기의 유동 특성을 파악해 두는 것이 필요하다.

연기 유동의 원인은 열이고 화재에 의해 발생한 고온의 연기는 그 부력에 의해 열상승기류를 형성하고 상층으로 운반된다. 그때 연기의 유동은 건물의 평면구성이나 개구 상태 혹은 외부의 기상상태 등의 영향을 크게 받는다. 연기의 거동을 해석하는 경우 화재실에서부터 유출한 연기의 밀도는 같은 온도의 공기와 거의 동일한 것으로 취급하는데, 이는 연기를 건물 내의 공기 유동으로 취급하여 해석한다면 개략적인 연기의 유동 현상을 파악하는 것이 가능하기 때문이다. 기류분포를 해석할 때는 아래와 같은 각 부분의 기류 상태를 검토할 필요가 있다.

① 창을 통한 기류
② 각 실 간의 기류
③ 화재실과 그 상하층 사이의 기류
④ 계단, 엘리베이터 샤프트 등의 연돌구획의 기류

그림 1.7은 동절기에 있어서 건물 내 연기의 유동을 보여주는 예이고, 그림 1.8은 기류분포의 전형적인 예이다. 건물에는 외벽면의 개구, 바닥면의 개구 및 각 계단에 있어서 샤프트와 시일(seal) 사이에 개구 등이 있고, 이들의 개구를 통해 기류를 생성한다. 샤프트와 시일 사이의 개구부가 건물 외부 개구부와 비교하여 기밀성이 적은 상태에서의 압력분포를 나타내었다.

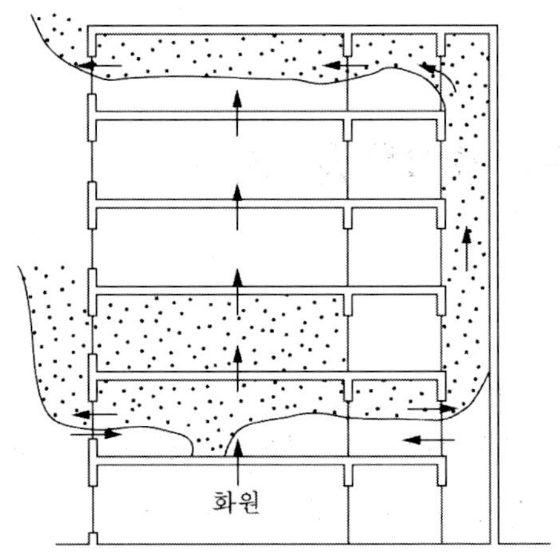

그림 1.7 건물 내의 연기의 유동

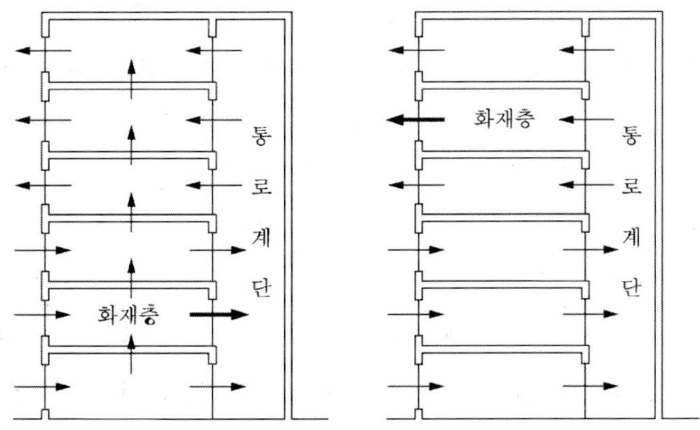

그림 1.8 건물 내의 기류분포

(2) 건물 내의 압력분포

건물 내의 압력분포는 외기압을 기준으로 한 상대압력으로 샤프트 내압분포를 P_s, 각 계단의 압력분포를 P_i로 표시하였다. 외부 공기를 기준으로 하고 있기 때문에 외기압은 ±0의 압력분포이다. 건물의 하부에 있어서는 $P_s < P_i <$ 외기압의 관계가 성립하기 때문에 외기에서 샤프트 방향으로 기류가 생성되고 또 상부에서는 $P_s > P_i >$ 외기압의 관계에 의해 샤프트에서 외기 방향으로 기류가 생긴다. 또 P_i는 각 바닥 사이에 압력차가 생겨 하층부에서 상층부로 향하는 상승기류가 발생한다.

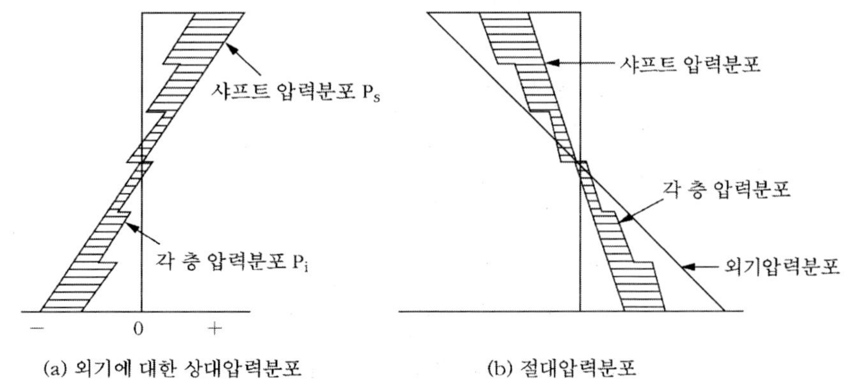

(a) 외기에 대한 상대압력분포 (b) 절대압력분포

그림 1.9 건물 내의 압력분포

이 같은 상태에서 하층 계단에 화재가 발생하면 연기는 상층으로 유출하여 직상층보다 오히려 최상층 쪽이 위험한 경우가 있다. 그림 1.9(b)는 1.9(a) 상대압력 분포를 절대압력 기준으로 나타낸 것이다. 그림 1.10에서는 화재 층의 온도가 다른 층보다 높은 상태에서의 압력분포를 나타낸 것이다. 온도에 의한 압력구배가 커지므로 외부로의 큰 개구부가 없는 한 상층과의 사이에서 압력차가 크게 되므로 직상계단으로 유출하는 연기량이 증대한다.

이들 흐르는 양을 계산에 의하여 구하는 경우는 각 개구의 연결상태를 개구 저항의 연결상태로 표현한 시뮬레이션 네트워크에 의해 구하는 것이 가능하다. 그림 1.11에서는 그림 1.8의 건물을 네트워크로 표현한 것이다. 절점은 각 실이나 샤프트를 표시하고 저항은 개구부를 나타낸다.

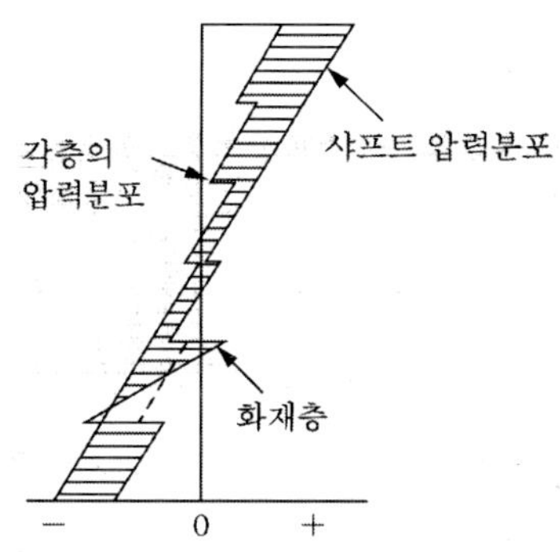

그림 1.10 화재 층이 있는 경우 건물 내 압력분포(외기에 대한 상대압력)

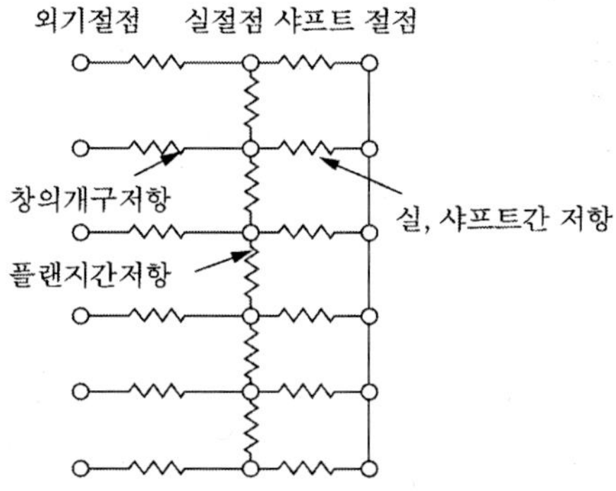

그림 1.11 건물 내 기류분포의 환기 네트워크

(3) 연돌효과(stack effect)

동절기 실내 난방 또는 화재로 인해 실온이 상승한 경우는 실내공기의 밀도가 외기의 밀도보다 작기 때문에 부력이 커지고 그 때문에 건물의 고층부에서는 실내에서부터 실외로 향하는 압력이 생기고, 저층부에서는 역으로 외부에서 실내로 향하는 압력이 생긴다. 만약 외벽에 개구가 있다면 고층부에서는 실내공기가 외부로 유출하고 저층부에서는 역으로 외기가 유입해 간다. 이 현상을 연돌효과(stack effect)라고 한다. 하절기에 실내를 냉방할 경우는 완전히 역현상이 일어나 저층부에서는 공기가 유출하고 있음을 보여주고 있다. 연돌효과는 일상의 건물 내의 기류분포를 지배하는 큰 요소일 뿐만 아니라 화재 시의 연기 거동에도 큰 영향을 미치는 것이다.

그림 1.12(a)에서는 온도 t_i(℃)의 공기 비중량을 γ_i(kg_f/m^2)로 하면 실내 바닥의 공기의 압력은 $\gamma_i h$로 되고 h(m) 높이에는 대기압 p(kg/m^2)가 더해져 바닥의 압력은 $p+\gamma_i h$가 된다. 실내 바닥의 압력분포는 그림 1.12(a)의 AB 선이다. 다음에는 대기압의 비중량을 γ_o라고 하면 GL에서의 대기압은 $p+\gamma_o h$로 되고 그림에서 AC 선이다. 따라서 바닥 GL에서의 내외의 압력차는 BC이고 ΔP로 표시하면 다음 식과 같다.

$$\Delta P = (P+\gamma_o h) - (P+\gamma_i h) = (\gamma_o - \gamma_i)h \quad \cdots\cdots (1.4)$$

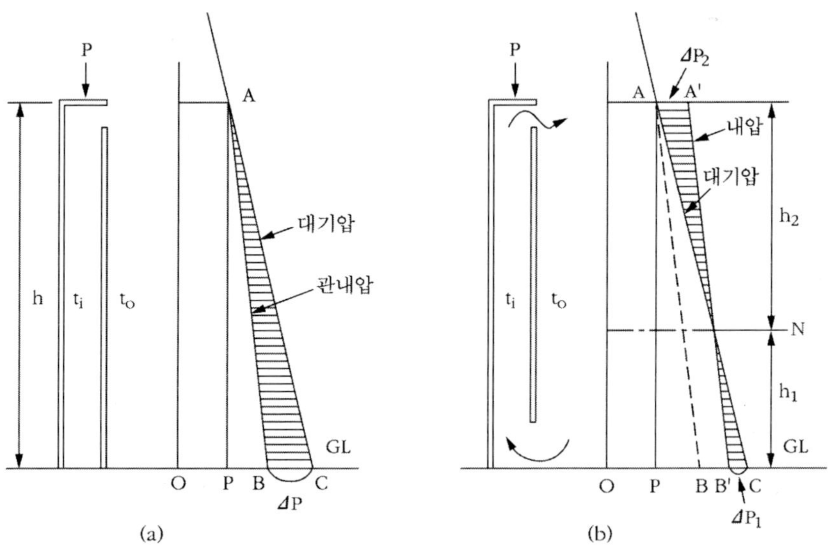

그림 1.12 건물 내 실내 바닥의 압력분포($t_i > t_o$, 절대기준압)

다음으로 건물의 밑바닥에 개구부가 있도록 설계하면 그림 1.12(b)에 보인 것처럼 하부에서 연기가 유입되고 상부에서는 건물 실내의 공기가 유출한다. 상부의 개구부에서는 각각 유출저항 Δp_2, 유입저항 Δp_1으로 이 상승기류의 원인이 된 ΔP는 사라져버린다. 건물 내 바닥에서 기류가 생성되면 내압은 AB에서부터 A′B′로 평행이동하고 균형을 이룬다. 이 평행 이동량은 상하 개구의 유량 저항비로 결정된다.

그림에서 알 수 있는 바와 같이 상층부 개구부에서는 내압 쪽이 대기압보다 크고 하층부 개구부에서는 대기압 쪽이 내압보다 크다. 그 때문에 중간 높이 N 정도로 내·외의 압력이 같게 되는 것이 가능하다. 이 높이의 면을 중성대(neutral zone)라고 부른다. 중성대의 위치는 상·하 개구까지의 거리 h_1, h_2에 따라 결정된다. 이것은 또 상·하 압력손실 ΔP_1, ΔP_2 의해 결정되므로 다음 식이 성립한다.

$$\frac{h_1}{h_2} = \frac{\Delta P_1}{\Delta P_2} \qquad (1.5)$$

즉, 저층 부분의 개구가 고층 부분에 비해 크면 중성대는 아래쪽으로 이동하게 된다.

문제

제연설비에서 연돌(굴뚝)효과란 무엇인가?

정답 건물 내의 연기가 압력차에 의하여 순식간에 이동해 상층부로 상승하거나 외부로 배출하는 현상

연돌효과(stack effect)가 제연설비에 미치는 영향에 대하여 설명하시오.

정답 화재 발생 시 실의 내부와 외부공기의 온도 차이가 더욱 커지게 되어 피난구의 개방장애, 연기 문제의 빠른 이동 및 확산 등의 문제를발생시킬 수 있다. 일반적으로 연돌효과는 외기의 침입을 막는 형태로써 방풍실 등을 설치하는 것이 보편적이다.

CHAPTER 02

제연설비 관련 유체역학적 기초이론

2.1 유체의 성질

(1) 차원과 단위

① 차원(Dimension)

물리량을 몇 개의 기본 물리량(L, T, M 또는 L, T, F)의 조합으로 표시

ⓐ MLT계 : M(질량), L(길이), T(시간) : 물리학에서 주로 다룸(기본차원)

ⓑ FLT계 : F(힘), L(길이), T(시간) : 공학에서 주로 다룸(유도 차원)

ⓒ 가속도 차원의 예

$$가속도\ 차원\ (a) = m/s^2 = \left[\frac{L}{T^2}\right]$$

$$힘(F) = ma = \left[\frac{ML}{T^2}\right]$$

② 단위(unit) : 물리량(차원)의 크기를 나타내기 위함

ⓐ 기본단위

- 길이 : [m], [cm], [mm], [ft], [in]
- 질량 : [kg], [g], [slug](1 Lb_f = 32 slug, 0.4536 kg)
- 시간 : [hr], [min], [s]
- 온도 : [K](Kelvin), [℃](centigrade), [℉](Fahrenheite), [R](Rankine)

표 2.1 SI 기본단위

기본량		기본단위	
명칭	기호	명칭	기호
길이	l, x, r 등	미터	m
질량	m	킬로그램	kg
시간, 지속시간	t	초	s
전류	I, I	암페어	A
열역학적 온도	T	켈빈	K
물질량	n	몰	mol
광도	Iv	칸델라	cd

ⓑ 보조단위

- 평면각 : rad(radian), deg(degree)
- 입체각 : sr(steradian)

ⓒ 유도단위 : 기본단위를 물리법칙에 의해 대수적인 관계식으로 결합하여 나타내는 단위

③ 단위계

ⓐ 절대단위계(Absolute units, 물리학 단위계)

- MKS 단위계 : [m], [kg], [s]

  F(force) = ma (뉴튼의 제 2법칙, 관성의 법칙)

  $1\ N = 1\ kg \times 1\ m/s^2 = 1\ kg \cdot m/s^2$

- CGS 단위계 : [cm], [g], [s]

  $1\ g \times 1\ cm/s^2 = 1\ g \cdot cm/s^2 = 10^5\ N$

ⓑ SI 단위계(International system of units)

- 기본단위 : [m], [kg], [s]
- 유도단위
  - 힘(force) : $1\ N = 1\ kg \times 1\ m/s^2 = 1\ kg \cdot m/s^2$
  - 압력(pressure) : $1\ Pa = 1\ N/m^2$ (pascal)
  - 에너지, 일(work), 열량(heat)

    $1\ J(joule) = 1\ N \times 1\ m = 1\ N \cdot m = 1\ W \cdot s$

    $= 2.78\times10^{-7}\ kW \cdot h = 1/4186\ kcal = 0.24\ cal$

  ※ 1 kWh = 860 kcal

  1 kcal : 1 kg 순수한 물 14.5℃에서 1℃ 높이는 데 필요한 열량

  1 kcal = 4186 J = 4.2 kJ

  - 일률(동력, power)

    1 W(watt) = 1 J/s

(2) 온도, 힘, 일(에너지), 압력

① 온도(temperature)

ⓐ 섭씨온도 : 물의 빙점과 비등점 사이를 100등분 하여 1등분을 1℃로 정한 것

$$t℃ = \frac{5}{9}(t°F - 32) \quad \cdots\cdots (2.1)$$

ⓑ 화씨온도 : 물의 빙점과 비등점 사이를 180등분 하여 1등분을 1°F로 정한 것

$$t°F = \frac{9}{5}t℃ + 32 \quad \cdots\cdots (2.2)$$

ⓒ 절대영도 : 자연계에서 더 이상의 온도로 내릴 수 없는 최저온도. -273.16℃

ⓓ 캘빈온도(°K) : 섭씨온도와 눈금 간격이 같은 온도

SI 단위계에서 캘빈온도 $T = (t + 273)°K$

ⓔ 랜킨온도(°R) : 화씨온도와 눈금 간격이 같은 온도

② 힘(Force)

질량 m인 물체가 가속도 a로 이동하기 위한 값

$$F = ma = mg \quad \cdots\cdots (2.3)$$

여기서, F : 힘(단위 : N)

차원 : $[M \cdot L \ T^{-2}]$

a : 가속도(m/s^2)

③ 일(work), 에너지(energy)

ⓐ 일 : 질량 m의 물체에 힘(F)을 가하여 이동시킬 때 필요한 물리량

$$W = F \times l = ma \times l \quad \cdots\cdots (2.4)$$

여기서, W : 일(단위 : J, $J = N \times m = kg \cdot m^2/s^2$)

차원 : $[M \cdot L^2 \ T^{-2}]$

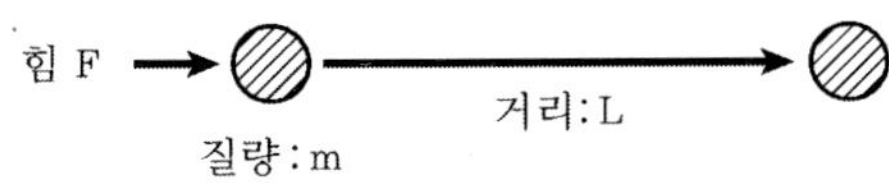

그림 2.1 일의 개념

ⓑ 에너지 : 일을 할 수 있는 능력

위치에너지(P.E) + 운동에너지(K.E)

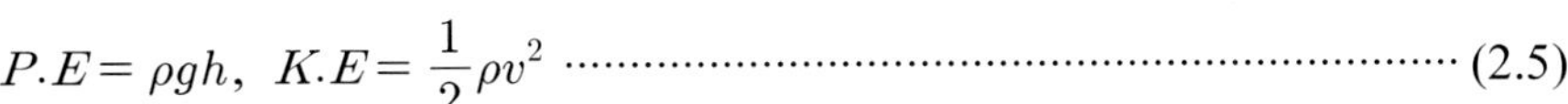

$$P.E = \rho g h,\ \ K.E = \frac{1}{2}\rho v^2 \quad \cdots\cdots (2.5)$$

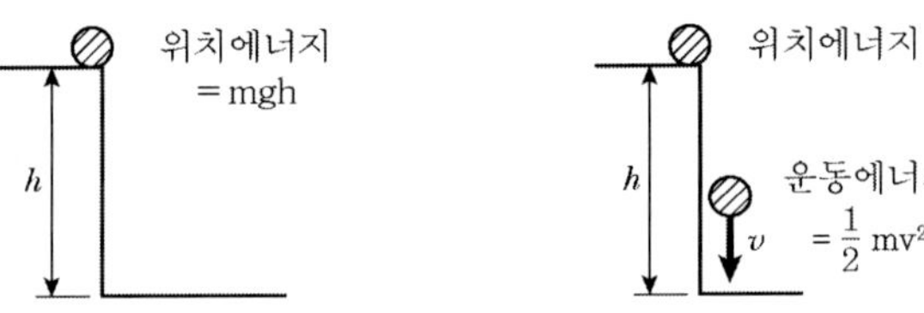

그림 2.2 위치에너지와 운동에너지

④ 압력(Pressure)

ⓐ 단위 면적당 작용하는 수직 방향의 힘

$$P = \frac{F}{A} \quad \cdots\cdots (2.6)$$

여기서, P : 압력(N/m^2)

F : 힘(N)

A : 면적

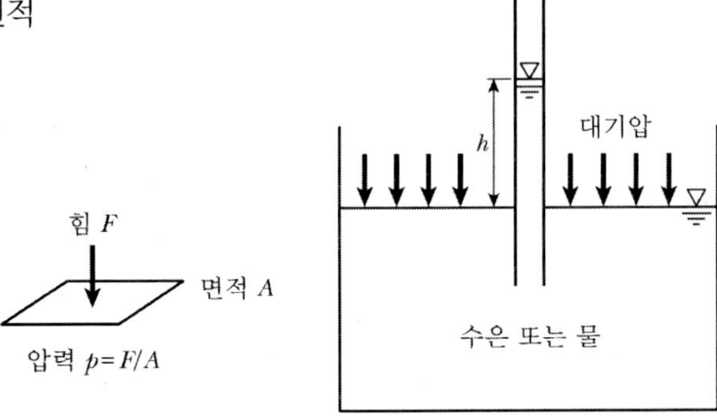

그림 2.3 압력의 개념

ⓑ 압력단위

• SI 단위계 : $[Pa]$

$$1\ \text{Pa} = 1\ \text{N/m}^2 = 10^{-5}\ \text{bar}$$

• 공학단위계 : $[\text{Kg}_f/\text{cm}^2]$

• 기타 : [atm], [mmHg], [mmH_2O, mmAq]

ⓒ 절대압력과 계기압력

• 절대압력

$$p = P_a + \gamma h \quad \cdots\cdots (2.7)$$

여기서, p_a : 대기압

γ : 비중량

h : 유체의 높이

• 계기압력 : 압력계로 측정한 압력

계기압력 = 절대압력 - 국소대기압

$$p = P_a + \gamma h - Pa = \gamma h$$

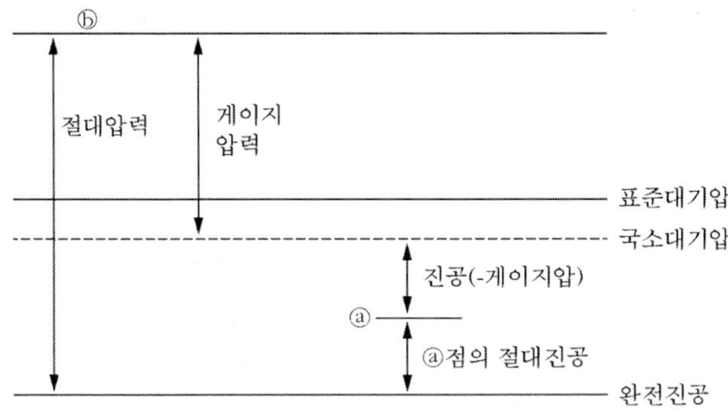

• 표준대기압 : 위도 45°의 평균 해면 고도에서 0℃일 때 대기압(-1기압)

$1\ \text{atm} = 760\ \text{mmHg} = 10.332\ \text{mmH}_2\text{O} = 1{,}013.25\ \text{mbar} = 10.332\ \text{kg}_f/\text{m}^2 = 101.3\ \text{kpa}$

(3) 유체의 물리적 성질

① 밀도, 비중량

ⓐ 밀도(density)

$$\rho = \frac{\text{질량}}{\text{단위체적}} = [\mathrm{kg/m^3}],\ [\mathrm{kg_f s^2/m^4}] \quad \cdots\cdots (2.8)$$

※ 밀도차원=$[ML^{-3}]$, $[FT^2M^{-4}]$, $[FT^2L^{-4}]$

ex) 공기의 밀도 $\rho_a = 1.18\ \mathrm{kg/m^3}$ (27℃ 기준)

물의 밀도 $\rho_w = 1{,}000\ \mathrm{kg/m^3}$ (4℃ 기준)

$$= \frac{1{,}000\ [\mathrm{kg/m^3}]}{9.8\ \mathrm{m/s^2}} = 102\ [\mathrm{kg_f \cdot s^2/m^4}]$$

ⓑ 비중량(specific weight)

$$\gamma = \frac{\text{중량}}{\text{단위체적}} = \mathrm{kg_f/m^3}\ ,\ \mathrm{N/m^3},\ \mathrm{lb_f\ /ft^3}$$

※ 비중량의 차원 =$[FL^{-3}]$, $[M^{-2}T^{-2}]$

$$\gamma = \frac{w}{V} = \rho g \quad \cdots\cdots (2.9)$$

ex) 물의 비중량

SI : $\gamma = 1000\ \mathrm{kg/m^3} \times 9.81\ \mathrm{m/s^2} = 9{,}810\ \mathrm{N/m^3}$

중력 : $\gamma = 102\ \mathrm{kg_f s^2/m^4} \times 9.81\ \mathrm{m/s^2} = 1{,}000\ \mathrm{kg_f/m^3}$

영국 : $\gamma = 1.94\ \mathrm{slug/ft^3} \times 32.174\ \mathrm{ft/s^2} = 62.4\ \mathrm{lb_f/ft^3}$

② 비체적, 비중

ⓐ 비체적(specific volume) : 단위 질량당의 유체가 차지하는 부피

$$v = \frac{V}{m} = \frac{1}{\rho}[\mathrm{m^3/kg}],\ \text{차원} : \left[\frac{L^3}{M}\right] \quad \cdots\cdots (2.10)$$

ⓑ 비중(specific gravity) : 4℃ 물의 비중량(밀도)에 대한 유체의 비중량의 비

$$s = \frac{\rho}{\rho_w} = \frac{\gamma}{\gamma_w} \text{ (무차원)} \quad \cdots\cdots (2.11)$$

(4) 유체의 점성(Viscosity)과 점성법칙

① 점성

유체가 유동할 때 흐름의 방향에 저항을 주어서 전단응력을 유발시키는 성질

② 전단응력(shear stress)

유속 차가 있는 층 사이에서 발생하는 단위 면적당 전단력

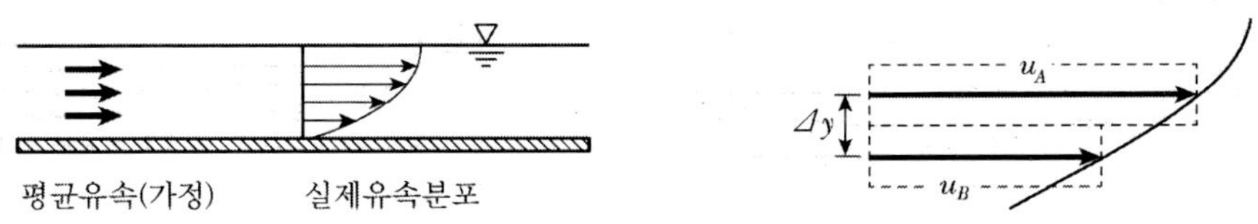

그림 2.4 유체의 전단응력

평균유속에서는 유속 차이가 없으므로 전단응력(τ)이 발생하지 않지만 실제유체에서는 층 사이에 유속 차가 있어 전단응력이 발생한다.

③ Newton의 점성법칙

점성에 의하여 생기는 전단응력은 유체의 속도구배에 비례한다. 이것을 식으로 표현하면

$$\tau \propto \frac{(u_A - u_B)}{\Delta y} = -\mu \cdot \frac{du}{dy} \quad \cdots\cdots (1.12)$$

여기서, τ : 전단응력$[FL^{-2}]$

du : 유속차$[LT^{-1}]$

μ : 점성계수

$\frac{du}{dy}$: 속도구배$[T^{-1}]$

- 점성계수(μ)
  - 액체의 점성계수 : 주로 분자 응집력에 관여하므로 온도상승에 따라 낮아진다.
  - 기체의 점성계수 : 운동량 수송에 관여하므로 온도상승에 따라 증가한다.
  - 온도에 의하여 영향을 받지만 압력과 습도에는 무관하다.

④ 점성계수(μ)의 차원과 단위

ⓐ 차원

- Newton의 점성법칙에서

$$\mu = \left[\frac{\tau}{(du/dy)}\right] = [FT/L^2] = [MLT^{-2}][TL^{-2}] = [ML^{-1}T^{-1}]$$

※ $\tau = \dfrac{F}{L^2} = [MLT^{-2}]$, $\dfrac{du}{dy} = \left(\dfrac{L/T}{L}\right)$

ⓑ μ 단위

- 공학단위 : $[kg_f \cdot s/m^2]$
- SI 단위계
  - m.K.S 단위계 : $[kg/m \cdot s]$, $[N \cdot s/m^2 = Pa \cdot s]$
  - C.G.S 단위계 : $[poise = dyne \cdot s/cm^2 = g/cm \cdot s]$

⑤ 뉴튼 유체와 비뉴튼 유체

ⓐ 뉴튼 유체 : 일정한 온도와 압력 하에서 점성계수가 일정한 유체

ⓑ 비뉴튼 유체 : 점성계수가 속도구배의 크기에 따라 변화하는 유체

⑥ 동점성계수(kinematic viscosity) : ν

ⓐ 정의 : 점성계수와 밀도의 비

$$\nu = \frac{\mu}{\rho} \quad \cdots\cdots (2.13)$$

ⓑ 차원

$$[\nu] = \frac{[FT/L^2]}{[FL^{-4}T^2]} = [L^2T^{-1}] \text{ (공학차원)}$$
$$= \frac{[M/LT]}{[ML^{-3}]} = [L^2T^{-1}] \text{ (절대차원)}$$

ⓒ 단위

- M.K.S 단위계 : [m^2/s]
- C.G.S 단위계 : [cm^2/s] = stokes

  1 stokes = 1 cm^2/s

  1 cSt = 10^{-2} stokes

(5) 유체의 압축성과 탄성계수

① 의의

유체에 압력을 가하면 압축되고, 압축과정에서 가해진 에너지는 탄성에너지로 유체 내부에 저장되고 이 저장된 에너지를 제거하면 원래의 상태로 복원되는 성질

② 압축률(compressibility) : β

체적 V(밀도 : ρ)의 유체에 걸치는 압력이 dp만큼 변화할 때 체적(ρ)이 변화하는 비율

$$\beta = -\frac{dv}{v}\frac{1}{dp} = \frac{d\rho}{\rho}\frac{1}{dp} \quad \cdots\cdots (2.14)$$

(－의 부호는 압력증가에 따른 체적의 감소를 의미)

- 압축률 단위 : [m^3/N], [m^3/kg_f], [pa^{-1}]

③ 체적탄성계수 (K) : 압축률의 역수

$$K = \frac{1}{\beta} = -\frac{dp}{dv/v} = \frac{dp}{d\rho/\rho} \text{ (K값이 클수록 비압축성 유체)} \quad \cdots\cdots (2.15)$$

④ K는 응력이 변화할 때 변화과정에 따른 다른 값을 가짐

예) 가스가 등온과정($pv_s = C$)으로 압축될 때 : $K = p$

가스가 단열과정(($pv_s^k = C$)으로 압축될 때 : $K = kp$

2.2 유체의 유동이론

유체의 유동은 이상유체 유동과 실체유체 유동, 정상류와 비정상류, 층류와 난류, 회전유동과 비회전 운동으로 구분되는데 제연설비와 관련된 내용만 간단히 설명한다.

(1) 정상류(steady flow)와 비정상류(un-steady flow)

정상류는 유체가 흐르고 있는 과정에 임의의 시간의 변화에 따라 온도(T), 속도(v), 압력(P), 밀도(ρ), 유량(Q) 등의 유체의 물리적 성질이 변하지 않은 흐름 상태를 말한다.

$$\frac{\partial T}{\partial t} = \frac{\partial P}{\partial t} = \frac{\partial v}{\partial t} = \frac{\partial \rho}{\partial t} = \frac{\partial Q}{\partial t} = C \quad \cdots\cdots (2.16)$$

비정상류는 유체가 흐르고 있는 과정에 유체의 뮬리적인 성질이 단 한 개라도 변하는 흐름 상태를 말한다. 비정상류의 흐름은 정상류에 비하여 유동해석이 복잡하기 때문에 대부분 문제 해석은 이상유체의 흐름인 정상상태로 간주하여 계산한다.

$$\frac{\partial T}{\partial t} \neq \frac{\partial P}{\partial t} \neq \frac{\partial v}{\partial t} \neq \frac{\partial \rho}{\partial t} \neq \frac{\partial Q}{\partial t} \neq C \quad \cdots\cdots (2.17)$$

(2) 유체의 흐름

실제유체에 흐름에서는 점성의 영향으로 손실이 발생하면서 그 유동의 형태가 다르게 나타난다. 즉, 실제유체의 흐름은 층류와 난류로 구분된다.

① 층류(laminar flow)

유체의 입자들이 서로 층을 형성하여 층과 층이 미끄러지면서 상호 서로 뒤섞임이 없이 질서 정연하게 흐르는 상태를 말한다. 예를 들면 아주 느린 속도로 유체가 흐를 때 서로 이웃하는 유체의 층 사이에는 유체입자의 분자교환은 없으므로 회전운동이 일어나지 않은 규칙적인 운동 상태가 된다. 이러한 층류 상태의 레이놀즈수(Re_N)는 보통 2,100 이하의 값을 가진다.

② 난류(turbulent flow)

유체입자들이 극히 불규칙한 경로를 따라 회전하는 불규칙한 운동을 말하며 상호 간에 격렬하게 운동량을 교환하면서 흐르는 상태를 말한다. 레이놀즈수(Re_N)는 보통 4,000보다 큰값을 가진다.

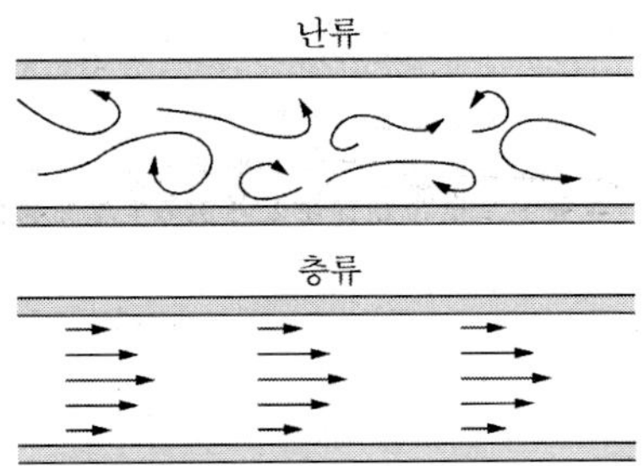

그림 2.5 층류와 난류 현상

③ 천이영역(transition flow)

층류로부터 난류로 천이하는 영역으로 난류와 층류가 혼합하는 유동이다. 레이놀즈수(Re_N)는 보통 $2,100 \leq Re_N < 4,000$의 영역이다.

(3) 레이놀드수(Re_N)

유동의 관성력과 점성력의 비로써 무차원수이며, 층류와 난류를 구분하기 위한 척도이다.

$$Re_N = \frac{\text{관성력}}{\text{점성력}} = \frac{\rho v D}{\mu} = \frac{vD}{\nu} \qquad (2.18)$$

여기서, ρ : 유체의 밀도
D : 배관의 직경
μ : 유체의 점성계수
v : 유체의 속도
ν : 유체의 동점성계수

유체이동이 층류 또는 난류의 문제는 유체가 갖는 점성력과 관성력의 상대적인 크기에 의하여 결정된다. 층류는 유체입자가 갖는 관성력에 비하여 점성력이 크게 작용하는 유동이다. 반면에 난류는 점성이 작고 속도가 커서 점성력에 비하여 관성력이 크게 될 때의 유동이다.

(4) 연속방정식(질량유량의 법칙)

정상류로 흐르는 있는 유체에 질량보존의 법칙을 적용하면 연속방정식이 얻어진다.

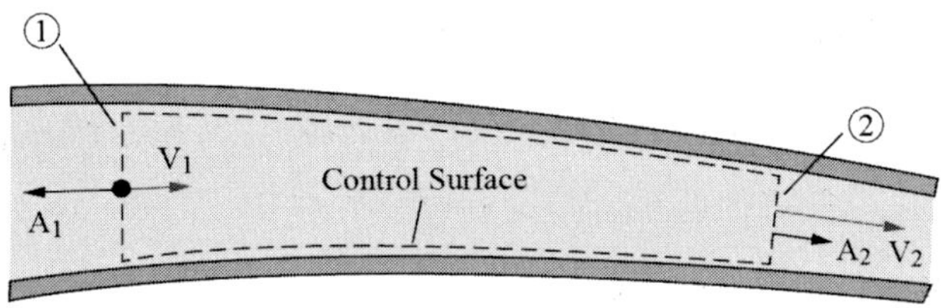

그림 2.6 관내의 정상유동

그림 2.6은 관내 흐름이 정상류, 비균일 유동으로 가정하면, 단면 ①과 단면 ②에서 질량유량은 다음과 같다.

$$m_1 = \rho_1 A_1 V_1, \quad m_2 = \rho_2 A_2 V_2$$

질량보존법칙에 의하여 $m_1 = m_2$이므로

$$\rho_1 A_1 v_1 = \rho_2 A_2 v_2 = C \text{ 이므로}$$

$$M = \rho_1 A_1 v_1 = \rho_2 A_2 v_2 \ (\text{질량유량} : [kg/s]) \quad \cdots\cdots (2.19)$$

이 식을 1차원 정상류에 대한 연속방정식이라 한다. 질량유량의 식에 중력가속도 g를 곱하면

$$G = \gamma_1 A_1 v_1 = \gamma_2 A_2 v_2 = C \ (\gamma = \rho g) \ (\text{중량유량}) \quad \cdots\cdots (2.20)$$

따라서 압축성 유체를 단위 시간당 변화율로 표시하면

① 질량유량 $\dot{m} = \rho A v = \rho Q$ [kg/s, slug/s]

② 중량유량 $\dot{G} = \gamma A v = \gamma Q$ [N/s, lb_f/s, kg_f/s]가 된다.

만약 비압축성 유체 (예 : 물)이라면 $\rho_1 = \rho_2$, $\gamma_1 = \gamma_2$, $A_1 v_1 = A_2 v_2$ 이므로

$$Q = A_1 v_1 = A_2 v_2 = Av[\text{m}^3/\text{s}, \ \text{ft}^3/\text{s}] \ (\text{체적유량}) \quad \cdots\cdots (2.21)$$

여기서, Q는 단위시간에 흐르는 체적유량이다.

(5) 베르누이 방정식(에너지보존의 법칙)

① 오일러방정식(Euler' equation)

베르누이 방정식의 유도는 오일러방정식으로부터 다음을 가정으로 성립된다.

㉮ 이상유체(ideal fluid) : 비점성유체, 비압축성 유체

㉯ 에너지 손실을 고려하지 않음

㉰ 정상류 흐름

㉱ 유선을 따라 성립

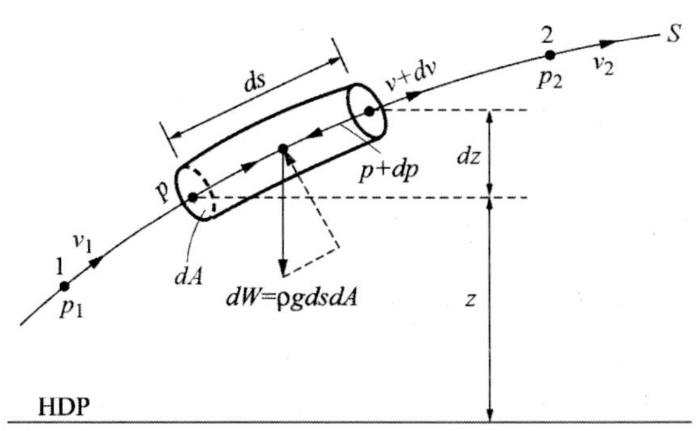

그림 2.7 미소체적에 작용하는 유선 방향으로의 힘

• 미소유관에 대한 힘의 평형방정식

$$\Sigma F_s = dm \cdot a_s \quad \cdots\cdots ①식$$

※ $dm = \frac{\gamma}{g} dAds \ (m = \rho V)$

$dW = \gamma dAds \ (w = \gamma V)$

$$a_s = \frac{dv}{dt} = \frac{dv}{ds} \cdot \frac{ds}{dt} = v \cdot \frac{dv}{ds} \quad \cdots\cdots ②식$$

$\sin\theta = \frac{dz}{ds}$

$$\Sigma F_s = p \cdot dA - (p + dp)dA - dW\sin\theta \quad \cdots\cdots ③식$$

$$= p \cdot dA - (p + dp)dA - \gamma ds \cdot dAletf(\frac{dz}{ds}\Big)$$

$$= - dp \cdot dA - \gamma dA \cdot dz$$

①, ②, ③식으로부터

$$\Sigma dF_s = dma_s$$

$$- dp \cdot dA - \gamma dA \cdot dz = \left(\frac{\gamma}{g} dA \cdot ds\right) \cdot v\frac{dv}{ds}$$

양변을 $\gamma dAds$로 나누면

$$\frac{1}{\gamma dAds} \cdot \frac{\gamma dA}{g} \cdot vdv = (- dpdA - \gamma dAdz) \cdot \frac{1}{\gamma dAds}$$

$$\frac{V}{g}\frac{dV}{ds} = - dpdA \cdot \frac{1}{\gamma dAds} - \frac{\gamma dAdz}{\gamma dAds}$$

$$\frac{v}{g} \cdot \frac{dv}{ds} = - \frac{1}{\gamma}\frac{dp}{ds} - \frac{dz}{ds}$$

이항정리

$$\frac{1}{\gamma}\frac{dp}{ds}+\frac{v}{g}\frac{dv}{ds}+\frac{dz}{ds}=0 \quad \cdots\cdots \text{④식}$$

④식 × ds

$$\frac{dp}{\gamma}+\frac{v}{g}dv+dz=0 \text{ ; Euler' equation} \quad \cdots\cdots (2.22)$$

② 베르누이 방정식

오일러방정식을 적분하면

$$\int\frac{dp}{\gamma}+\int\frac{v}{g}dv+\int dz=0$$

비압축성 유체($\rho=$일정)라고 가정하고 적분하면

$$\frac{p}{\gamma}+\frac{v^2}{2g}+z=0(H) : (\text{정상상태에서의 베르누이 방정식}) \quad \cdots\cdots (2.23)$$

여기서, $\frac{p}{\gamma}$: 압력수두(pressure head)

$\frac{v^2}{2g}$: 속도수두(velocity head), kinetic energy

z : 위치수두(potential energy)

H : 전수두(total head)

베르누이 방정식은 마찰이 없는 정상 비압축성 유동에서 한 유선을 따라 총에너지 합은 일정하다.

③ 동일 유선상의 두 점 사이의 베르누이 방정식

그림 2.8에서 한 유선상의 두 점 ①과 ②에 베르누이 방정식을 적용하면

$$\frac{p_1}{\gamma}+\frac{v_1^2}{2g}+z_1=\frac{p_2}{\gamma}+\frac{v_2^2}{2g}+z_2$$

가 된다.

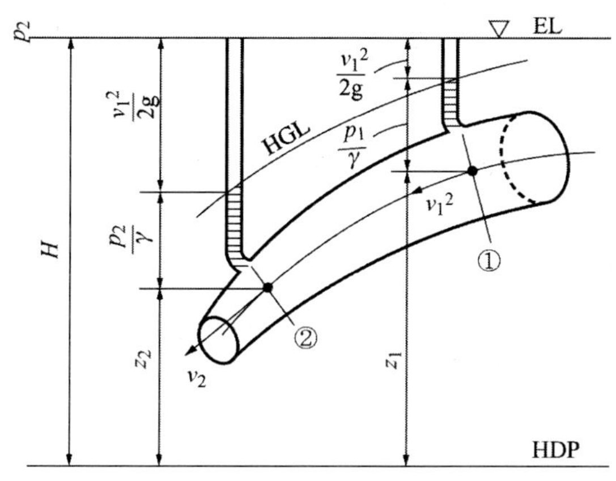

그림 2.8 베르누이 방정식의 전수두

유선상의 모든 점에서 유입된 전수두는 유출된 전수두와 같다. 그림에서 $\frac{p}{\gamma}+\frac{v^2}{2g}+z$를 연결한 선을 에너지선, $\frac{p}{\gamma}+z$를 연결한 선을 수력구배선이라 한다. 제연설비에서는 관내에 흐르는 연기는 공기로 취급해도 지장이 없다. 기체인 경우 위치수두 z의 영향이 매우 작으므로 무시하면 베르누이 방정식은 다음과 같이 쓸 수 있다.

$$\frac{p}{\gamma}+\frac{v^2}{2g}=H \qquad (2.24)$$

문제

기준면에서 5 m 인 곳에 유속 5 m/s인 물이 흐르고 있다. 이때의 압력이 0.5 kg/cm^{2}이었다면 전 수두는 몇 m인가?

풀이 베르누이 방정식에서

$$H=\frac{p}{r}+\frac{v^2}{2g}+z=\frac{0.5\times10^4}{1000}+\frac{5^2}{2\times9.8}+5=11.28m$$

※ 물의 비중량 : 물의 단위 체적의 중량 ⇒ 4℃에 있어서 1,000 Kg$_f$/m^3

베르누이정리는 $\dfrac{p}{r}+\dfrac{v^2}{2g}+z=H(m)$로 정의된다. 각 항의 에너지(수두)의 명칭을 쓰시오.

정답 ① $\dfrac{p}{r}$: 압력수두 ② $\dfrac{v^2}{2g}$: 속도수두 ③ z : 위치수두 ④ H : 전 수두

유동하는 공기의 속도가 12 m/s, 압력이 1.05기압일 때 속도수두와 압력수두는?(4℃ 일 경우)

풀이 ① 속도수두 : $\dfrac{\gamma v^2}{2g}=\dfrac{1.225\times 12^2}{2\times 9.8}=9\text{ m}$

② 압력수두 : $\dfrac{P}{\gamma}=\dfrac{1.05\times 10.33\text{ mAg}}{1.225=8.8}5\text{ m}(1\text{ atm}=10.33\text{ mAg})$

(6) 베르누이 방정식 응용

① 토리첼리(torricelli) 정리

그림 2.9에서 수심 h인 지점에서 유출 속도는 A, B 지점에 대하여 베르누이정리를 적용하면

$$\frac{p_A}{\gamma}+\frac{v_A^2}{2g}+z_A=\frac{p_B}{\gamma}+\frac{v_B^2}{2g}+z_B,$$

$$v_A \fallingdotseq 0,\ p_A=p_B=0(\text{대기압}),\ z_A=z_B+h$$

$$\frac{0}{\gamma}+\frac{0^2}{2g}+h=\frac{0}{\gamma}+\frac{v_B^2}{2g}$$

$$v_B^2=2gh,\ v_B=\sqrt{2gh} \quad \cdots\cdots (2.25)$$

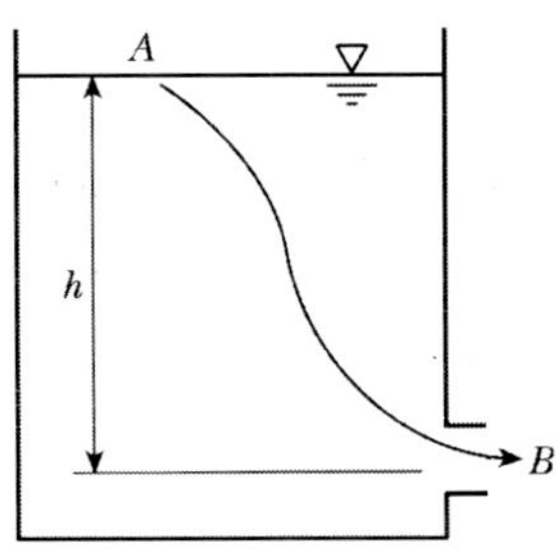

그림 2.9 토리첼리 정리

② 벤츄리미터(venturi meter)

관의 일부에 단면을 축소하여 두 면의 압력차를 생기게 하여 관로 내 유량을 측정하는 계량기이다.

ⓐ 그림의 단면 ①, ②의 베르누이 방정식(에너지 손실 무시)

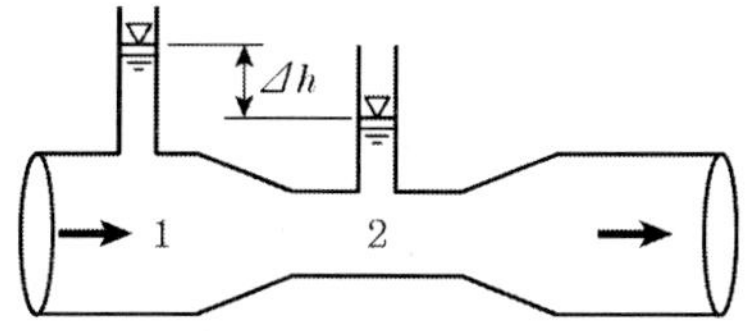

그림 2.10 벤츄리미터

$$\frac{p_1}{\gamma}+\frac{v_1^2}{2g}=\frac{p_2}{\gamma}+\frac{v_2^2}{2g}$$

$$(Q=A_1v_1=A_2v_2)$$

$$v_1=\left(\frac{A_2}{A_1}\right)\cdot v_2$$

$$\frac{p_1-p_2}{\gamma}=\frac{v_2^2}{2g}\left[(1-\left(\frac{A_2}{A_1}\right)^2\right]$$

$$v_2=\frac{1}{\sqrt{1-\left(\frac{A_2}{A_1}\right)^2}}\frac{\sqrt{2g(p_1-p_2)}}{\gamma} \quad \cdots\cdots (2.26)$$

ⓑ 벤츄리 튜브(ventritube) 목(throat)의 유량

연속방정식 적용하면

$$Q=A_2v_2=\frac{A_2}{\sqrt{1-\left(\frac{A_2}{A_1}\right)^2}}\frac{\sqrt{2g(p_1-p_2)}}{\gamma}$$

또는

$$Q = A_1 v_2 = A_1 \sqrt{\frac{2gh}{1-\left(\frac{d_1}{d_0}\right)^4}} \quad \cdots\cdots (2.27)$$

$\frac{\sqrt{2g(p_1-p_2)}}{\gamma}$ 항은 U자관 마노미터(manometer)로 측정

③ 피토관(pitot tube)

그림 2.11처럼 양단이 개구되어 있는 1개의 관으로 정상 유체 유동 속에 직각으로 굽은 유리관을 설치하면 유리관 개구의 한 점에서 정압과 속도압의 차이를 측정하여 국부 유속을 측정하는 장치이다.

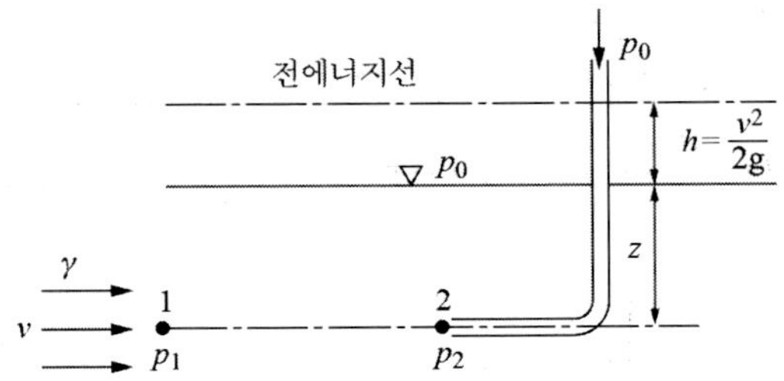

그림 2.11 피토관

$$\frac{p_1}{\gamma} + \frac{v_1^2}{2g} + z_1 = \frac{p_2}{\gamma} + \frac{v_2^2}{2g} + z_2$$

$$z_1 = z_2,\ p_1 = \gamma a,\ p_2 = \gamma(z+h),\ v_2 = 0$$

$$\frac{\gamma z}{\gamma} + \frac{v_1^2}{2g} + z_1 = \frac{\gamma(z+h)}{\gamma} + \frac{0^2}{2g} + z_2$$

$$v_1 = \sqrt{2gh} \quad \cdots\cdots (2.28)$$

문제

관내를 흐르는 공기의 유속을 측정하기 위하여 피토관으로 측정한 결과 h = 0.01 mmHg였다. 공기의 비중량이 1.225 kg/m^{3}이라면 공기의 속도는 얼마인가?

정답 수은의 비중량 13628 kg/m^3

$$v = \sqrt{2gh\left(\frac{\gamma}{\gamma_a}\right)} = \sqrt{2 \times 9.8 \times 0.01 \times \frac{13628}{1.225}} \fallingdotseq 47(\mathrm{m/sec})$$

(7) 관내 유동의 압력

제연설비 시스템에서 연기의 흐름은 급기구나 덕트, 배기구 등의 관내의 유동이다. 관내의 연기의 유동은 두 점 사이의 압력차 때문에 일어난다. 관내 기체의 유동인 경우 베르누이 방정식은 위치손실은 거의 영향이 적으므로 무시하면

$$\frac{p}{\gamma} + \frac{v^2}{2g} = H$$

가 된다. 이 식에서 비중량 γ를 곱하고 압력 p를 p_s로 표기하면 다음 식이 된다.

$$p_s + \frac{\gamma v^2}{2g} = P_t \quad \cdots\cdots (2.29)$$

여기서, p_s : 정압(static pressure),

$\frac{\gamma v^2}{2g}$: 동압(속도압 : velocity pressure)

p_t : 전압 (total pressure) [kg$_f$/m^2, mmH$_2$O]

정압(p_s)은 마찰압력 또는 저항압력이라고도 하며 유체를 압축시키거나 팽창시키려고 하는 위치에너지(potential energy)를 말한다. 제연설비에서 연기를 송풍기에 의하며 관내의 압력을 대기압 이하로 압축하여 흡입하거나 양압으로 팽창시키는 작용을 하며, 유체가 관내를 흐를 때 관 벽의 마찰력과 밴드, 밸브, 기타 부속품 등의 장애물에 의한 유체저항을 극복하여 유동을 지속시키는 데 필요한 에너지이다.

속도압(p_v) 또는 동압은 유동방향으로 작용하는 단위체적의 유체가 갖고 있는 운동에너지 [$kg_f \cdot m/m^3$]를 말한다.

$$p_v(p_d) = \frac{\gamma v^2}{2g}$$

전압은 정압과 속도압의 합을 말한다. 관내에 필요한 단위 체적당 전에너지이다.

$$p_t = p_s + p_v \quad (2.30)$$

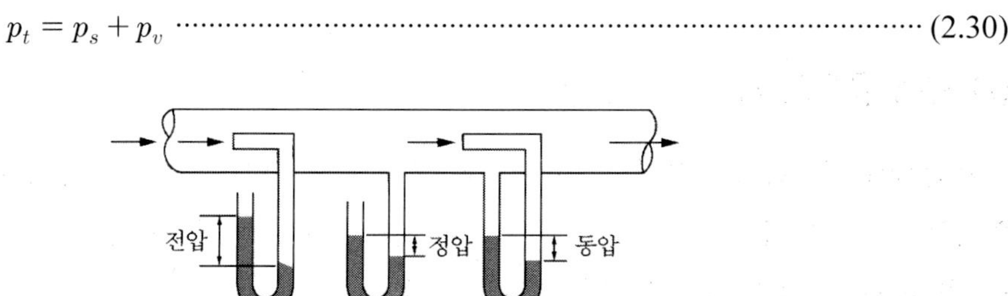

그림 2.12 송풍관의 풍압

잠재에너지와 운동에너지는 상호 교환되므로 정압과 속도압도 상호 교환이 가능하다. 이 상호변환에 의해 정압과 동압이 변화하더라도 전압은 에너지의 이득이나 손실이 없다면 관의 전 길이에 걸쳐 일정하다. 그러나 축소관 및 확대관, 트랩, 변환기, 부속품류 등에서 발생하는 에너지 손실은 보통 정압손실의 형태를 나타낸다. 일반적으로 흐름이 가속되는 경우에 정압이 속도압으로 변환될 때의 손실은 매우 적지만 흐름이 감소되는 경우에는 유체가 와류를 일으키기 쉬우므로 속도압이 정압으로 변환될 때의 손실은 대체로 크다.

문제

15℃의 송풍관 내에서 15 m/s의 유속으로 흐르는 상태의 속도압(P_v)은 얼마인가?

풀이 $Pv = \frac{r \cdot v^2}{2g} = \frac{1.2 \times 15^2}{2 \times 9.8} = 14(mmH_2O)$

(8) 관내 압력측정법

① 기압계

대기의 절대압력을 측정

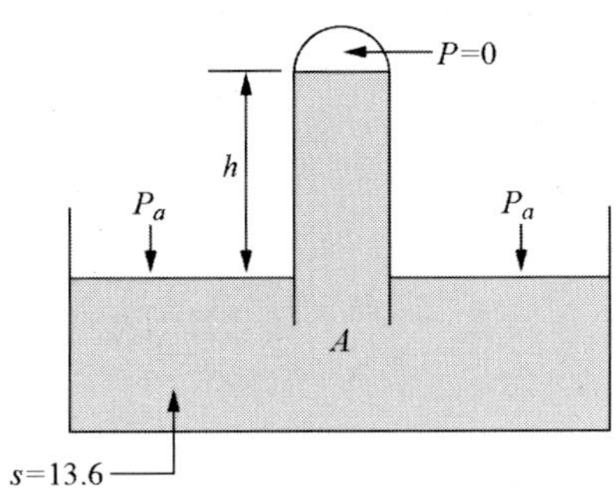

그림 2.13 기압계의 측정원리

그림 2.13에서 수은을 이용한 대기압을 측정한다면 A점에서 압력은 대기압과 같다.

$$P_A = P_a = 0 + \gamma h, \ \ P_a = \gamma h \text{이므로}$$

$$h = \frac{P_a}{\gamma} \qquad \cdots\cdots (2.31)$$

만약 대기압 1 P_a = 10,1325 pascal(N/m^3)

$$h = \frac{101325 \ \mathrm{N/m^3}}{9810 \ \mathrm{N/m^3} \times 13.6} = 0.760 \ \mathrm{m} = 760 \ \mathrm{mm} \text{이다.}$$

$$※ \ s = \frac{\gamma}{\gamma_w}, \ \ \gamma = s \times \gamma_w(\ \gamma_w = 9810 \ \mathrm{N/m^3})$$

② 탄성력식 압력계

압력변화에 따라 변형이 일정하게 발생하는 탄성체의 탄성변형을 이용한 압력계이다. 기계적 마찰과 경년변화에 따라 오차가 발생하나 구조가 간단하고 내구성이 우수해 많이 사용되고 있다. 일반적인 압력측정용으로 사용하는 부르돈관식 압력계, 벨로우즈식, 다이어프램식 등이 있다.

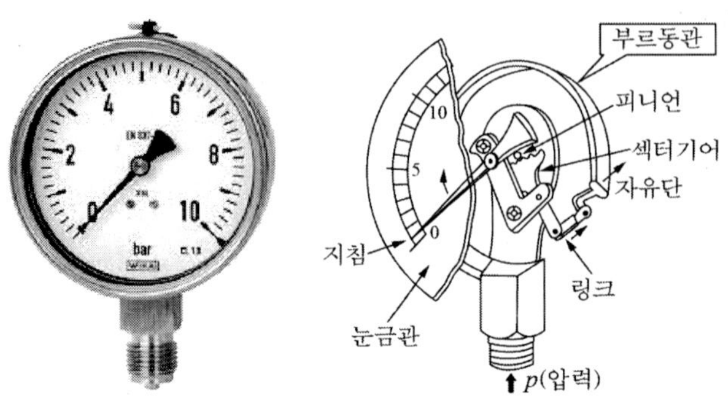

그림 2.14 부르돈관식 압력계

③ 액주계(manometer)

ⓐ U자형 액주계

어떤 용기 임의의 단면에서의 압력(계기압력)을 측정하는 게이지이다.

$$p = \gamma h$$

$$p_1 = p_x + \gamma l,\ \ p_2 = 0 + \gamma_1 h$$

유체의 연속된 동일 수평면상의 압력은 같다.
그림에서 $p_1 = p_2$이므로

$$p_x = \gamma_1 h - \gamma l \qquad (2.32)$$

따라서 압력은 l, h만 측정하면 된다.

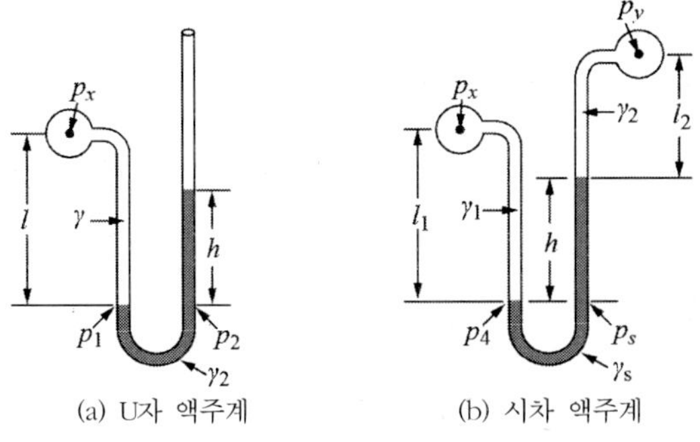

그림 2.15 액주계

ⓑ 시차 액주계

그림 2.15(b)에서 두 점 간의 압력차를 측정한다.

$$p_x - p_y$$
$$p_x + \gamma_1 l_1 = p_4 = p_5 = p_y + \gamma_2 l_2 + \gamma_3 h$$

따라서

$$p_x - p_y = \gamma_2 l_2 + \gamma_3 h - \gamma_1 l_1 \quad \cdots\cdots (2.33)$$

$\gamma_1, \gamma_2, \gamma_3$를 알고 있다면 l_1, l_2, l_3만 측정하면 두 점 간의 압력차$(p_x - p_y)$를 측정할 수 있다.

(9) 원형관 속의 압력손실계산

① 원형관 속의 층류 흐름

그림 2.16에서는 원형관 속의 층류 흐름 유속분포를 나타내었다. 유속분포는 관중심$(r=0)$에서 최대속도(u_{max})이며 관 벽 쪽으로 갈수록 포물선형으로 감소하여 최저유속은 $r=r_0$에서 $u=0$이다.

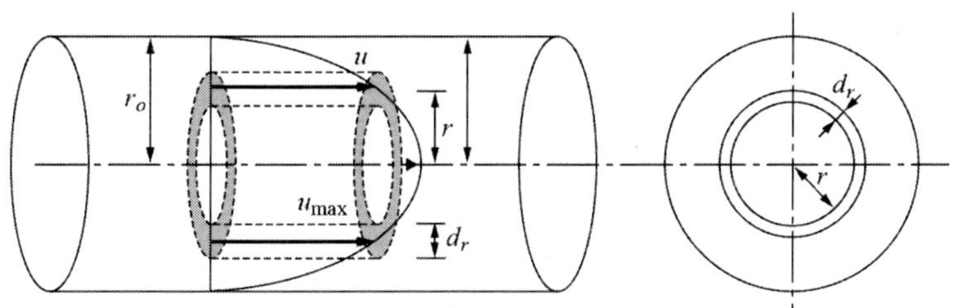

그림 2.16 원형관 속의 층류 상태의 유속분포

② Hagen-Poiseuille 식

층류 흐름 상태에서 유량(Q)을 유도한 결과 다음 식으로 쓸 수 있다.

$$Q = \frac{\pi \Delta p D^4}{128 \mu L} \quad \cdots\cdots (2.34)$$

즉, 유량은 원관 직경의 4승에, 손실수두(Δp) 비례하고, 점성계수(μ)에 반비례한다.

③ **평균유속(V)**

$$V = \frac{Q}{A} = \frac{\frac{\pi \gamma h r_o^4}{8 \mu L}}{\pi r_o^2} = \frac{\gamma h r_o^2}{8 \mu L}$$

$$u = 2V\left(1 - \frac{r^2}{r_o^2}\right) = u_{\max}\left(1 - \frac{r^2}{r_o^2}\right)$$

$$u_{\max} = 2V$$

즉, 원관 속의 층류 흐름에서 최대유속은 평균유속의 2배 크기를 갖는다.

④ **Darcy-Weisbach 압력손실 계산식**

Hagen-Poiseuille 식에서 압력강하는

$$\Delta p = \frac{128 \mu L Q}{\pi D^4}$$

손실수두(h)는

$$h = \frac{\Delta p}{\gamma} = = \frac{128 \mu L Q}{\gamma \cdot \pi D^4} \quad \cdots\cdots (2.35)$$

따라서 손실수두는 유체점성계수(μ), 관의 길이(L) 및 유량(Q)에 비례하고 관의 직경(D)의 4승에 반비례한다. 그리고 층류 흐름에 대해서는 압력손실이 관 벽의 거칠기 즉, 조도(roughness) (ϵ / D)와 아무런 관계는 없다.

손실수두 계산식으로부터

$$h = \frac{128\mu LQ}{\gamma \cdot \pi D^4} = \frac{32\mu LV}{\rho g D^2} = 64\left(\frac{\mu}{\rho DV}\right)\frac{L}{D}\frac{V^2}{2g} = \frac{64}{Re}\frac{L}{D}\frac{V^2}{2g}$$

$f = \dfrac{64}{Re}$ 로 하면 (f : 파닝마찰손실계수) ······ (2.36)

이 식은 층류 영역에서 f와 Re_N는 서로 반비례하며 직선으로 표시됨을 나타낸다.

$h = f\dfrac{V^2}{2g}\dfrac{L}{D}$ (Darcy-Weisbach 압력손실 계산식) ······ (2.37)

무차원계수 f는 차원해석에 의하여 레이놀드수(Re_N)와 상대조도(ϵ/D)의 함수이다. 즉,

$f = F(Re,\ \epsilon/D)$ ······ (2.38)

이러한 결과는 실험을 통해서도 증명되고 있다. 즉, Nikuradse는 실험을 통해 f가 층류 영역에서는 조도(ϵ/D)와 관계없이 Re_N만의 함수이고, 난류 영역에서는 Re_N와 관계없이 조도(ϵ/D)만의 함수라는 것을 알아내었다.

문제

레이놀드수가 1000인 관에 대한 마찰계수 f의 값은?

풀이 $Re_N = 1000$은 층류상태이므로

$$f = \frac{64}{Re_N} = \frac{64}{1000} = 0.064$$

⑤ 관로 압력손실

관로의 압력손실은 주 손실수두와 부차적 손실수도가 있다. 주 손실수두는 직관에서 유체가 흐를 때 관 벽과의 마찰에 의하여 생기는 마찰손실수두이다. 부차적 손실수두는 단면적의 크기, 형상, 방향 등의 변화, 관로의 입구와 출구, 관로 도중에 부착되는 밸브 유니온, 티이 등의 부속품류에서 생기는 손실수두가 있다.

ⓐ 주 손실수두

㉮ 층류일 때

동일 유선상의 두 점 사이의 모든 점에서 이상유체가 흐를 때 에너지보존의 법칙에

의해서 유입된 전수두는 유출된 전수두와 같다. 그러나 원관 속을 실제유체가 흐를 때 흐를 때 베르누이 방정식은 다음과 같다.

$$\frac{p_1}{\gamma}+\frac{v_1^2}{2g}+z_1=\frac{p_2}{\gamma}+\frac{v_2^2}{2g}+z_2+\Delta h$$

$$\Delta p=\gamma\Delta h,\ \ \Delta h=\frac{\Delta p}{\gamma}$$

Darcy-Weisbach 식에서

$$h=f\frac{V^2}{2g}\frac{L}{D} \quad \cdots\cdots (2.39)$$

그러므로 압력손실

$$\Delta p\text{는 } \Delta p=f\frac{\gamma V^2}{2g}\frac{L}{D}$$

가 된다.

여기서, 관마찰손실계수는 $f=\dfrac{64}{Re}$

이 식은 층류 영역에서 λ와 Re는 서로 반비례하며 직선으로 표시됨을 나타낸다. Nikuradse는 실험을 통해 층류 영역에서는 λ가 ϵ/D에 관계없이 Re_N의 함수이고, 천이영역에서는 Re_N와 ϵ/D의 함수, 난류 영역에서는 ϵ/D만의 함수라는 것을 알아내었다.

㉯ 난류일 때

Darcy-Weisbach 식에서

$$h=f\frac{V^2}{2g}\frac{L}{D}$$

여기서, 관마찰손실계수 f는 상대조도(ϵ/D)와 레이놀즈수(Re_N)이다.

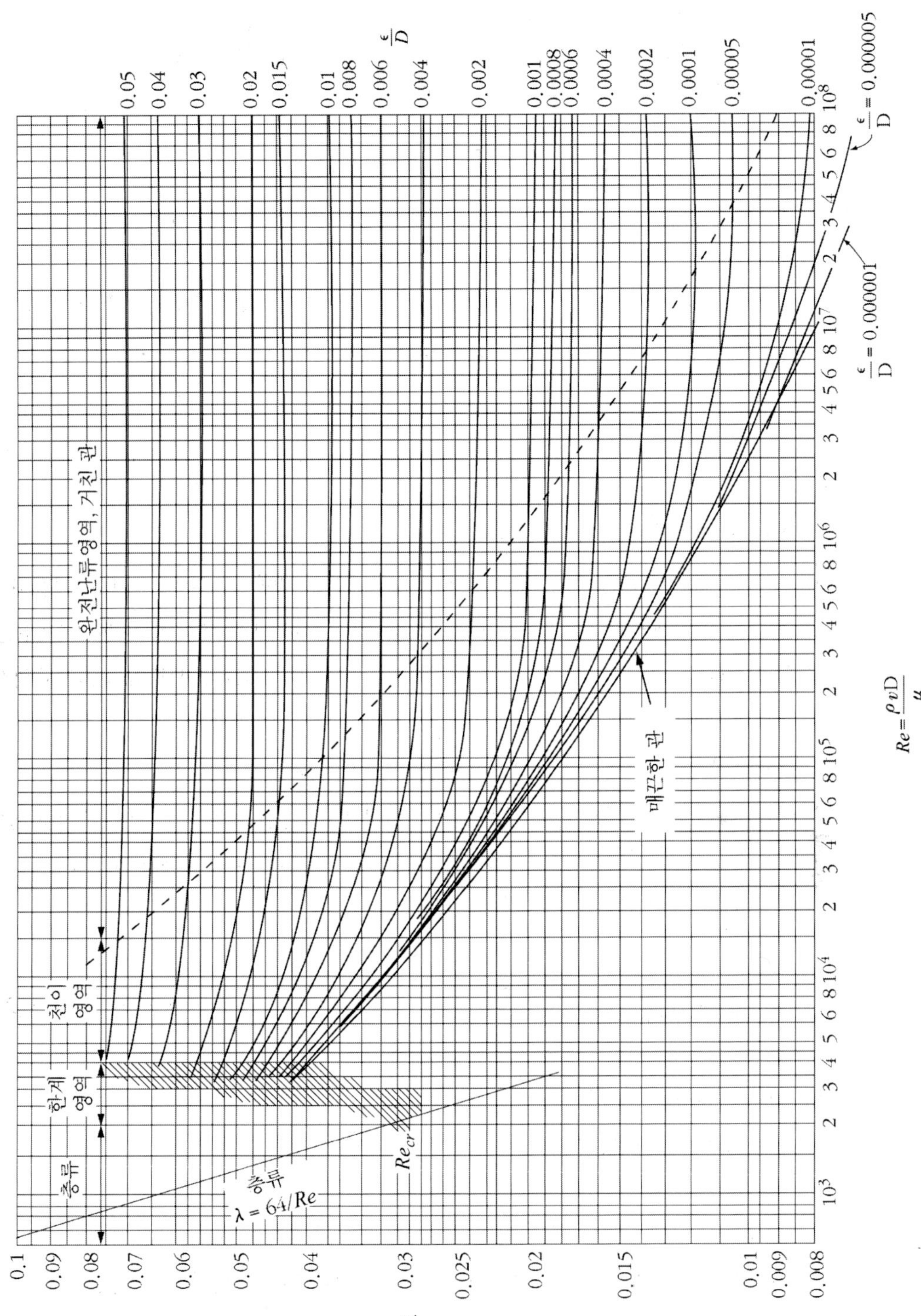

그림 2.17 λ 와 Re_N와의 관계(무디선도)

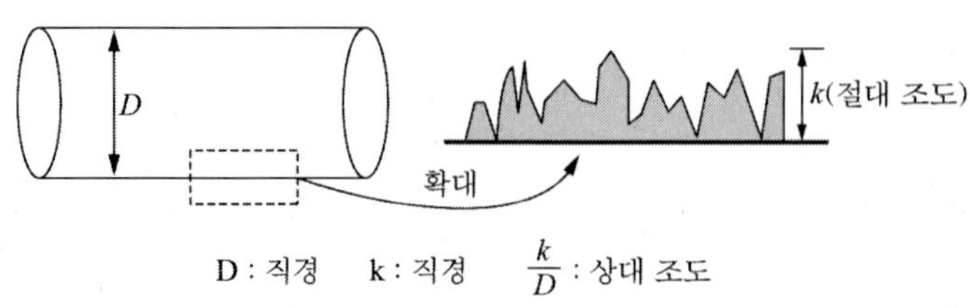

그림 2.18 마찰손실계수의 함수

블라시우스(Blasius)sms $3 \times 10^3 < Re < 1.5 \times 10^5$인 영역에 대해서는 다음과 같은 Re 수만의 함수로 표시되는 다음의 경험식을 제시하였다.

$$\lambda = \frac{0.316}{Re^{1/4}} \quad \cdots\cdots (2.40)$$

이 식은 블라시우스 난류마찰식으로 알려져 있다.

한편, Nikuradse는 실험을 통해 $10^5 < Re < 10^8$ 영역에서는 관마찰계수 λ는 다음과 같은 경험식을 제시하고 있다. 그러나 실제의 상용 관에서 흐름의 상태가 난류일 때 매끈한 관과 거친 관에 적용시킬 수 있는 그림 2.17의 Moody선도에 의해 구해진다.

ⓑ 부차적 손실수두(형상손실, 국부손실 minor loss : h_m)

관 단면변화(직경변화, 방향 변화, 밸브 유무, 유입부, 유출부), 밸브 등으로 인한 손실수두로 국부적 손실수두라고도 한다. 부차적 손실수두 계산은 다음 식으로 한다.

㉮ 저항계수(손실계수)법

$$h_m = K\frac{v^2}{2g} \quad \cdots\cdots (2.41)$$

여기서, h_m : 부차적 손실수두

K : 부차적 손실계수

㉯ 상당길이법

피팅류(부속품)의 부차적 손실을 직관에 상당하는 길이로 나타내는 방법으로 상당길이는 저항계수법의 식과 Darcy-Weisbach 식을 같게 놓으면 $h = f\frac{V^2}{2g}\frac{L}{D} = K\frac{v^2}{2g}$

에서

$$f\frac{L}{D} = K$$

결국 상당길이(L_{eq})는

$$L_{eq} = \frac{KD}{f} \quad \cdots\cdots (2.42)$$

ⓒ 곡관의 압력손실(Δp : mmH_2O)

곡관의 압력손실은 덕트의 크기, 모양, 속도, 관경과 곡률반경의 비(R/D), 그리고 곡관에 연결된 송풍관의 상태에 따라 달라지며 원형곡관과 장방형곡관으로 나눈다. 원형곡관의 압력손실(Δp)와 압력손실계수(K)는 다음과 같은 관계가 있다. 곡관 각 θ가 90°가 아니고 45°, 60° 등일 때는 90°곡관의 압력손실(Δp)에 $\theta/90$를 곱하면 구할 수 있다.

$$\Delta p = K\frac{v^2}{2g} \quad \cdots\cdots (2.43)$$

여기서, K : 압력손실계수

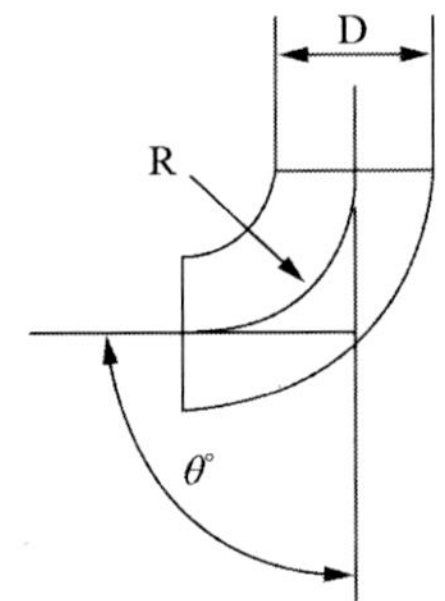

	0"	R/D				
		1	2	4	6	10
곡관의 손실 계수 (fk)	15	0.030	0.030	0.030	0.030	0.030
	25.5	0.045	0.045	0.045	0.045	0.045
	45	0.140	0.090	0.080	0.075	0.070
	60	0.190	0.120	0.100	0.090	0.070
	90	0.210	0.140	0.110	0.090	0.110

그림 2.19 곡관의 압력손실계수

문제

새우연결곡관의 d= 25 cm, r = 60 cm, Pv = 20 mmH$_2$O이다. 이때 압력손실(ΔP)를 구하시오 (단, 곡관의 반경 비가 2.4일 때 압력손실계수는 0.26이다).

풀이 $\frac{r}{d}$(곡관반경비) = 2일때 압력손실계수는 0.26이므로

$\Delta P = K \times Pv = 2.26 \times 20 = 5.2$ mmH$_2$O

ⓓ 방형관의 압력손실

원형 이외의 단면을 가진 정사각형, 직사각형, 포물선형 등 방형관의 압력손실은 유체 평균깊이 m을 정의함으로써 구할 수 있다. 유체 평균깊이는 수력반경이라고도 하며 다음과 같이 정의할 수 있다.

$$m = \frac{A}{S}$$

여기서, A : 유로의 단면적

S : 접수길이(유체가 접하고 있는 고체벽 가장자리 길이)

폭 a, 깊이 b인 장방형관의 수력반경 m은

$$m = \frac{a \times b}{2(a+b)}$$

또, 직경 d인 원형관은

$$m = \frac{\frac{\pi}{4}d^2}{\pi d} = \frac{d}{4}$$

이다. 장방형관과 원형관의 수력반경이 같다면 장방형과 유체역학적으로 등가인 원형관의 직경을 수력직경(hydraulic diameter : d_h)이라고 한다면 위의 식에서

$$d_h = 4m = \frac{2ab}{a+b} \qquad \cdots\cdots (2.44)$$

따라서, 장방형관인 경우의 압력손실은 유체 평균깊이 m을 계산하고, 이것과 등가인 원관의 직경, 즉 수력직경 d_h를 계산하여 이 값을 Darcy-Weisbach식에 대입시킴으로써 계산된다.

$$\Delta p = f\frac{\gamma v^2}{2g}\frac{l}{d_h} = f\frac{\gamma v^2}{2g}\frac{l}{4m} \quad \cdots\cdots (2.45)$$

여기서, f : 파닝마찰계수 또는 표면마찰계수이다.

문제

장경 0.26 m, 단경 0.125 m, 길이 15 m 인 방형직관 내 속도압이 14 mm H_2O이다. 철판의 관 마찰계수가 0.004라면 압력손실은 얼마인가?

풀이 방형직관 내 압력손실은 수력직경을 이용하여 계산한다.

$$\Delta P = \lambda \cdot l \cdot \left(\frac{a+b}{2ab}\right) \cdot Pv = 0.004 \times 15 \times \left(\frac{0.26+0.125}{2\times 0.26\times 0.125}\right)\times 14$$

$$= 4.97(\text{mmH}_2\text{O})$$

폭 320 mm, 깊이 760 mm의 곧은 각관 내를 Q = 280 m^3/min의 표준공기가 흐르고 있을 때 길이 10 m당 압력손실을 구하시오(단, λ = 0.019이다.)

풀이 장방형관을 원관으로 환산(등가직경, 수력직경)

$$D_{eq} = \frac{2\times 380\times 760}{(380+760)} = 507(\text{mm})$$

$$v = \frac{Q}{ab} = \frac{280}{0.38\times 0.76\times 60} = 16.2(\text{m/sec})$$

압력손실(ΔP)은

$$\Delta P = 0.19\times\frac{10}{0.507}\frac{\times 1.2}{19.6}\times 16.2^2 = 6.0(\text{mmH}_2\text{O})$$

2.3 송풍기 이론

송풍기는 기체를 작동물질로 하여 기계적 에너지를 기체에 공급하여 압력과 속도에너지로 변환시켜 주는 저압식 공기기계이다. 송풍기는 용도에 따라 급기용으로 사용될 때는 송풍기, 배출용으로 사용될 때는 배출기라고 한다. 제연설비에서는 연기를 흡입할 수 있도록 송풍기 이전의 흡입측 배관의 압력을 대기압 이하로 음압을 만들어주는 역할과 송풍기 이후의 배출측 배관에서는 양압을 유지하여 연기를 배출하는 역할을 하는 저압식 공기기계이다.

(1) 송풍기 종류

① 압력의 크기에 따른 분류

압력 크기에 따라 팬(fan)과 불로우어(blower)로 분류된다. 팬은 압력상승의 한계가 1,000 mmH_2O) 미만으로 압력비가 1.1 미만인 것을 말하고 블로우어는 압력상승의 한계가 1 mH_2O ~10 mH_2O(1,000 mmH_2O~1 kg_f/cm^2)로 압력비가 1.1 이상 2 미만인 송풍기를 말한다.

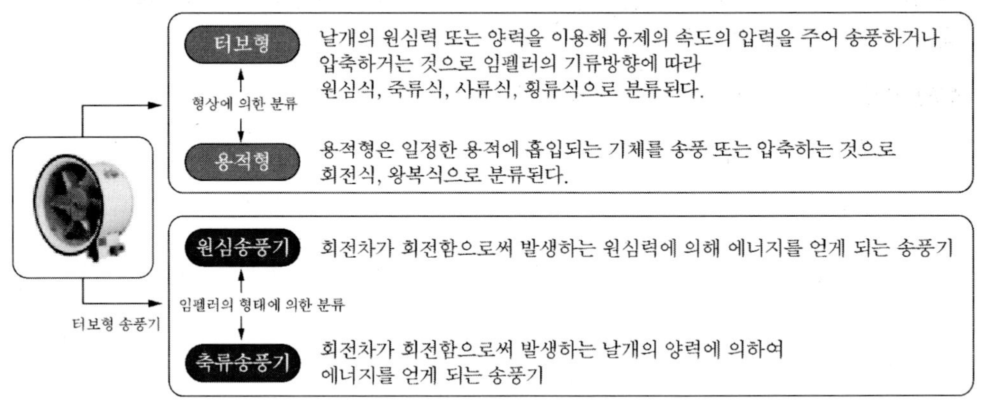

그림 2.20 송풍기의 분류

② 작동원리에 따른 분류

작동원리 및 형상에 따라 분류하면 터어보형 송풍기와 용적형 송풍기로 구분되고 터보형은 날개의 원심력 또는 양력을 이용하여 유체의 속도에 압력을 주어 송풍하거나 압축하는 것으로 임펠러의 기류 방향에 따라 원심식과 축류식, 사류식으로 분류된다, 용적형은 일정한 용기 내의 용적을 축소시켜 압력에너지를 얻어 기체를 송풍 또는 압축하는 형식으로 회전식과 왕복식으로 분류된다. 회전식은 한 쌍의 특수한 형상의 회전체의 틈의 변화에 의하여 에너지를 부여하는 방식이고, 왕복식은 왕복운동에 의하여 에너지를 부여하는 방식이다.

ⓐ 원심식 송풍기

고속으로 회전하는 날개에 의해 회전차가 회전함으로써 원심력에 의해 기체에 압력 및 속도에너지를 공급하는 형식을 말한다. 즉, 원심송풍기는 축 방향으로 흘러 들어온 기체가 반지름 방향으로 흐를 때 생기는 원심력을 이용하는 방식이다. 원심송풍기는 깃의 종류 및 경사에 따라 전방곡률날개(forward curved blade)를 가지는 다익팬(sirocco fan), 반경방향날개(radial blade)를 가진 평판팬(radial fan), 후륜곡률날개(backward curved blade)를 가진 터보팬과 한정부하팬, 익형(airfoil fan, limit load fan)으로 구분된다. 또한 원심송풍기는 단수에 따라 분류하면 회전차가 한 대인 단단송풍기와 회전차가 2대 이상인 다단송풍기로 분류되는데 두 경우 풍량은 변하지 않지만 풍압은 단수에 비례하여 증가한다.

㉮ 다익팬(multi blade fan, sirocco fan)

다익팬은 시로코팬으로 널리 알려져 있는 팬으로 회전차의 날개가 회전방향으로 기울여져 있고 익현길이가 짧으며, 날개폭이 넓은 36～64매의 다수의 날개가 부착되어 있는 것이 특징이다. 깃의 출구 각이 120～150°로 크고 깃 폭이 회전차 직경의 1/2이므로 구조 및 강도상 고속회전이 불가능하며, 정압도 100 mmH_2O 정도로 저압이고 효율도 60%로 낮다. 이 팬의 성능상의 특징은 동일한 원주속도로 발생 되는 풍량은 다른 팬에 비하여 가장 큰 이점을 가지고 있다. 이것은 동일 풍량에 대하여 회전차의 외경이 작아도 되므로 팬의 크기가 작아진다. 이것으로부터 원주속도가 다른 팬보다 작아도 되기 때문에 강도 상의 설계는 간단해진다. 즉, 이 송풍기는 주어진 양의 공기를 유동시키는 데 비교적 저속으로 운전된다.

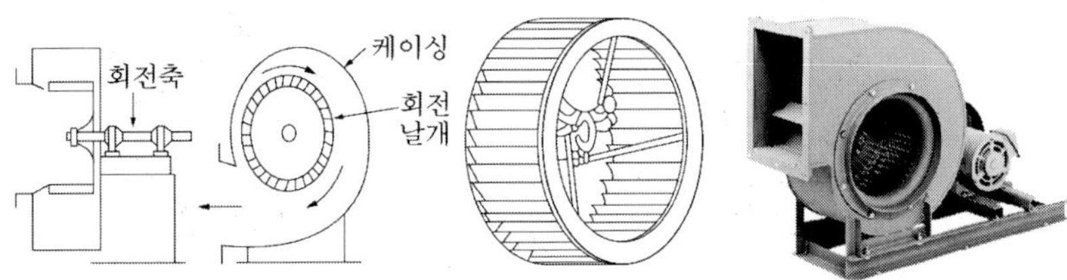

그림 2.21 다익형 송풍기

㉠ 특징

- 다른 원심팬에 비하여 크기가 작다.
- 동일 풍량, 동일 풍압에 대해 가장 소형이므로 제한된 장소에 사용이 가능하다.
- 회전속도가 작아 소음이 낮다.
- 설치면적이 작아 기초가 쉽다.
- 운전이 원활하고 점검이 쉽다.

㉡ 성능

- 풍압의 변동에 대하여 풍량의 변화가 크다.
- 저항이 감소하여 풍량이 많아지면 효율이 저하된다.
- 풍량 변화에 대하여 풍압의 변화가 작으므로 병령운전을 하는 데는 부적합하다.
- 풍량을 감소시켜 가면 운전상태가 불안정하게 된다.

㉢ 용도

- 비용이 저가이므로 저압, 대풍량 및 소동력의 환기장치
- 공기조화용, 냉난방용 또는 소형보일러의 국소통풍용
- 특히, 부식성 가스용으로는 스테인레스강, 경화염화비닐판 등으로 제작

㉯ 평판팬(plate fan)

레이디얼(radial fan)이라고도 한다. 이 송풍기는 반지름 방향의 깃을 가지고 다익팬에 비하여 익현 길이가 길고 깃 폭은 좁아지며, 깃 수가 원심송풍기 중에서 가장 적은 6~12매의 깃을 가진 팬으로써 깃이 직선이고 평판 모양으로 되어 있다. 송출 풍압이 4 kPa 미만인데 구조가 간단하고 원심력에 대한 강도가 크므로 고속회전에 적합하다. 압력은 다익팬보다 약간 높으며, 효율도 65% 정도로 다익팬보다는 약간 높으나 터보팬보다는 낮고 소음도 높다. 그러나 구조가 간단하고 강도가 강하므로 고속회전이 가능하고, 회전차 깃 판의 교체 및 수리가 용이하다.

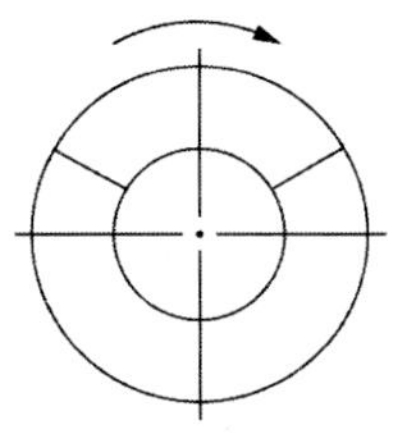

그림 2.22 평판형 송풍기

㉠ 특징

- 고온의 가스를 취급하는 장소에 적합하다.
- 부식성 가스를 취급하는 곳과 더러운 공기에도 사용이 가능하다.
- 구조가 간단하고 견고하며 강도가 강하므로 고속회전이 가능하다.
- 회전차 깃 판의 교환 및 수리가 용이하다.

㉡ 성능

- 일정한 풍압에 광범위한 풍량 변화를 필요로 할 때 적합하다.
- 저항의 변동에 대하여 풍량의 변화가 크다.
- 설계풍압에 여유를 과대하게 취하며 실제 운전 시 전동기에 과부하가 걸릴 염려가 있다.

㉢ 용도

- 시멘트공업, 고농도 입자상물질(미분탄, 톱밥 등), 분진을 흡입하는 공기수송 및 제진용

㉰ <u>터보팬</u>(turbo fan)

깃은 12~24매의 후경 깃을 가진 팬으로 익현길이, 깃 폭은 대략 레이디얼 팬과 같으며 깃의 출구 각은 35~45°, 송출풍압은 4 kPa 정도이다. 효율은 85% 정도로 비교적 좋고 성능이 안정되어 있으므로 압력변동이 있는 경우에 적합하다.

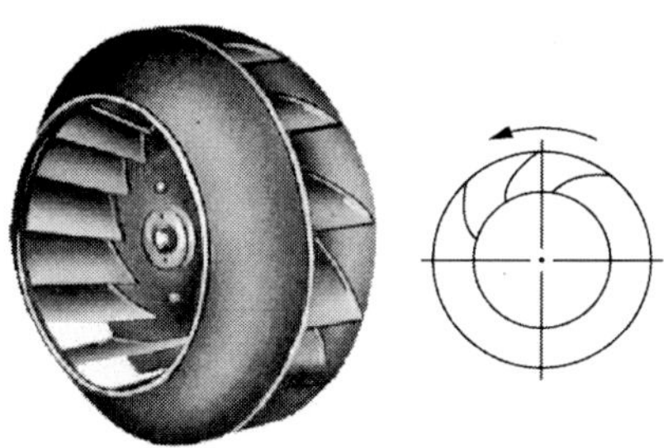

그림 2.23 터어보 팬

㉠ 특징

- 소풍량 고풍압에 적당하다.
- 효율이 높고 풍량 변화에 대한 효율 저하가 적다.
- 구조가 견고하고 취급이 쉽다.

- 송풍기의 병렬 사용 시에 지장을 초래하지 않는다.
- 동력상승이 완만하여 소요 풍압이 떨어져도 동력이 크게 상승하지 않으므로 시설 저항 및 운전상태가 변하더라도 과부하하지 않는다.
- 소음수준은 비교적 낮으나 구조가 가장 크다.

㉡ 용도

- 각종 노의 송풍 버너용
- 환기장치용, 공기조화용 및 열관리용, 소방 제연설비용 팬
- 보일러의 강제 통풍용 팬
- 광산의 환기용 팬

㉣ 한정부하팬

모양이 S자로 된 6~12매의 후경 깃을 가지고 있고, 케이싱의 흡입구에 프로펠러형의 안내깃이 고정되어 있는 송풍기이다. 송풍기 정압은 200 mmH_2O 정도이다.

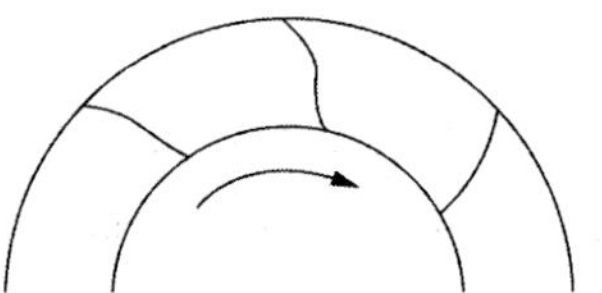

그림 2.24 한정부하팬

㉠ 특징

- 압력변동에 따른 풍량의 변화가 적다.
- 규정 풍량 이상으로 증가하더라도 축동력이 증가하지 않고 감소하는 한정부하성이 있다.
- 최대동력으로 전동기를 결정해두면 과부하가 발생할 위험이 없다.
- 분진의 퇴적 및 부착으로 저항의 변동이 심한 여과집진장치 같은 곳에서도 거의 일정한 성능을 유지할 수 있다.

㉡ 용도

- 공장의 환기장치용

㉤ 익형팬(air foil, limit road fan)

깃의 모양이 익형으로 된 9~16매의 후경 깃을 가진 팬이다. 터보팬의 결점을 개선한 것이다. 규정 풍량 이상으로 증가해도 축동력이 증가하지 않으며, 효율이 원심팬 중에서 가장 좋고 소음도 가장 적으며 고풍량 저풍압에 적합하다. 입자상물질의 퇴적이나

습기에 의해 깃의 부식이 발생하기 쉽고, 회전차의 구조상 고속회전이 적당하다. 정압은 500 mmH_2O 정도이다. 용도는 깨끗한 공기의 환기장치용 및 공기조화용으로써 동력의 절약이 필요한 곳에 사용된다.

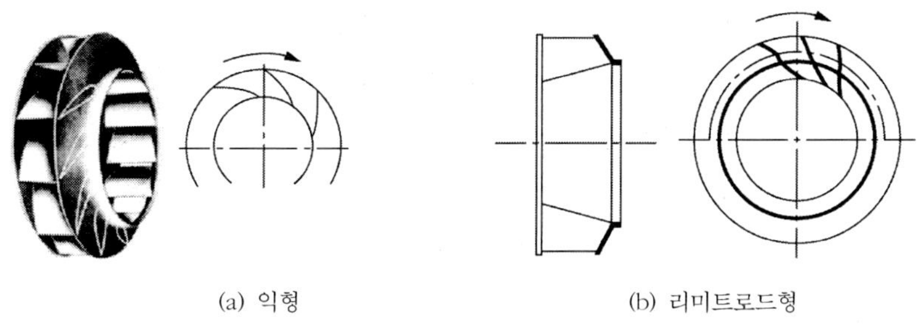

그림 2.25 익형 및 리미트로드형 송풍기

ⓑ 축류식 송풍기

축류송풍기는 기체가 축 방향으로 흘러 들어오고 흘러나갈 때 날개에 발생하는 양력을 이용하는 방식이다. 축류식 송풍기는 축류팬과 축류블로우어로 구분된다. 축류팬은 회전차를 둘러싼 송풍관의 유무와 구조에 따라 프로펠러팬(propeller fan), 송풍관 붙이 축류팬(tube axial fan), 정익붙이 축류팬(vane axial fan)으로 분류된다.

축류블로우어는 기본적으로 축류팬과 그 구조와 원리가 같다. 축류송풍기 크기는 외경이 100 mm인 것을 No. 1로 표시하고 기준으로 잡고 있다. 축류송풍기는 저풍압 대풍량의 전체환기용 및 통풍용으로 적합하지만 근래에는 고풍압용으로도 효율이 좋아진 것이 제작되어 그 적용 범위는 확대되고 있다. 원심송풍기보다 소음이 크고 설곗점 이외의 풍량에서는 효율이 갑자기 떨어지는 단점이 있다.

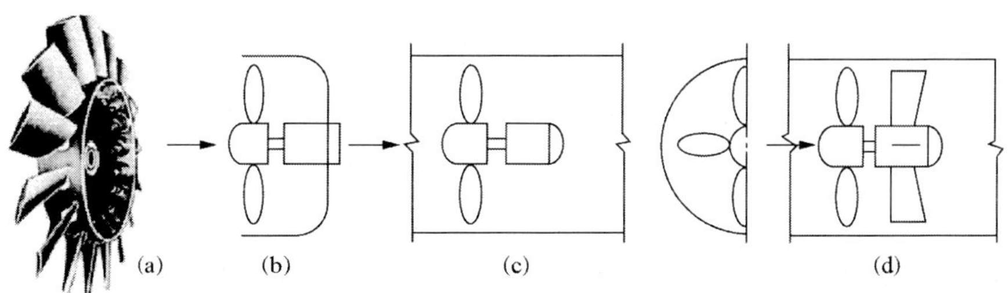

그림 2.26 축류형 송풍기

(a)는 프로펠러형 블레이드가 기체를 축 방향으로 송풍하고 낮은 풍압에 많은 풍량을 송풍하는 데 적합하며 (b)는 프로펠러팬으로 덕트시스템이 없고 공기 기류에 대한 저항이 작은 경우 환기팬, 냉각탑 유닛에 사용한다. (C)는 송풍관붙이 축류팬(튜브 축류팬)으로 관 모양의 하우징 내에 송풍기가 들어 있다. 이 형식의 송풍기는 덕트 도중에 설치하야 송풍 압력을 높이거나 국소 통기 또는 대형 냉각탑에 있다. (d)는 정익붙이 축류팬으로 축류팬의 전후에 가이드 베인을 설치한 것으로 기류를 정류하는 역할도 하며 국소 통풍이나 터널 제연이나 환기에 사용한다.

문제

제연설비에 사용하는 송풍기의 종류와 관계없는 것은?

① 다익형 송풍기 ② 터보형 송풍기

③ 리미트로드형 송풍기 ④ 왕복형 송풍기

정답 ④

제연설비에 사용되는 원심식 송풍기의 종류를 3가지만 쓰시오.

정답 ① 터어보 팬 ② 평판팬 ③ 다익팬

(2) 송풍기 특성

제연설비의 배출기로써 일반적으로 사용하고 있는 송풍기는 다익형, 리미트로드형, 터어보형, 축류형이 있다. 표 2.1에 각 송풍기의 특성을 나타내었다. 이것들을 고려하여 그 배연 계통에 적당한 송풍기를 선택해야 한다.

제연설비 배출기 자체의 내열성에 대한 규정은 없으나 어떠한 건물의 규모 등에도 일반적으로 제연을 시작한 후 30분 이상 운전 가능한 구조이어야 한다. 실험 결과에 의하면 일반 송풍기로도 280℃에서 30분간 운전은 가능하다는 결과가 나오고 있다. 내열성으로 말하면 축류팬보다도 원심식 송풍기가 더 우수하고 축류팬을 사용할 경우는 모터 외장형의 것을 사용하고 또 모터 측면을 사용하든지 또는 공기 냉각장치에 있는 것을 사용한다.

송풍기 자체의 단열은 규정되어 있지 않으나 설치 장소나 내화구조에서 주변으로 열이 방출되어도 지장이 없는 경우에는 단열은 불필요하다.

표 2.1 송풍기 종류 및 성능

항목 \ 송풍기의 종류	원심식			축류식
	다익형	리미트 로드형	터보형	
풍량 (m^3/min)	편흡입 10~2000 양흡입 50~4000	편흡입 20~3,000 양흡입 40~5,000	편흡입 30~4,000 양흡입 60~8,000	40~10,000
압력 (mmAq)	10~80	20~400	(단단) 100~2,000 (다단) 400~7,000	(표 준) 0~100 (회전식) 50~600
소음비	38	42	23	40~50
크기 비교(%)	100	112	135	138~90
효율(%)	45~60	55~65	70~85	50~85
날개 형상	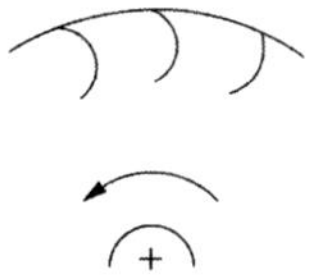	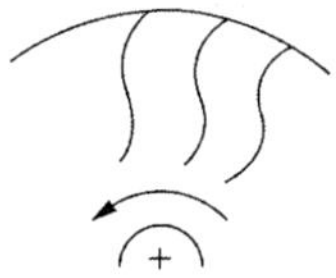	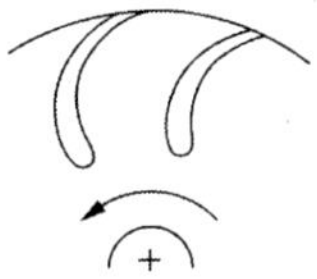	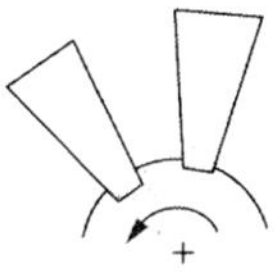
압력곡선	산 모양의 곡선이고 풍향 60% 정도에서 곡선으로 변함	산 모양의 곡선이 아니고 기울기가 급격함	이 기울기는 매끄럽고 가장 높은 압력은 풍량 40% 정도이다.	이 기울기는 비교적 급격하고 산 모양의 곡선이다. 풍량 50~60%에서 굴곡
동력곡선	풍량 0에서 최소, 풍량의 증가와 더불어 증가하고 기울기도 증가한다.	풍량 0에서 최소, 풍량의 증가와 함께 증가	풍량 0에서 최소, 풍력곡선과 기울기도 풍량의 증가와 함께 증가	일반적으로 풍량 0에서 최대, 풍량이 증가하면 감소
효율곡선	축류와 리미트로크의 중간	설계풍량의 부근에서 비교적 매끄럽다.	설계풍량의 부근에서 비교적 매끄럽다.	설계풍량을 벗어나면 급격히 감소
풍압동력 효율곡선	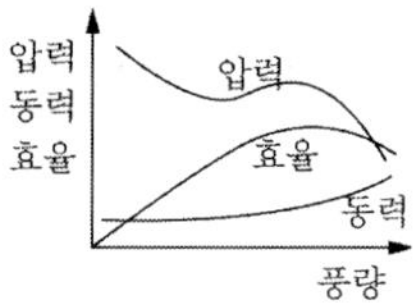 압력 동력 효율 압력 효율 동력 풍량	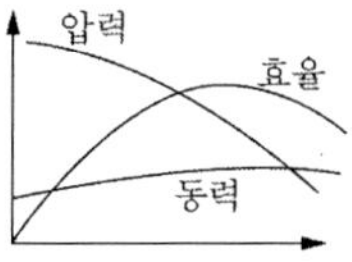 압력 효율 동력	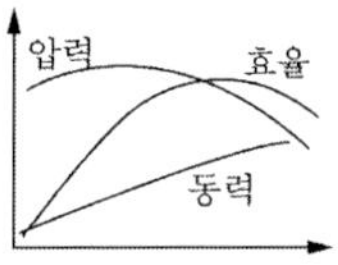 압력 효율 동력	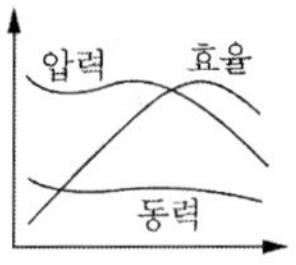 압력 효율 동력
저항곡선의 변화에 대한 풍량 동력의 변화		풍량의 변화는 작고 동력변화는 최고효율 부근에서 작다.	풍량, 동력의 변화는 비교적 작다.	풍량, 동력의 변화는 비교적 작다.

(3) 송풍기 풍압 및 회전수

① 풍압

송풍기의 풍압의 단위는 보통 [mmH_2O] 또는 [mmHg]가 사용되며 고압인 경우는 [kg_f/cm^2] 및 흡입압력과 배출압력 비인 압력비가 사용된다. 송풍기의 압력은 일반적으로 정압으로 표시한다. 덕트계 압력손실을 전압 기준으로 행하는 경우는 전압을 정압으로 바꿀 필요가 있다. 정압과 동압은 덕트의 크기와 유량에 따라 달라진다. 송풍기의 전압과 정압과의 관계를 나타내면 다음과 같다.

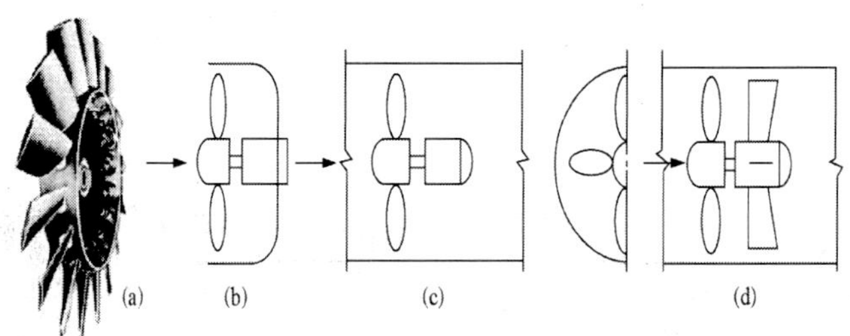

그림 2.27 송풍기 전압과 정압 관계

ⓐ 송풍기 흡입 측, 배출 측에 덕트가 있는 경우

송풍기에 의해 기체에 공급된 송풍기 전압은 정압과 속도압의 증가량을 말하며 배출구 전압과 흡입 측 전압의 차로 표시된다. 즉,

$$P_T = P_s + P_v$$

로 된다. 흡입, 토출 측에 덕트가 있는 경우 우선 흡입 측에서 전압은

$$P_{t1} \; = \; P_{v1} \, + \, P_{v2}$$

토출 측에서도 같은 식으로 표시하면 토출 측의 전압은

$$P_{t2} \; = \; P_{v2} \, + \, P_{s2}$$

따라서, 송풍기의 전압은 P_{t1}과 P_{t2}의 차로 표시되므로

$$P_T = P_{t2} - P_{t1} \quad \cdots\cdots (2.46)$$
$$= (P_{v2} + P_{s2}) - (P_{v1} + P_{s1})$$
$$= (P_{s2} + |P_{s1}|) + (P_{v2} - P_{v1})$$

이러한 경우는 토출 측의 풍속과 흡입 측의 풍속은 거의 같으므로 $P_{v1} \fallingdotseq P_{v2}$이다. 흡입 덕트의 전압과 토출 덕트의 전압의 합이 같다. 이들 덕트의 전압은 덕트 정압의 합이 저항으로 된다. 즉,

$$P_T = P_{s2} + |P_{s1}| \quad \cdots\cdots (2.47)$$

이들 식은 송풍기의 흡입 측과 배출구 측에 덕트를 연결하여 사용하는 일반적인 제연설비용 송풍기의 전압을 구하는 식이다.

ⓑ 흡입 측은 대기 개구, 배출 측은 덕트가 연결된 경우

흡입구 측은 대기 개구 상태이고 배출구 측에만 덕트가 연결되어 있는 경우는 흡입구 측에서 정압과 속도압을 0으로 볼 수 있으므로 송풍기 전압은

$$P_T = P_{v2} + P_{s2} \quad \cdots\cdots (2.48)$$

가 된다.

ⓒ 흡입 측 덕트 연결, 배출 측은 대기 개구인 경우

흡입구 측에만 덕트가 연결되어 있고 토출 측은 대기로 개방되어 있는 상태인 경우는 배출구 정압을 0으로 볼 수 있으므로 $P_{s2} = 0$이고, 압력분포는 그림 2.28에 나타내었다.

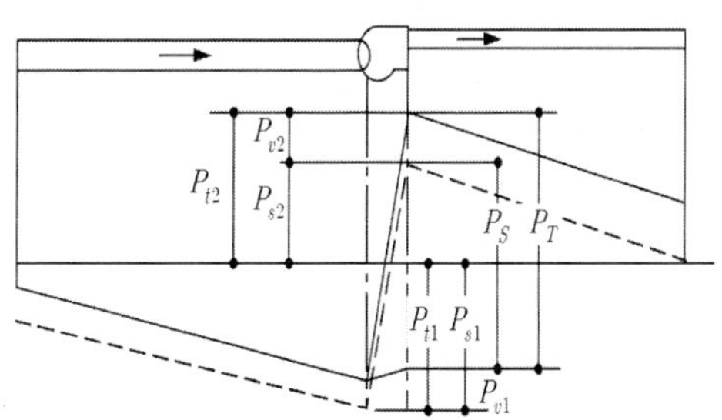

그림 2.28 송풍기의 흡입 측에만 덕트가 있는 경우

$$P_t = P_{t2} - P_{t1}$$
$$= (0 + P_{v2}) - (P_{s1} + P_{v1})$$
$$= (P_{v2} - P_{v1}) + |P_{s1}|$$

$P_{v2} \fallingdotseq P_{v1}$ 이라면

$$P_t = |P_{s1}| \quad \cdots\cdots (2.49)$$
$$P_s = P_t - P_{v2}$$

문제

송풍기 입구 흡입저항이 40 mmH_2O, 배출정압이 20 mmH_2O일 때 송풍기 정압을 50 mmH_2O로 유지하면 송풍기 입구 측 유속은 몇 m/min인가?

풀이 $P_{Sf} = P_{so} + P_{si} - P_v$

$$50 = 20 + 40 - \frac{v^2 \times 1.2}{2 \times 9.8}$$

$$-10 = -\frac{1.2v^2}{19.6}$$

$$\therefore\ v^2 = \frac{19.6 \times 10}{1.2}$$

$$v \fallingdotseq 13(\text{m/sec}) = 766.8(\text{m/min})$$

② 회전수

송풍기의 회전수는 전동기를 직결하여 사용할 때는 전동기의 동기속도를 계산하여 결정한다. 동기속도란 교류전원을 사용하는 동기전동기 또는 유도전동기에서 만들어지는 회전자기장의 회전속도를 말한다. 전동기의 극 수를 p(극), 전원의 주파수 f[Hz]이라 하면 동기속도 n[rpm]은 다음과 같다.

$$n = \frac{120f}{p} \quad \cdots\cdots (2.50)$$

전동기의 동기속도는 전동기의 회전수를 말하며 무부하 상태인 이론상의 송풍기의 회전수를

말한다. 송풍기를 운전할 때는 부하가 걸리기 미끄럼이 생기는 데 보통 2~5%의 미끄럼을 고려하여야 한다. 따라서 미끄럼률을 s[%]라 하면 송풍기 회전수 N[rpm]은 다음 식과 같다.

$$N = n\left(1 - \frac{S}{100}\right) = \frac{120f}{p}\left(1 - \frac{S}{100}\right) \quad \cdots\cdots (2.51)$$

회전수를 결정할 때는 정해진 풍량과 풍압으로부터 송풍기의 형상을 먼저 정하고 송풍기 형식이 정해졌을 때 이를 기초로 하여 회전수를 결정하게 된다.

(4) 송풍기 효율 및 동력

① 효율

송풍기 효율은 풍전압으로부터 산출된 공기 동력과 소요 동력과의 비를 백분율로 표시한 것을 말한다. 송풍기 효율은 전압효율과 정압효율로 구분하는 데 보통 전압효율을 말한다. 전압효율을 η_t, 기계효율 η_m, 유체효율 η_h, 체적효율을 η_v라고 하면 전압효율은 다음 식으로 표시된다.

$$\eta_t = \eta_v \times \eta_m \times \eta_h \quad \cdots\cdots (2.52)$$

여기서 체적효율은 송풍기의 배출 풍량과 회전차 속을 통과하는 풍량의 비를 말한다. 기계효율은 회전차가 축으로부터 받는 동력(축동력에서 베어링 및 축봉장치와 회전차의 마찰에 의한 동력 손실을 뺀 동력)과 축동력의 비를 말하고, 유체효율은 실제전압과 이론전압의 비로 정의된다.

표 2.2 송풍기 효율과 여유율

송풍기 형식	송풍기 효율[η]	여유율[α]
다익형	0.40~0.77	1.15~1.25
터보형	0.65~080	1.10~1.50
평판형	0.60~0.77	1.15~1.25

② 동력

송풍기 동력 크기 산정의 요소는 풍량과 풍압이다.

ⓐ 이론공기동력 (L_a)

송풍기의 공기동력은 다음 식으로 구한다.

$$L_a(kw) = \frac{Q\ P_T}{102 \times 60} = \frac{Q\ P_T}{6120} \quad \cdots\cdots (2.53)$$

공기동력을 마력으로 계산하면

$$L_a(HP) = \frac{Q\ P_T}{75 \times 60} = \frac{Q\ P_T}{4500} \quad \cdots\cdots (2.54)$$

여기서, Q : 풍량(m^3/min)

P_T : 송풍기의 전압(mmAq)

ⓑ 축동력(L_s)

송풍기의 회전차가 회전할 때 회전차의 축에 걸치는 동력을 말한다. 즉, 공기 동력에 효율을 고려한 동력이다. η_t를 전압효율이라고 하면

$$L_s(kw) = \frac{L_a}{\eta_t} = \frac{Q\ P_T}{102 \times 60\ \eta_t} = \frac{Q\ P_T}{6120\ \eta_t} \quad \cdots\cdots (2.55)$$

$$L_s(HP) = \frac{L_a}{\eta_t} = \frac{Q\ P_T}{75 \times 60\ \eta_t} = \frac{Q\ P_T}{4500\ \eta_t} \quad \cdots\cdots (2.56)$$

ⓒ 실제사용동력(원동기 동력)

원동기 동력은 구동 방식에 따라 기계적 손실을 일으키기 때문에 축동력보다 커야 하므로 여유율(α)을 고려한 동력을 말한다. 보통 축으로 직결하였을 때 여유율은 1.1~1.2 정도이다.

$$L_d(kw) = L_s \times \alpha = \frac{Q\ P_T\ \alpha}{102 \times 60\ \eta_t} = \frac{Q\ P_T\ \alpha}{6120\ \eta_t} \quad \cdots\cdots (2.57)$$

$$L_d(HP) = L_s \times \alpha = \frac{Q\ P_T\ \alpha}{75 \times 60\ \eta_t} = \frac{Q\ P_T\ \alpha}{4500\ \eta_t} \quad \cdots\cdots (2.58)$$

문제

어떤 제연설비에서 풍량이 900 m^3/min이고 소요전압이 2 mmHg일 때 배출기는 시로코팬을 사용하였다면 이때 이론 소요 동력(kW)은 얼마인가?(단, 효율은 60%이고 여유율은 없는 것으로 한다)

정답 6.66(kW)

풀이 $L(\mathrm{kW}) = \dfrac{\mathrm{Q(m^3/h) \times P_T\,(mmAq)}}{102 \times 300 \times \mathrm{E}} \times \mathrm{K} = \dfrac{900 \times 27.9}{102 \times 60 \times 0.}6 = 6.66(\mathrm{kW})$

※ $P_T = 2\,\mathrm{mmHg} = \dfrac{2 \times 10.332}{760} = 0.2719\,\mathrm{mAq} = 27.19\,\mathrm{mmAq}$

풍량이 1500 m^3/min, 소요전압이 4 mmHg일 때 배출기의 소요 동력(kW)은 얼마인가?(단, 효율은 60%이고 여유율은 없다)

풀이 $\dfrac{4\,\mathrm{mmHg}}{760\,\mathrm{mmHg}} \times 10.330\,\mathrm{mH_2O} \fallingdotseq 0.0543\,\mathrm{mH_2O} = 54.3\,\mathrm{mmH_2O}$

소요동력$(L) = \dfrac{P_T\ Q}{102 \times 60 \times E} \times K = \dfrac{54.3\,\mathrm{mmH_2O} \times 1500\,\mathrm{m^3/min}}{102 \times 60 \times 0.6} \fallingdotseq 22.18(\mathrm{kW})$ 이상

원심력식 송풍기에서 효율이 가장 큰 순서으로 열거하시오.

정답 터어보형 > 평판형 > 다익형(시로코팬)

(5) 송풍기 상사법칙(law of similarity)

일반적으로 유체역학에서 상사법칙이란 기하학적 상사, 운동학적 상사, 역학적 상사가 만족되면 상사법칙이 적용된다. 기하학적 상사는 실물과 모형의 대응하는 길이의 비가 일정하여야 하는 것을 말하고, 운동학적 상사는 실물과. 모형의 모든 대응하는 두 점이 비례하는 시간에 기하학적으로 상사한 운동을 하여야 한다. 역학적 상사는 실물과 모형의 모든 대응하는 두 점이 역학적으로 상사한 힘의 분포상태를 이루고 있어야 한다. 이 법칙은 송풍기와 펌프에서도 동일하게 적용된다. 이 상사법칙을 송풍기에 적용시키면 송풍기 법칙이라고도 하며, 송풍기 설계 및 성능 추정에 중요한 법칙이다.

그림 2.29에서 구조가 상사인 2대의 송풍기에서 각각 회전차 직경을 D_1, D_2, 기체의 비중량을 γ_1, γ_2, 회전수를 N_1, N_2, 송풍기 성능곡선에서 최고 효율점에서의 풍량을 Q_1, Q_2, 풍압을

P_{t1}, P_{t2}, 축동력을 L_{s1}, L_{s2}라면 송풍기 운전 중 풍량(Q)과 회전수(N), 임펠러의 직경(D), 정압(P_t), 동력(L_s)은 아래와 같은 비례 관계를 갖고 있는 식을 송풍기 상사법칙이라고 한다.

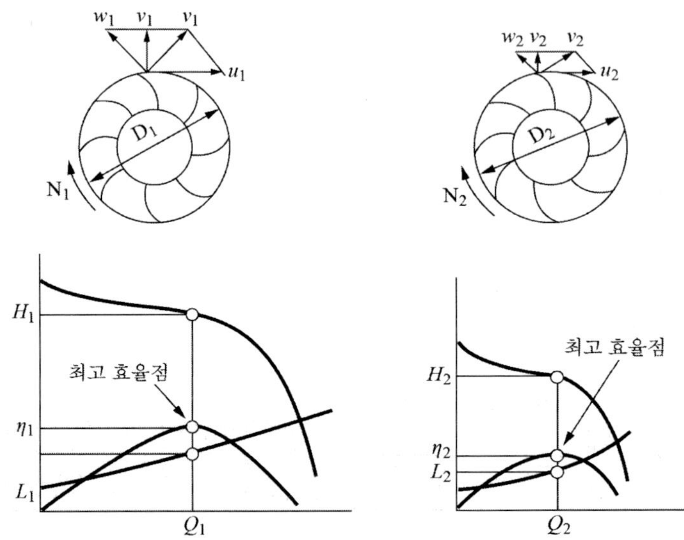

그림 2.29 상사구조의 송풍기

$$\text{속도비}: \frac{u_2}{u_1} = \left(\frac{D_1}{D_2}\right)\left(\frac{N_1}{N_2}\right) \quad \cdots\cdots (2.59)$$

$$\text{풍량비}: \frac{Q_1}{Q_2} = \left(\frac{D_1}{D_2}\right)^3\left(\frac{N_1}{N_2}\right) \quad \cdots\cdots (2.60)$$

$$\text{풍압비}: \frac{P_{t1}}{P_{t2}} = \left(\frac{D_1}{D_2}\right)^2\left(\frac{N_1}{N_2}\right)^2 \quad \cdots\cdots (2.61)$$

$$\text{동력비}: \frac{L_{s1}}{L_{s2}} = \left(\frac{D_1}{D_2}\right)^5\left(\frac{N_1}{N_2}\right)^3 \quad \cdots\cdots (2.62)$$

송풍기의 크기가 같고($D_1 = D_2$), 공기의 비중량이 일정하다면($\gamma_1 = \gamma_2$) 풍량과 풍압 및 동력은 $Q \propto N$, $P_t \propto N^2$, $L_{s1} \propto N^3$으로 이것을 회전수 변화법이라고도 한다. 또한 회전수와 공기의 비중량이 일정하다면 풍량과 풍압 및 동력은 $Q \propto D^3$, $P_t \propto D^2$, $L_s \propto D^5$으로 송풍기의 회전차 크기에 좌우된다.

문제

제연설비에 사용되는 송풍기에 대하여 다음 물음에 답하시오.

① 덕트의 소요전압이 80 mmAq, 송풍기 효율 60%, 여유율 15%, 풍량 24,000 m^3/hr인 전동기의 동력(L)을 계산하시오.

② 위의 송풍기를 현장에 설치하여 시운전한 결과 풍량이 18,000 m^3/hr 로 용량이 부족하여 송풍기 풀리를 교환하고자 한다. 이때 송풍기의 회전수를 측정하니 600 rpm이었다면 회전수를 몇 rpm으로 올리면 되겠는가?

풀이 ① 동력 $L(\text{kW}) = \dfrac{24,000 \times 80}{102 \times 3600 \times 0.6} \times 1.15 = 10.022\ \text{kW}$

② 회전수변화법에 의하여 회전수는 풍량에 비례한다.

$$\frac{Q_1}{Q_2} = \frac{N_1}{N_2} \rightarrow N_2 = \frac{Q_2}{Q_1} \times N_1 = \frac{24,000}{18000} \times 600 = 800\ \text{rpm}$$

어떤 송풍기의 정압이 50 mmH_2O, 유속이 300 m/min, 송풍량이 200 m^3/min가 되도록 이동시킬 때 이때 필요한 동력이 6.0 H_P이고 이때 송풍기 모터 회전수는 400 rpm이다. 이 모터 회전수를 500 rpm으로 증가시킬 때 다음 물음에 답하시오.

① 필요한 송풍량(m^3/min)은? ② 필요한 동력(H_P)은?
③ 정압의 변화는? ④ 유속의 변화는?

풀이 ① $Q \propto N$ 이므로 $Q = (200\ \text{m}^3/\text{min}) \times \left(\dfrac{500}{400}\right) = 250(\text{m}^3/\text{min})$

② $P_s \propto N^2$ 의 관계 $P_S = 50\ \text{mmH}_2\text{O} \times \left(\dfrac{500}{400}\right)^2 = 78(\text{mmH}_2\text{O})$

③ $L \propto N^3$ 의 관계이므로 $L = 6.0\ H_P \times \left(\dfrac{500}{400}\right)^3 = 11.7\ H_P$

④ $V \propto Q$이므로 $V = (300\ \text{m/min}) \times \left(\dfrac{500}{400}\right) = 375(\text{m/min}) = 6.25(\text{m/s})$

(6) 비속도

비속도란 그 송풍기와 기하학적으로 닮은 송풍기를 생각해서 1 m^3/min 또는 m^3/s의 풍량을 헤드 1 m 생기게 한 경우의 가상회전 속도이고 송풍기의 크기에 관계없이 송풍기의 형식(임펠러의 형식)에 의해 변하는 값이다. 비속도(Ns)는 다음 식으로 나타내진다.

$$n_s = N \frac{Q^{1/2}}{(P_t/\gamma)^{3/4}}\ [\text{m}^3/\text{min},\ \text{m},\ \text{rpm}] \quad \cdots\cdots (2.63)$$

이 식은 단위풍량, 단위전압일 때의 회전차의 회전수를 의미한다. 비속도가 같은 회전차는 모두 상사형이다. 즉, 송풍기의 구조가 상사이고 유동상태가 상사일 때는 비속도의 값은 일정하며, 회전차의 크기나 회전수의 변화에 따라 변하지 않는다. 비속도의 식에서 Q와 P_t의 값은 일반적으로 송풍기 성능곡선 상에서 최고 효율점에 대한 값을 나타낸다. 비속도는 무차원이 아니므로 단위를 잡는 방법에 따라 그 값이 달라진다.

비속도는 회전차의 형상을 나타내는 척도가 되고 송풍기의 성능 및 최적 회전수의 결정 등 송풍기의 설계 및 기종 선정에 중요하다.

(7) 송풍기 특성 및 성능곡선

① 송풍기 특성

ⓐ 동일한 송풍기에서 정압이 낮아질수록 풍량은 많아진다.

ⓑ 동일한 송풍기에서 풍량이 많아질수록 동력이 늘어난다. 그러므로 송풍기를 선정할 때는 예상 최대 풍량에서의 동력을 검토하여 전기 쪽에 모터의 전력 용량을 요구하여야 한다.

ⓒ 송풍기 중에서 동일한 외형 크기에서 풍량이 가장 많고 가장 값이 싼 것은 다익(sirocco)형 송풍기이다. 그러나 다익형 송풍기는 서징(surging)이 없도록 운전할 수 있는 운전 범위가 좁고, 풍량이 설계점을 넘을 경우는 동력이 급격히 커지므로 바람직하지 않다. 일반적으로 가장 효율이 높고, 운전 성능이 좋은 것은 후곡형(익형) 송풍기이며, 필요에 따라 역회전 운전도 가능한 것은 축류형 송풍기이다.

ⓓ 송풍기의 배출 풍량과 배출압력이 급격히 요동치면서 가쁜 숨을 몰아쉬는 것 같은 현상(서징 현상)이 발생하는 경우가 있다. 이론적으로는 펌프에서도 일어날 수 있지만 송풍기에서는 공기의 압축성 때문에 흔히 발생한다. 서징 현상을 막기 위해서는 송풍기의 특성곡선을 보고 서징 범위에 들지 않도록 운전 방식을 검토해야 한다. 특성곡선에서 압력-유량 선도가 오른쪽으로 올라가는 부분의 풍량에서 서징이 발생하므로 주의해야 한다.

ⓔ 덕트 중의 댐퍼가 닫혀서 풍량이 극히 작아질 때는 운전 범위가 송풍기의 서징 영역에 들어가서 극심한 압력 요동 현상이 발생하고, 압력제어가 불가능하게 되는 경우가 있다. 이러한 현상을 예방하기 위해서는 인버터 제어로 송풍기의 회전수를 줄여주거나, 설계풍량 전체를 배출할 수 있는 대형 배출구를 덕트 계통에 설치하여 외부로 풍량을 배출할 수 있도록 해야 한다.

② 송풍기 성능곡선

송풍기의 성능곡선은 송풍기의 운전 특성을 알아보기 쉽게 나타내기 위해 하나의 그래프에 풍량의 변화에 따른 압력이나 효율, 소요 동력의 변화를 표시한 선도를 말한다. 송풍기에서는 횡축에 풍량(Q)을, 종축에서는 그 풍량에 대한 풍압(P_t), 효율(η), 축동력(L_s)의 값을 잡는다. 적당한 설계의 결과 구해진 성능곡선의 경우에는 최고효율점($\eta_{\max}$)의 위치에서 규정풍압(P_t)과 규정풍량(Q)의 성능을 발휘해야 한다.

일반적으로 일정한 속도로 회전하는 송풍기의 풍량 조절 댐퍼를 개방해 송풍량을 증가시키면 축동력은 점차 증가하고, 전압과 정압, 효율 등은 포물형 형태로 어느 한계까지는 증가하다가 다시 감소하는 경향을 보이는 경우가 많다.

그림 2.30은 풍량에 따라 동력, 효율, 압력이 변하는 일반적인 모양을 개략적으로 나타낸 것이며, 보통 운전점은 효율이 가장 높은 부분을 선택해야 한다. 운전 영역은 정압곡선 중 최대 부분과 덕트의 최대 풍량 사이의 범위이며, 이 범위에서 풍량을 조절해야 한다. 그림에서 나타낸 서징 영역으로 유량 범위가 들어가지 않도록 유의해야 하며, 축동력이 과다해지지 않도록 운전 범위를 선택해야 한다. 한편 송풍기의 종류나 사양에 따라서는 풍량이 일정 한계 이상이 되면 축동력이 급격히 증가하고 압력과 효율은 낮아지는 오버로드(over load)가 나타나게 되며, 또한 정압곡선에서 최고점 왼쪽의 하향 곡선 부분에서 운전하게 되면 송풍기의 운전상태가 불안정해지는 '서징(surging) 현상'이 나타나게 되는데, 이 두 영역에서의 운전은 가급적 피해야 한다.

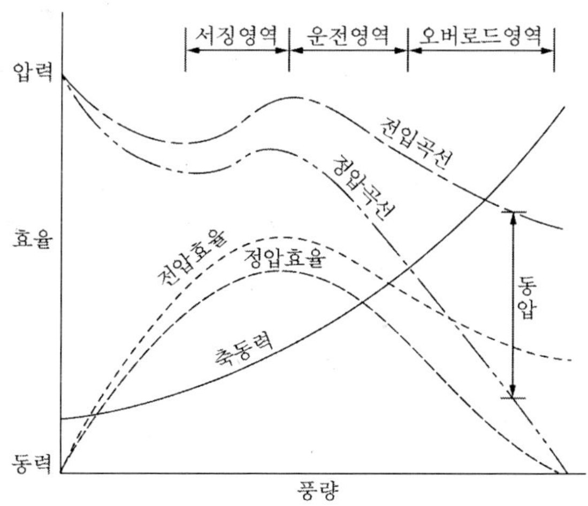

그림 2.30 송풍기 특성곡선

(8) 송풍기 선정

① 송풍기 형식에 따른 선정 옵션

ⓐ 다익형 송풍기(sirocco fan)는 동일한 풍량 조건일 때 크기가 가장 작아서 공간적으로 유리하고, 가격도 가장 싸다. 그러나 효율이 낮아 운전 동력이 가장 크기 때문에 동력설비비가 높다. 또 서징 영역이 커서 항상 정풍량으로 운전할 수 있도록 주의하여야 한다.

ⓑ 후곡형 송풍기 중 에어포일형 송풍기(airfoil fan)는 동일한 풍량 조건일 때 크기가 커서 공간적으로 불리하고, 날개 단면을 비행기 날개 단면과 유사하게 만들어서 가격도 가장 비싸다. 그러나 효율이 높아 운전 동력이 가장 작기 때문에 동력 시설 비용에서 가장 유리하며, 소음도 작다. 또한 서징 영역이 좁아서 가변 유량 운전에 유리하다.

ⓒ 후곡형 송풍기 중 터보 송풍기(turbo fan)는 에어포일 송풍기와 비슷한 특성이 있지만, 더 높은 정압을 낼 수 있는 대신 송풍기의 크기도 더 크며, 운전 동력이 에어포일 송풍기와 다익형 송풍기의 중간이다.

② 송풍기 선정 순서

ⓐ 댐퍼와 덕트 부속의 규격 및 위치와 수량을 확인한다.

ⓑ 직관 덕트의 전체 길이와 그 경로에 전체 풍량이 흐를 때의 마찰손실을 구한다.

ⓒ 댐퍼와 덕트 부속의 저항 손실을 구한다.

ⓓ ⓑ와 ⓒ의 결과를 더하여 덕트 설비의 전체 저항 손실을 구한다.

ⓔ 송풍기 전·후방의 부속과 송풍기 설치 방법에 따른 시스템 손실을 감안한다.

ⓕ 제연구역에 유지할 목표 차압을 구한다.

ⓖ ⓓ부터 ⓕ까지의 결과 합계에 20% 정도를 할증하여 송풍기의 정압을 구한다.

ⓗ 송풍기 제조사의 카탈로그를 참고하여 풍량과 정압에 적합한 송풍기를 선택한다.

ⓘ 선택한 송풍기의 모델과 용량을 제조사에 보내어 검토를 받고, 데이터 시트와 설치상세도를 제공받는다.

ⓙ 데이터 시트를 참조하여 모델과 용량을 확정한다.

ⓚ 제조사로부터 받은 설치 상세도는 설계도면에 그대로 인용할 수 있다.

(9) 송풍기에서 발생하는 이상 현상

① 서징(surging) 현상

ⓐ 서징현상 개요

원심식 및 축류식 송풍기에서 배출 측의 저항이 크게 되면 풍량이 감소하고 어느 풍량에 대하여 일정 풍압으로 운전되지만 우향 상승 특성의 풍량까지 감소하면 주기적으로 강제력을 부가하지 않은데도 관로에 격심한 공기의 맥동과 진동이 발생하여 풍량과 풍압이 심한 주기적 변동을 일으키는 상태를 말한다. 일정한 회전속도로 운전할 때의 풍량 - 압력 특성은 그림 2.31과 같고 풍량의 피크(peak)치를 서징한계라고 한다.

서징은 보통 규정 풍량보다 낮은 풍량으로 운전하는 경우 발생한다. 주기적 변동에 대응하는 서어징의 진동수는 송풍기의 회전수와는 관계가 없다.

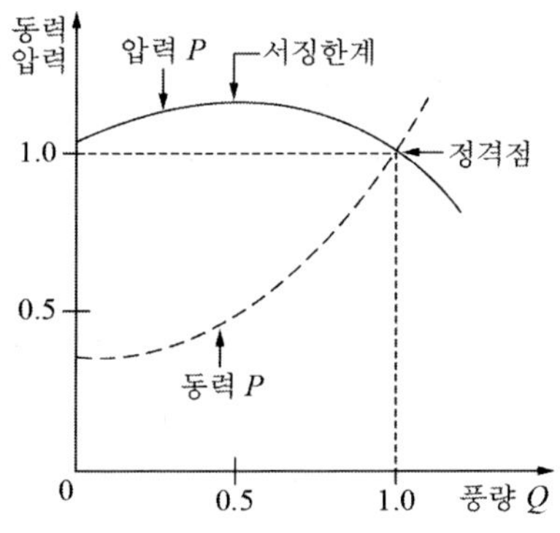

그림 2.31 송풍기 서어징 현상

ⓑ 서징현상의 원인

㉮ 공동(cavitation)현상이 발생하여 기체가 생성된 경우

㉯ 송출관 내에 공기조가 있을 때

㉰ 펌프의 $P \sim Q$ 곡선의 우향 상승 부분에서 운전될 때

㉱ 축 트러스트가 불안정할 때

㉲ 각부의 공진현상이 발생했을 때

ⓒ 서징현상의 방지법

㉮ 생성된 기체를 제거한다.

㉯ 불필요한 공기조를 없앤다.

㉰ 송풍기의 $P \sim Q$ 곡선의 우하향 부분에서 운전한다.
이 방법은 실제적으로는 매우 곤란하지만 적어도 소풍량 쪽의 우향 상승곡선의 구배가 가능한 완만하게 되도록 고려한다.

㉱ 방출밸브를 사용한다(소풍량 시에 배출공기의 일부를 방출하여 송풍기의 풍량을 적당량으로 유지한다).

㉲ 안내깃(vane) 조절에 의한 방법(원심식)
원심식에서는 흡입구에 설치된 안내깃을 교축한다.

㉳ 동익, 정익을 조절하는 방법
축류식에서는 동익 또는 정익의 각도조절에 의해 특성을 소풍량 쪽으로 붙일 수 있으므로 서징점을 소풍량 쪽으로 밀어붙일 수 있다.

㉴ 회전수 변환에 의한 방법
풍량의 감소에 수반하여 저항이 원점과 운전점을 지나는 2차 곡선상을 변화하는 경우는 전동기의 회전수 조정으로 회전차의 회전수를 변환하여 서징을 예방할 수 있다.

② <u>선회실속</u>(rotating stall)

축류송풍기는 실속(Stall)이라는 독특한 특징을 가지고 있다. 실속이란 송풍기가 성능 한계곡선을 벗으나 운전될 때 일어나는 공기역학적 현상으로 송풍기 회전날개나 안내익 주변에서 흐름의 분리가 일어난다. 실속이 발생하면 송풍기는 불안정하게 되고 흐름의 분리 현상은 회전날개에 피로 손상을 주며 정상 성능곡선대로 운전할 수가 없게 하므로 실속 영역에서의 계속 운전은 피해야 한다.

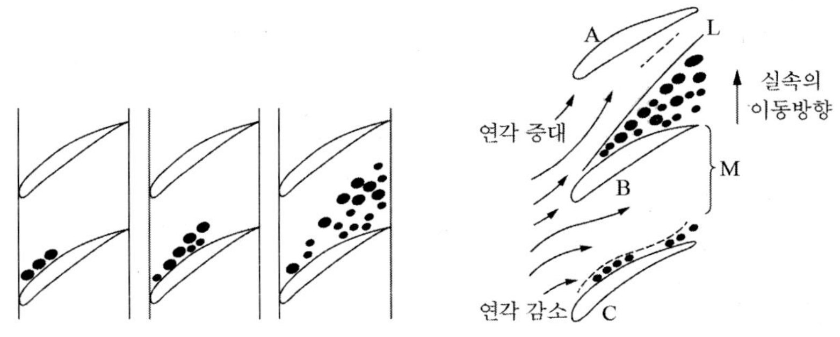

그림 2.32 실속의 발달 및 선회실속의 원리

선회실속의 현상은 서징이 발생하기 전의 풍량에서 일어나고, 풍량 변화도 평균적이어서 정상류로 생각할 수 있다. 또한 소음도 변하지 않아서 외부에서 인지할 수 없을 때가 많지만 이 현상이 반복되면 깃의 파손을 일으키는 일이 있으므로 주의해야 한다.

참고

선회실속

① 날개깃에서 각도의 변화에 따라서 날개 윗면에 와류가 형성되고 해당 부위에는 양력이 발생하지 않는 상태가 되는데 이를 실속이라고 표현함

② 날개 위를 흐르는 공기가 날개 바깥쪽으로 흐르게 되어 날개 끝에 이르러서는 양력이 거의 발생하지 않는 현상

③ 날개 끝에서 발생하는 실속 현상

③ 소음

ⓐ 송풍기 소음 발생

㉮ 기계적 소음

전동기, 베어링, 축 등의 송풍기 부품의 가동으로부터 발생하거나 송풍기 자체의 불균형에 의한 진동으로부터 발생하는 소리

㉯ 난류성 소음

회전차 또는 케이싱에 공기의 마찰이나 충돌이 일어날 때와 송풍기 입구 및 출구에서 기류의 방향 전환이 일어날 때 발생하는 소리

ⓑ 소음의 주요 요인

㉮ 원심송풍기의 난류성 소음의 요인

케이싱의 컷오프 점을 지나는 깃의 통로와 관련된 것으로 풍압은 교란이 일어나는 컷오프점의 한 측면으로부터 다른 측면까지 급격하게 변화하며, 각 깃의 통로는 흡입관과 배출관 속으로 압축파를 전송하며 소음을 발생시킨다.

㉯ 축류송풍기의 난류성 소음의 요인

주로 동익의 전연과 후연, 정익 입구 등의 흐름이 매끄럽지 않으며, 연속적이지 않은 위치에서 만들어진 와류에 의하여 발생한다. 또한 회전수와 압력이 증가할수록 소음도 심각하게 된다.

ⓒ 비소음

비소음은 송풍기의 소음특성을 대표하는 값으로서 단위풍량($Q = 1\ m^3/min$), 단위풍압($P_{tf} = 1\ mmH_2O$)일 때의 평균소음레벨로 정의된다.

$$dB = dB_s + 10\log_{10}\left(\frac{QP_{tf}^2}{60}\right) \quad \cdots\cdots (2.64)$$

여기서, dB : 평균소음레벨[dB]

dB_s: 비소음[dB]

Q : 풍량[m^3/min)

P_{tf} : 전압[mmH$_2$O]

평균소음레벨 dB는 송풍기의 케이싱에서 회전차의 외경만큼 떨어진 위치에서 3방향의 소음레벨을 A특성[dB(A)]으로 측정하고 이것의 평균값을 취한 것이다. 비소음 dB_s는 회전수가 클수록, 소형화될수록 크게 된다. 각종 송풍기의 비소음은 표 2.3에 나타내었다. 보통 소음은 익형팬이 가장 적고 터어보팬, 다익팬, 레이디얼팬, 축류팬의 순으로 커진다.

표 2.3 최고 효율점에서 송풍기의 비소음

종류	비소음 $dB_s\,[dB]$
익형팬	30～35
터어보팬	35～40
다익팬(시로코팬)	40～45
레이디얼팬	40～45
한정부하팬	45～50
축류팬	50～55

ⓓ 소음대책

㉮ 기계적 소음대책

송풍관 및 건물의 바닥이나 벽을 매질로 하여 전달되는 송풍기와 송풍관 사이에 신축형관을 설치하며, 송풍기 설치 시 지지를 견고하게 하고 소음방지용 차단재 등을 사용하는 방법이 있다. 또한 송풍기를 건물로부터 격리시키거나 또는 송풍기가 설치된 실내의 내부 벽이나 천장에 그라스울 등의 흡음재를 사용하거나 건물 전체를 중량블럭조로 하여 소음방지 효과를 높인다. 송풍기 본체는 흡음재를 내장한 강판제 커버를 달고 전동기를 방음재로 완전히 둘러싸는 방법이 사용된다.

㈏ 난류성 소음대책

난류성 소음은 송풍관의 모든 방향으로 전달된다. 방지대책으로 송풍기의 판정표 및 성능곡선으로부터 소음이 작은 송풍기를 선택하며, 송풍기 효율에 크게 좌우되므로 최대효율 범위 내에서 운전되도록 한다. 또한 송풍기 소음은 정압에 비례하므로 제연설비 설계시 저항을 감소시켜 송풍기 정압 요구량을 최소화해야 한다.

또한 다른 조건이 같다면 크기가 작고 고속 회전하는 송풍기보다 크더라도 저속회전하는 저속 회전하는 송풍기가 좋으며, 불량한 입구조건은 충격에 의한 소음을 발생시키므로 불량 연결부가 있으면 설비에서 제거한다.

문제

제연설비에 있어서 송풍기의 설치가 정상적으로 이루어졌는데도 임펠러에 진동이 심하게 발생된다면 어떻게 하는 것이 가장 합리적인가?

① 송풍기의 임펠러의 역학적 균형을 점검한다.
② 임펠러 회전수를 충분히 높여준다.
③ 송풍기 흡입구 단면적을 크게 하여 흡입손실을 최대한 줄여준다.
④ 여유 있는 부하를 위해 전동기 용량을 증가시켜본다.

정답 ①

CHAPTER

03 방연계획

3.1 방연계획 목적

화재 시에 발생한 연기는 어떤 구획 내에서 처리하여 타 구역으로 전달되지 않도록 해야만 한다. 특히 연기가 피난 경로로 누출하는 것을 막아야 한다. 여러 가지 연기의 제어 방법 가운데 기계의 힘에 의한 방법 및 제연용 개구를 설계하는 방법 등의 적극적인 연기의 제어 방법에 관해서는 제연설비에서 언급하기로 하고 여기에서는 건축계획이나 설비계획에 연계된 연기의 확산을 방지하는 방법을 방연계획으로 하여 설명한다.

방연계획은 연기의 발생원을 감소시키는 관점에서 건물의 내장재 제한이나 가연물의 양적 제한, 또한 수용 방법의 규제까지 고려할 필요가 있다. 방연계획은 건축법에서 다루는 내화건축물 계획, 연소확대방지 계획과 관련이 있다. 내화건축물 계획은 건축물 주요구조부가 화재 시 작용하는 응력에 대하여 설계화재시간 이상 안전하도록 하는 내화설계, 구조부재의 내화성능은 고온 시 강도저하 성상과 응력의 값에 따라 결정되는 내화성능, 화열로부터 일정 시간 보호하고, 내력 저하를 허용치 이하로 억제하는 내화피복 등이다. 연소확대방지 계획은 방화구획이나 방연벽 또는 방연셔터, 연기댐퍼 등이 있다. 결국 방연계획의 목적은 연기를 건물 내의 한정된 장소에서 다른 인접 장소로 유동하지 않게 하거나, 화재 시 피난 경로인 계단, 경사로, 복도 등으로 연기가 유입(침입)하는 것을 막아 피난을 안전하게 하는 것을 방연계획의 목적이라 한다. 제연계획은 실내의 연기를 가급적 빨리, 많이 실외(옥외)로 배출시켜 피난공간(피난로)과 시간을 보다 많이 확보하는 것은 방연계획의 목적이라 하겠다.

3.2 소화활동과 방연설비

연기에 의해서 시계가 흩어져 어느 곳이 화점인가 알 수 없어서 소화활동이 확실하게 할 수 없는 예가 많다. 연기는 소화활동을 할 때도 매우 유해한 것이므로 소화를 위한 진입로의 확보를 위해 여러 가지 실험을 행하고 있다. 제연자동차에 의한 연기의 배출, 부분적으로 가압, 송풍기에 의해 복도에 가득 찬 연기를 팽창시켜 제연하고 사람은 그 가운데를 통과하여 소화할 수 있는 거리에 도달하는 방법 등 화재 실험을 통한 검토가 이루어지고 있다.

건축법상 방연·배연설비의 목적이 재실자의 피난, 구조에 중점을 두고 있는 데 반하여 소방법의 제연설비의 목적은 소화활동에 중점을 두는 목적이 더 강하다(소방시설 설치 및 관리에 관한 법률 시행령 제3조 별표 1의 소화활동설비), (국가화재안전기준 제연설비의 화재안전기준(NFSC501) 참조). 소방대 전용 방수구를 계단실이나 전실에 설치하는 것은 방연구획이 형성된 후에 들어가 소화활동을 하면 행동하기 쉽기 때문이다. 더구나 소화활동을 할 때 소방호스를 꺼내기 때문에 문 전체가 열릴 수 없어서 연기의 침입을 허용하는 상황이 되지 않도록 하부에 작은 소방호스 취출구를 넣는 등의 고려를 한 건물도 있다.

소규모의 건물은 피난시간이 짧아 재실자의 피난 종료 후에 소방대에 의한 소화활동이 행해진다고 볼 수 있다. 대규모의 고층 빌딩이라면 피난시간이 길게 되어 피난활동과 소화활동이 동시에 이루어지는 시간대가 있다. 고층빌딩의 방·배연계획 및 소방법상 제연설비의 계획을 작성할 때는 소방대상물의 특수성을 고려하여 피난활동과 소화활동의 요구를 포함시켜서 최적의 방법을 선택해야 할 필요가 있다.

3.3 피난활동과 방연활동

피난에 유해한 요소는 시야장애이다. 건물의 구조를 잘 알지 못하는 사람의 피난한계거리는 30 m이고 감광계수는 0.1 m^{-1}를 피난 경로에 있어 확보하는 것이 방연설비의 중요한 역할이다.

3.4 안전구획의 개념

거실에서 화재가 발생한 경우 재실자의 피난 경로는 복도, 계단전실, 계단을 거쳐 안전한 지상으로 탈출하는 통로가 일반적이다. 각각 구획이 방화벽이나 방연벽으로 구획되어 있고 차례

차례 피난해 가면 안전도가 높다.

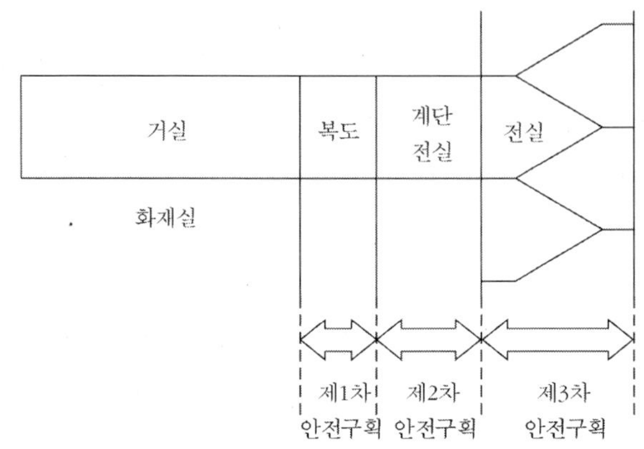

그림 3.1 연기와 관련된 안전구획의 개념

다음의 구획으로 이동하는 곳에는 시간이 걸리는 이유 때문에 구획이 많은 만큼 안전도는 충분히 확보해 두어야만 한다. 그림 3.1에 표시된 구획의 경우 복도는 제1차 안전구획, 계단전실이 제2차 안전구획, 계단이 제3차 안전구획으로 된다. 안전구획 사이의 벽은 방화구조의 기밀성이 높은 벽으로 하고 그곳에 붙는 문에 관해서도 방화문으로 한다. 안전구획을 고려하는 방법을 평면도로 보면 그림 3.2의 예와 같이 된다.

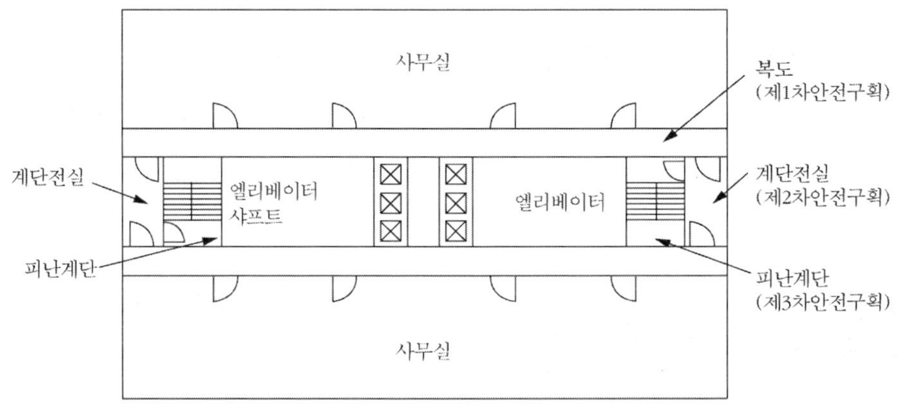

그림 3.2 연기에 대한 안전계획의 작성 방법의 예

3.5 건축계획과 방연

(1) 내장재 제한

방연의 기본적인 방법은 우선 연기가 나기 쉬운 물건을 건축재료 특히 내장재로 사용하지 않는 것이다. 건축법 제43조 및 건축법시행령 61조에서도 대통령령이 정하는 용도 및 규모의 건축물의 마감재료는 방화상 지장이 없는 내부 마감재료 즉 불연재료, 준불연재료, 난연재료로 하여야 한다고 규정하고 있다. 스프링클러설비, 제연설비 등을 설치한 경우는 내장재의 제한을 완화하는 것으로 되어 있다. 이처럼 건축법에서 내장재를 규제하는 것은 화재 시 인명안전의 대책으로써 출화의 위험률을 낮게 하고 출화를 최소한으로 멈추게 하고, 출화 하더라도 화재로 확대되지 않게 하고 소화로 끝내도록 해야 하며, 화재로 확대되었을 때는 안전한 피난을 하도록 하는 것이다. 이처럼 건축물 <u>내장재(불연재료, 준불연재료, 난연재료)</u>를 제한한 것은 화재 초기에 연소를 지연시켜 발연성 및 유독가스 발생을 저하시켜 연기가 확산되기 전에 피난이 용이하도록 하는 것이다.

(2) 방화구획상 연기의 차단 방법

① 수직관통부 구획 방법

다층 건축물의 경우는 에스컬레이터, 엘리베이터, 계단 등의 수직의 개구부가 많아 이것이 연기의 운반 경로가 된다. 냉방 시 약간의 기간을 제외하고 건물 내부는 외기보다 온도가 높기 때문에 대체로 건물 내부에 상승기류가 발생하는 것을 자주 경험할 수 있다. 이것을 일반적으로 연돌효과라고 부르고 화재에 의해 온도가 상승하면 점점 더 큰 연돌효과가 형성된다. 건축적 면에서 연기 차단의 기본은 얼마나 수직 개구부를 적절하게 구획하는가에 달려 있다. 즉 계단이나 에스컬레이터에서는 수직 방향으로 사람의 움직임이 많기 때문에, 이것에 문을 설치하여 항상 폐문 상태로 유지하는 것이 곤란하다. 특히 우리나라에 있어서는 문을 개폐하는 것을 싫어해 계단실로 들어가는 문은 항상 개방하고 화재 시에만 연기감지기 또는 온도 휴즈에 의해 닫는 형식을 취하고 있다. 그러나 유럽에서는 계단실이 필히 항상 문이 닫혀 있고 그 문을 매체로 계단실을 출입하는 습관이 정착되어 있기 때문에 연기 이동의 위험성이 낮아진다. 연기 이동의 방지를 고려하면 우리나라에서도 계단실의 구획은 상식적으로 항상 폐쇄한 채 사용하여야 한다. 단지 건축 설계자로서 하중 등을 고려하여 일상의 생활에 지장이 없는 가벼운 문을 설치해야 하고, 문에 큰 힘이 걸리지 않도록 건물의 기밀성이나 구획 등에도 심사숙고하여 설계하여야 한다.

엘리베이터 틀과 문 사이에는 약 5 mm의 틈이 있기 때문에 고층 빌딩에서는 6~8개 틈이 모여 1개의 뱅크만큼의 공기를 2층으로 공급하게 되는데, 이런 경우에는 문이 닫혀 있어도 엘리베이터 샤프트로 흡입되는 풍량은 상당하다. 엘리베이터 홀에 들어갔을 즈음에 보통은 문은 폐쇄되도록 하고, 화재 시에는 감지기로 감지하여 폐쇄하는 방화문을 붙이거나 가능하면 항상 폐쇄된 문을 붙이는 것이 필요하다.

백화점 등에서 볼 수 있는 에스컬레이터 주위는 매우 큰 수직 개구부가 있고 건물이 거의 한 개의 공간으로 되어 있다고 해도 과언이 아니다. 그 때문에 동절기에 연돌효과에 의한 압력차를 유효하게 차단하는 것이 불가능해 상층 계단에서는 에스컬레이터 실의 실내에서 외부로 공기의 유출이 일어나고, 유입 부분은 1층의 출입구에 집중하기 때문에 1층의 출입구와 에스컬레이터까지 차가운 외기의 통로가 되고 만다. 이 현상은 종업원이나 고객의 불만으로 나타나 설계자에게 어떻게든 이 현상을 막아 주기를 원하는 주문이 필수적으로 될 정도이다. 현재는 간이 에어커튼이나 부분 가열 혹은 자동문으로 여러 가지 대책을 강구하고 있다. 에스컬레이터를 없앤다는 것이 불가능하므로 우선 건물의 기밀성을 높게 만드는 것, 특히 커튼 벽 등으로 기밀성을 높이고 옥상층 계단으로의 출입구를 항상 폐쇄하여 무풍실이 되도록 설계하고, 또 1층의 출입구에 충분한 크기를 가진 무풍실을 덧붙이든가 또는 회전문으로 하는 등의 근본적인 연돌효과를 방지하는 것이 필요하다.

위와 같은 설명은 연기의 이동이라고 하는 것이 화재 시만의 특수한 현상이 아니고 화재의 초기에 있어서 화재의 온도가 그다지 높지 않을 때도 일상적으로 흐르는 기류에도 연기가 운반되고 있다는 것이다. 따라서 연기의 차단은 수직관통부를 철저하게 구획하는 것이 아니라 평상시 차단이 되어 있도록 하는 것이 요구된다.

② 방화셔터, 방화문 등

<u>방화셔터</u>는 방화구획의 용도로 화재 시 연기 및 열을 감지하여 자동 폐쇄되는 것으로써, 공항·체육관 등 넓은 공간에 부득이하게 내화구조로 된 벽을 설치하지 못하는 경우에 사용하는 방화셔터를 말하고 일체형 자동방화셔터는 방화셔터의 일부에 피난을 위한 출입구가 설치된 셔터를 말한다. 일반적인 철제 방화셔터는 방화구획의 형성을 목적으로 설치되어 있기 때문에 연기의 확산에 관한 대처가 없기 때문에 연기의 제어 성능을 가지게 한 이른바 <u>방연셔터</u>가

사용되고 있다.

방화문은 화재의 확대, 연소를 방지하기 위해 개구부에 설치하는 문으로 건물 위주의 개구부에 설치하는 경우는 주로 연소를, 내부의 방화벽 등의 방화구획에 있는 개구부에 설치하는 경우는 확대를 방지하는 것이 목적이다.

그림 3.3 방화셔터

그림 3.4 방화문

그림 3.5에 나타난 것처럼 방연셔터는 가이드 레일(guide rail) 부분에서 누설공기를 막기 위한 레일을 개발하여야 하며, 레일 프레임의 움직임 부분에 고무를 삽입하여 누설공기량을 막기도 한다. 또 셔터 길이에 있어도 확실한 차연 성능이 요구되는 부분에서 방연셔터를 사용할 경우는 5 m 이하의 길이로 해야만 한다.

방연셔터를 사용하지 않는 경우는 전면에 물품이 놓여 셔터가 못 내려오는 일이 없도록 셔터 앞에 망입유리 등의 스크린 등을 고정시켜 두면 8 m까지의 길이는 사용해도 된다. 그림 3.6에서는 방연셔터와 방화문의 부착법을 나타내었다.

자동화재탐지설비의 감지에 의하여 자동으로 하강하도록 조치가 취해져 있으나 건축 계획상 가능한 방화문으로 구획하고 가능하다면 항상 닫혀 있는 방화문으로 사용하는 것이 좋다.

또한 소화와 방화방연의 기능을 겸용한 장치로써 포소화약제를 사용해 발포시킨 거품 커튼에 의한 방화방연장치가 최근 개발되어 사용되고 있다. 이것은 갑종방화문의 방화성능을 가짐과 동시에 연기의 제어 및 소화 성능도 있기 때문에 다양한 용도로 사용이 가능하므로 장래에 기대되고 있는 장치이다.

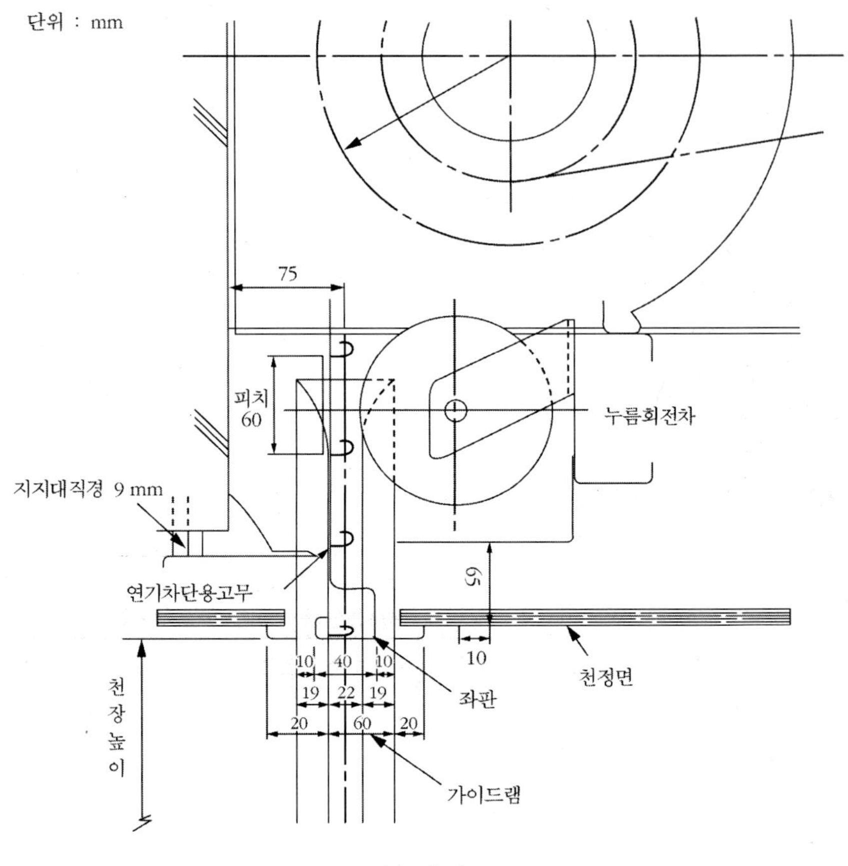

(a) 단면도

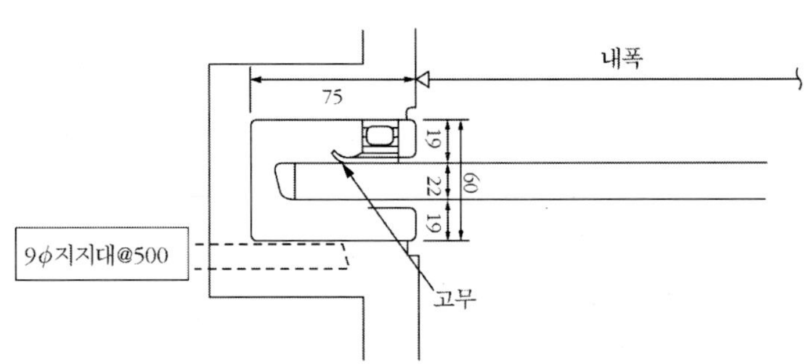

(b) 평면도 (벽 또는 기둥가이드램의 부분)

그림 3.5 방연셔터의 예

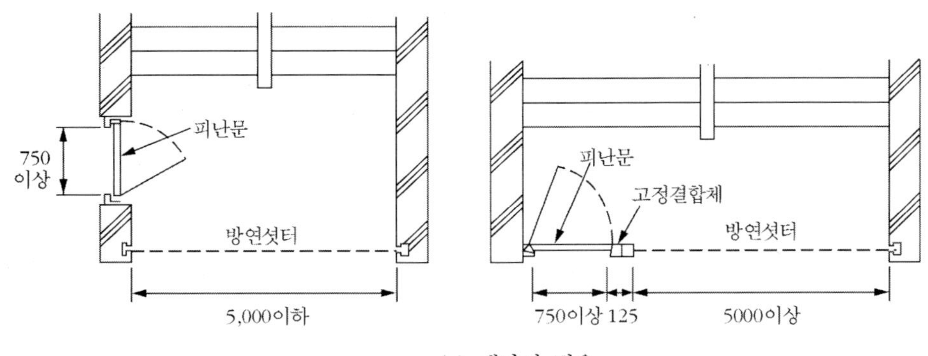

(a) 계단의 경우

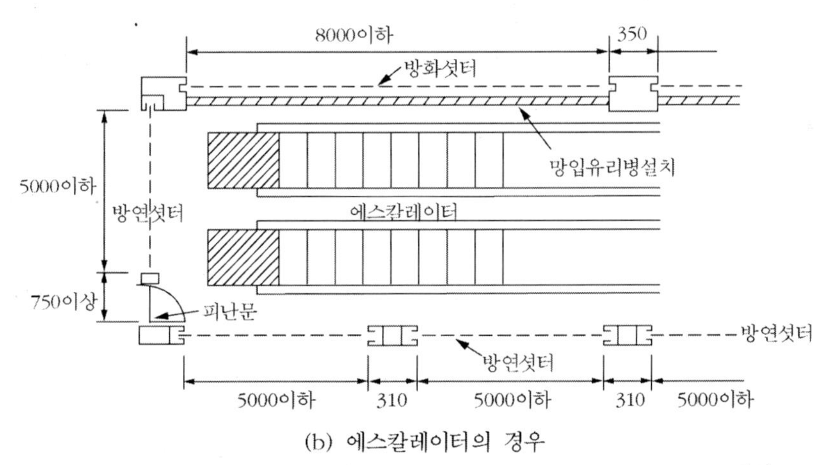

(b) 에스칼레이터의 경우

단위 : mm

그림 3.6 방화셔터와 방화문 부착 방법

3.6 설비계획과 방연

(1) 설비계획과 방연과의 관계

방재계획은 철저한 종합적인 계획이 아니면 의미가 없다. 건축계획에 있어서 아무리 방연구획을 설정하여도 설비계획에 방연구획을 무시하여 그 부분에 관통부가 많아지면 방연구획의 기능이 감소되고 만다. 방연구획의 보호에 관해서는 관통부의 구멍 처리 방법이나 방연댐퍼 등의 방법이 있으나 시공정밀도나 작동의 신뢰성, 누설기류 등을 고려하면 되도록 관통부를 없애는 것이 좋다.

용도가 다른 부분을 방화, 방연으로 확실히 구획하는 것은 건축, 설비 모두가 중요하다. 특히 연기의 이동 경로로 되기 쉬운 공기 조화 설비에 있어서 환기 덕트는 이 구획이 횡으로 절단되지 않도록 설계 시부터 계획할 필요가 있다. 그림 3.7은 어떤 백화점 빌딩에 있어서 천장 프레임에 의한 급기를 행하는 공조방식에 의해 공기조화설비를 방화구획과 공조 계통을 일치시킨 예이다.

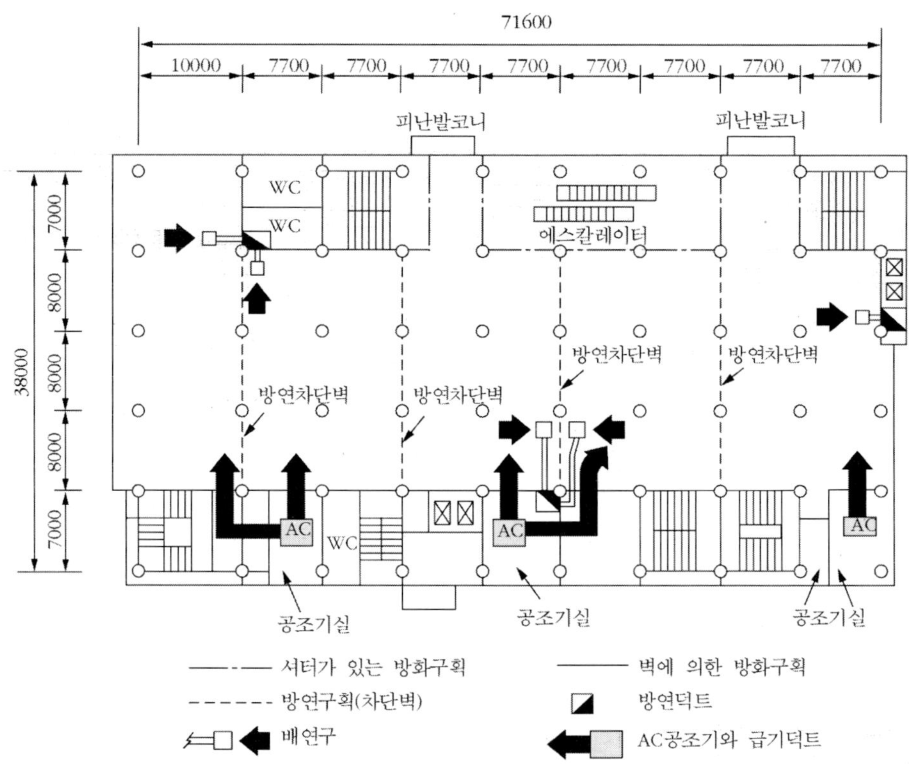

그림 3.7 방연구획과 공조의 접속 관계 표시 예

문제

연소할 우려가 있는 개구부라 함은 각 방호구획을 관통하는 (　　) 또는 이와 유사한 시설의 주위로서 방호구획이 되어 있지 아니한 부분을 말한다. (　　) 안에 적당한 말은?

① 창문　② 무창층　③ 지하층　④ 에스컬레이터

정답 ④

풀이 연소할 우려가 있는 개구부란 각 방화구획을 관통하는 컨베이어, 에스컬레이터 또는 이와 유사한 시설의 주위에 방화구획을 할 수 없는 부분을 말한다.

(2) 방화구획

① 방화구획 설치목적

건축물의 화재는 건축물의 내부에서 발생하는 경우 건축물의 화재에 대한 피해를 최소한으로 줄이기 위하여 방화구획을 한다.

② 방화구획 설치기준

주요구조부가 내화구조 또는 불연재료로 된 건축물로서 연면적이 1,000 m^2를 넘는 것은 다음 기준에 의하여 바닥·벽 및 갑종방화문(자동방화셔터 포함)으로 구획하여야 한다.

표 3-1 방화구획 설치 기준

단위구획의 종류		구획의 기준	
층 단위	• 3층 이상의 층 • 지하층	각 층마다 구획할 것	
면적단위	• 10층 이하의 층	바닥면적 1,000 m^2(3,000 m^2) 이내마다 구획할 것	
	• 11층 이상의 층	실내마감재가 불연재료가 아닌 경우	200 m^2 (600 m^2) 이내마다 구획할 것
		실내마감재가 불연재료인 경우	500 m^2(1,500 m^2) 이내마다 구획할 것

※ ( )내의 숫자는 스프링클러 기타 유사한 자동식 소화설비를 설치한 경우의 면적임

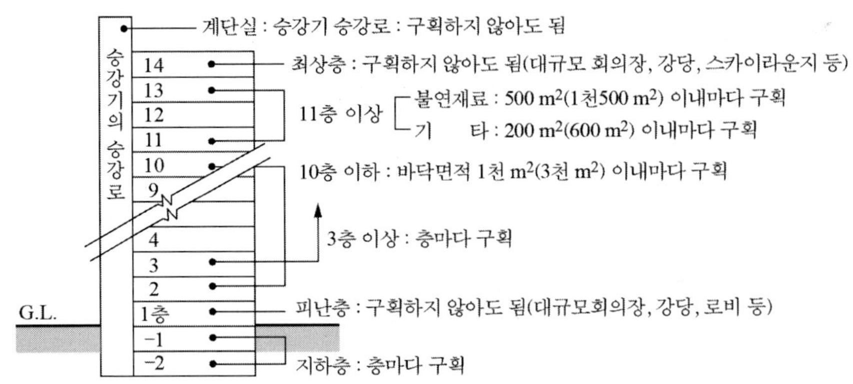

그림 3.8 방화구획

ⓐ 용도별 구획

실의 용도가 다르면 건축계획상 방화구획에 의해 구획하는 것이 요구되고 또 방화구획이 비교적 잘 실행되어 있다고 생각되어도, 방연구획은 방화구획 중에서 다시 세분화시켜 구획하여야 한다. 그렇지만 어렵게 구획한 방연구획을 공조환기설비의 덕트, 전기배관, 급배수관 등의 설비 배관이 반드시 관통하여 설치된다. 예를 들면 덕트의 경우 방화 시 연기 제어 댐퍼와 같이 관통부에는 구획이 보호되도록 하는 처리 방법이 고려되어야 한다. 그렇지만 작동의 신뢰성이나 성능적인 면에서 관통 처리 방법을 많이 사용하는 것은 좋은 것은 아니며 계획의 단계에서부터 적극적으로 관통부를 없애는 노력을 하여야 한다.

ⓑ 층별 구획

예를 들어 용도가 같아도 층이 다르면 새로운 방화·방연구획이 형성되는 것이다. 지금까지 화재는 고층빌딩의 저층 부분에 있는 점포, 다방, 식당 등이 출화가 많았고, 또 이러한 저층 부분의 화재가 상층으로 연소되는 비율이 높아지고 있다. 따라서 방연구획의 설치를 방화 및 연기 차단의 댐퍼 등의 수단에 의존하지 않고 층별 구획을 되도록이면 용도별 바닥 면에 구획하여 공조환기 덕트뿐만 아니라 초기에 전기나 급배수관 샤프트에 관해서도 가능하면 구획을 관통하지 않도록 설비계획 단계에서부터 검토해야 한다.

그림 3.9(a)에 나타난 호텔의 경우에는 저층 공용로비 부분과 고층의 객실 부분을 명확히 구획하여 전기샤프트, 급배기 샤프트를 최소한으로 제한한 것은 그 바닥 슬라브의 관통을 없애기 위함이다. 공기조화설비나 환기설비의 덕트 종류는 그림의 경우처럼 하면 이 부분을 통하지 않고 저층부만 별도 처리한 조인트를 하는 것도 가능하다고 생각한다. 또 그림 3.9(b)와 같은 고층 사무실 빌딩의 경우에는 저층부에 점포 등을 입주시킬 때는 고층부와

의 구획을 특히 염두하여 처리해야 할 필요가 있다. 공조환기용 덕트의 관통은 모두 피함과 동시에 급·배수관에 대해서도 염화비닐관 등의 가는 구경인 것은 모두 따로따로 사용하지 않고 하나의 큰 관속에 넣어 배관하며. 전기배관에 관해서도 절연배관이나 내열전선을 사용하는 것이 필요하다.

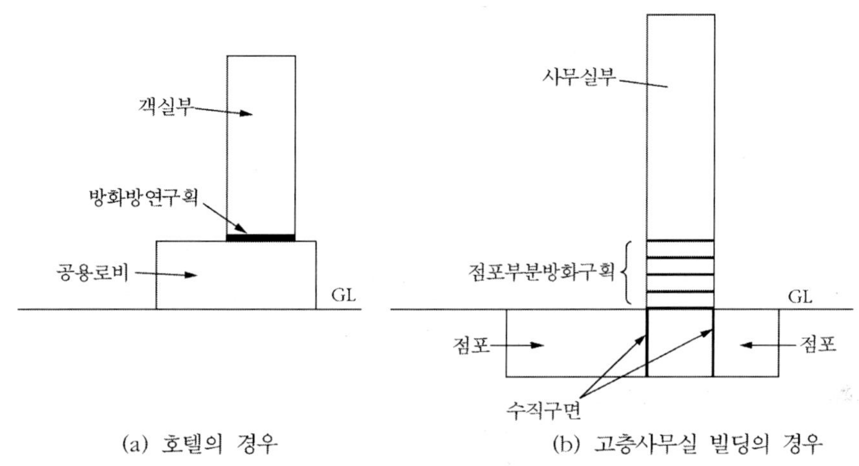

그림 3.9 설비계획에 고려할 층별 구획의 예

③ 관통부의 처리방법

화재 시 종종 문제가 되는 것이 방화·방연구획을 관통하는 설비 배관의 주변의 관통부가 불안전하게 처리되어 연기의 이동 경로가 되는 것이다. 이러한 관통부의 처리는 필요성이 인정되면서도 설계자나 시공관리자도 소홀히 하였으나 앞으로는 설계도에 부분 상세도를 명확하게 기입함과 동시에 시공관리자도 전문적인 검사를 하는 등 설치 계통도를 철저하게 검토하지 않으면 안 된다.

벽, 바닥 등을 관통하는 배관은 벽, 바닥의 구조, 즉 콘크리트조, 목조, 방수 여부나 기밀 여부 혹은 배관을 부식하느냐, 부식하지 않느냐 등에 따라 관통의 방법이 정해진다. 또 관 종류에 따라서 단열의 유무, 진동의 고려 유무, 열팽창에 의한 관의 신축 등을 고려하여 시공법을 선정한다. 그 예를 다음에 나타내었다.

- 콘크리트조, 벽, 바닥
  - 단열시공을 하지 않는 경우
  - 단열시공을 하는 경우
- 목조 벽 및 목조 마감

- 단열시공을 하지 않는 경우
- 단열시공을 하는 경우

• 방수 바닥
  - 지붕 등 우수가 가해지는 경우
  - 주방, 변소, 가레이지 등의 방수 바닥의 경우

• 방수벽

• 수조

		적용배관	시공법
은폐	A 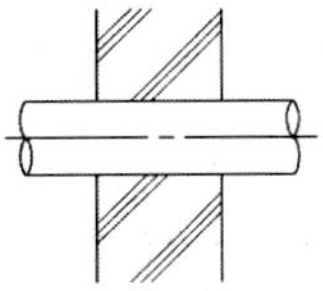	중·경유관	벽, 바닥에 접하는 부분을 몰탈로 메꾼다.
	B 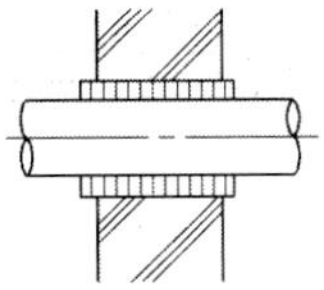	냉각수관 환수관	벽, 바닥에 접하는 부분만 20mm 두께 글라스울을 감는다.(방진)
노출	C 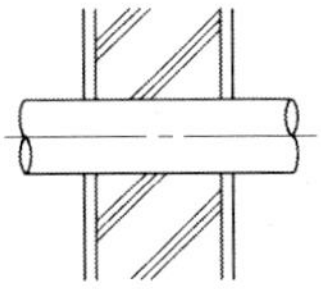	중·경유관	벽, 바닥에 접하는 부분을 몰탈로 채우며, 똑같은 마감을 한다. 단 필요에 의해 D 또는 E를 시공한다.
	D 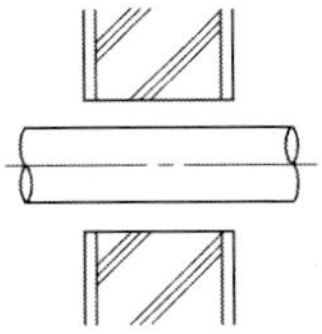	중·경유관 환수관 냉각수관	벽, 바닥에 접하는 부분에 그 마감여분을 봐서 함석의 슬리브를 넣는다.
	E 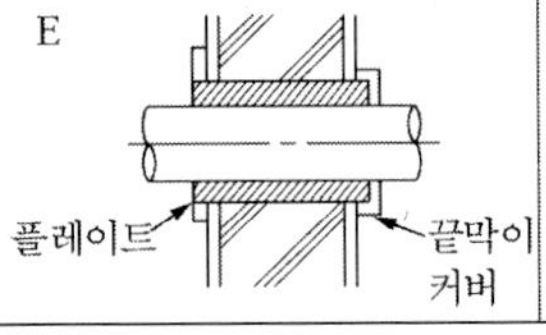 플레이트 끝막이 커버	냉각수관 환수관	벽, 바닥에 접하는 부분에 25mm 두께 글라스울을 감아 끝막이커버 또는 플레이트를 설치한다. 단, 바닥면은 반드시 플레이트로 한다.

그림 3.10 콘크리트 벽 관통부(단열 없음)

		적용배관	시공법
은폐 또는 노출	A 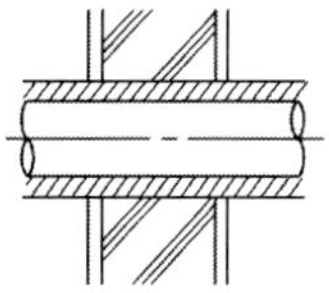	증기관 냉온수관 냉각수관 배수관	관통하는 곳에 단열시공을 하여 그 주변을 몰탈로 메꾼다.
	B 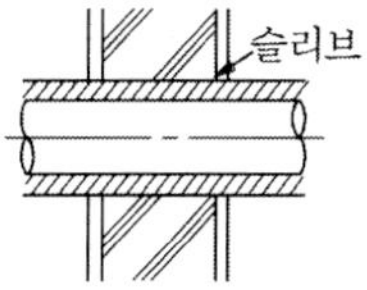 슬리브	증기관 냉온수관 냉각수관	관통하는 곳에 단열시공을 하여 함석슬리브로 덮는다.
	C 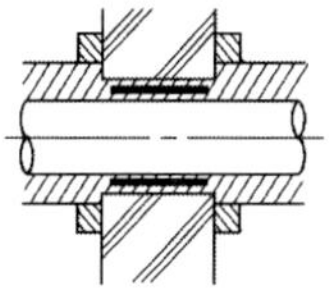	냉수관 보, 내진벽 등에 미리 삽입한 슬리브관이 작아서, 충분한 단열시공이 되지 않는 경우	슬리브와 관과의 틈에 단열재를 채워 보 또는 벽에 단열재를 충분히 밀착시켜, 그 위에 똑같은 단열재를 겹감기 한다.

그림 3.11 콘크리트 벽 관통부(단열 있음)

		적용배관	시공법
은폐	A 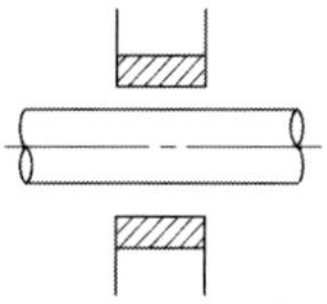	냉각수관 중·경유관 환수관	구조물과 관과의 사이에 틈을 마련해 둘 것
노출	B 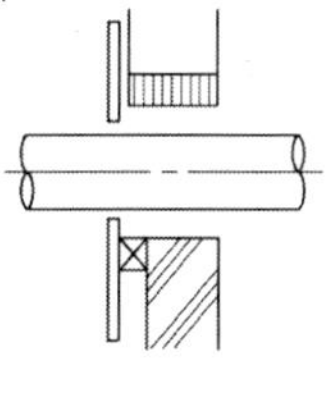	중·경유관	구조물과 관과의 사이에 틈을 마련하여 마감재만이 배관의 외주에 면하도록 한다. 보기가 싫은 경우는 그 부분에 플레이트를 넣는다.
	C 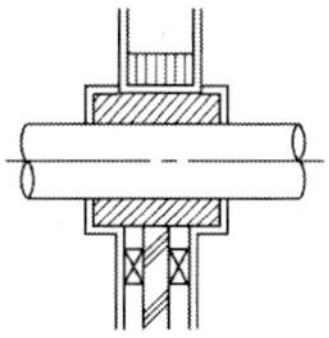	환수관 냉각수관	관통부분에 단열시공을 하며, 그 보기에 끝박이커버를 넣는다.

그림 3.12 목조 벽 관통부(단열 없음)

		적용배관	시공법
은폐 노출	A 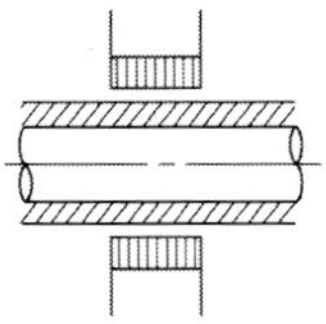	냉온수관 증기관	관통하는 곳도 단열시공을 한다.
	B 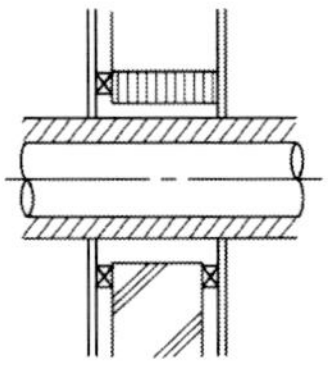	냉온수관 냉각수관 증기관	관통부도 단열시공한다. 단열의 최종마감은 벽의 마감후 실시한다.

그림 3.13 목조 벽 관통부(단열 있음)

3.7 공조계획과 방연

(1) 공조방식

화재 시 덕트가 연기의 이동 경로로 된 예는 아주 많다. 공조 덕트는 기능상 거실에서 거실로 직접 붙어 있기 때문에 연기의 이동 방향이 되어 위험도가 높다. 또 전기나 급배수의 배관에 의해 단면적이 크기 때문에 연기를 운반하기 쉽게 된다. 따라서 방재적인 측면에서 보면 덕트를 사용하지 않는 방식, 즉 열의 운반 매체로서 공기가 아닌 물을 사용하는 방식이 요구된다. 그렇지만 공조방식의 선정 요소로서는 방재 외에 경제성, 내구성, 유지관리 등이 용이하고 현실적으로 설치된 방식은 그러한 요소들이 고려된 결과이다. 일반적으로 시스템 평가를 객관적으로 행하는 것은 매우 어렵다. 공조방식에 방재성능과 경제성과의 관련에 관해서도 객관적인 평가 방법은 확립되어 있지 않으나 여기서 1개의 실험을 예를 들어 소개한다.

그림 3.14에서 어느 고층 빌딩의 사무실을 모델로 그 기준층의 평면도를 보여준 것이고, 그림 3.15에서는 이 모델에 대한 다양한 공조방식을 설치하고 거기에 1대의 공조기가 영향을 미치는 층수의 설비비가 어느 정도 변화하는가를 그래프로 나타낸 것이다. 연기 영향이 미치는 층을

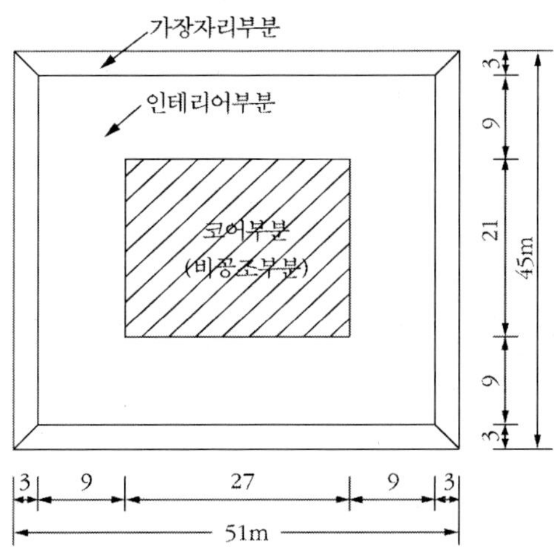

그림 3.14 사무실 빌딩 기준층의 평면도의 예

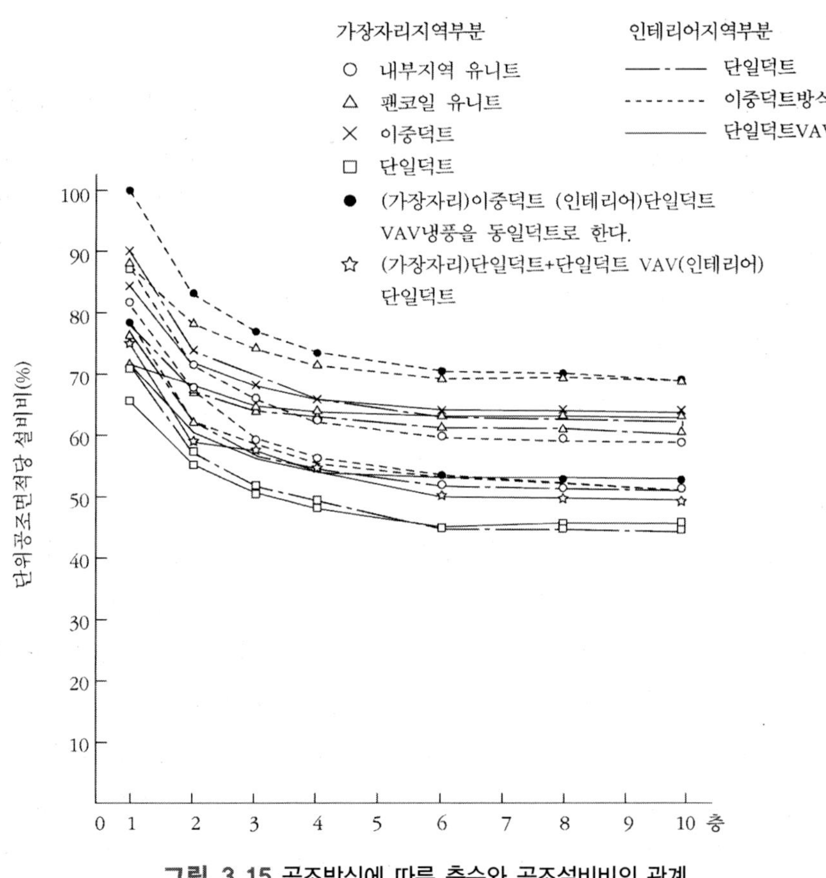

그림 3.15 공조방식에 따른 층수와 공조설비비의 관계

1개 층으로 한 것은 각 층 유닛(unit) 방식으로 이것은 상하 관통 덕트가 없으므로 방재적인 측면에서는 양호한 방식이지만, 설비비가 높아지며 설치 공간도 커야 한다. 반대로 영향을 받는 층이 10개 층으로 되면 설비비는 감소하게 되지만 덕트는 10개 층에 걸쳐 설치되어 있으므로 수 개의 방연댐퍼를 설치한다고 해도 연기 이동의 위험성은 증가하게 된다.

그림 3.15에서 알 수 있는 것은 4층 이하의 층에서는 설비비가 감소하였으나 그 이후의 층에서는 연기의 영향이 미치는 층을 증가시켜도 단위 공기조화면적당 설비비는 감소하지 않는다는 것이다. 따라서 방재성능과 경제성의 적정 상태는 이 커브가 수평에 접근하는 4층 혹은 6층 사이를 설치하면 경제적이면서 방재 측면에서도 그렇게 나쁜 결과를 초래하지는 않는다. 결국 이러한 사례는 한 예에 지나지 않고 설계자의 강한 의지를 가지고 각 층의 유닛(unit) 방식을 사용하여 가능한 비용을 절감하는 방향으로 설계하는 것이 경제적으로 이익이다.

(2) 방화·방연 제어댐퍼

방화구획 혹은 방연구획과의 연결을 가능하면 일치시켜 덕트로 관통하지 않도록 공조계획을 행하는 것이 요구된다. 그러나 실제는 방화구획, 방연구획을 관통하여 덕트를 설치할 필요가 있고 이런 관통 부분에는 방화·방연 제어댐퍼를 사용하여 처리하고 있다. 국내 건축법에 있어서는 방화댐퍼를 설치하고 거기에 방화성능, 방연제어 성능을 가지도록 규정하고 있다. 방화댐퍼는 NFSC 501에 다음과 같은 구비조건을 가지도록 되어 있다.

- 재질은 1.5 mm 이상의 철판일 것
- 폐쇄 시 누출량은 20℃에서 2 kg/m^{2}의 압력으로 5 m^3/min 이하가 되도록 할 것
- 작동 후에는 배연기의 압력에 견디며, 적정한 폐쇄상태를 유지할 것
- 온도퓨즈의 교환이 용이할 것

방연구획은 직상층 바닥과 해당 층 바닥을 포함해 모든 면이 방연, 방화벽으로 둘러싸인 건물 내의 공간을 말한다. 따라서 방화구획과 방연구획을 관통하는 환기, 급·배기 덕트에 각각의 방화댐퍼와 방연댐퍼를 설치하도록 하고 있다. 그러나 국내에서는 방화구획과 방연구획의 구분이 없어 방화·방연 성능의 댐퍼를 모두 방화댐퍼로 총칭하고 있다.

방연댐퍼와 방화댐퍼의 구분은 없지만 작동방식에 따라 연기 또는 불꽃을 감지해 닫히는 모터(Actuator) 구동형 댐퍼와 열기가 덕트를 통해 이동하는 중에 덕트 내부의 온도상승으로 일정한 온도에서 작동하도록 퓨즈를 설치한 퓨즈 블링크 댐퍼(Fuse blink Damper)로 구분할 수 있다.

그림 3.16 벽에 설치된 방연댐퍼

① 퓨즈 블링크(Fusible links) 구동 방식

이 방식은 특정 온도에서 퓨즈가 녹아 스프링 힘에 의해 댐퍼가 자동으로 차단되는 방식으로 환기설비 등엔 일반적으로 72℃용을 사용하지만 제연설비에서는 280℃ 온도에서 작동하는 걸 주로 사용한다. 그러나 퓨즈 블링크 방식은 저온의 연기에는 동작하지 않아 2021년 8월 7일부터는 환기설비 등에서는 사용할 수 없다.

그림 3.17 퓨즈 블링크 댐퍼

② 모터(Actuator) 구동 방식

모터 방식은 연기 또는 불꽃을 감지해 자동으로 닫히도록 하는 방식으로 저온의 연기에도 정상적인 동작이 가능하다. 따라서 '건축물방화구조규칙'이 개선돼 2021년 8월 7일부터 적용 시행됐다.

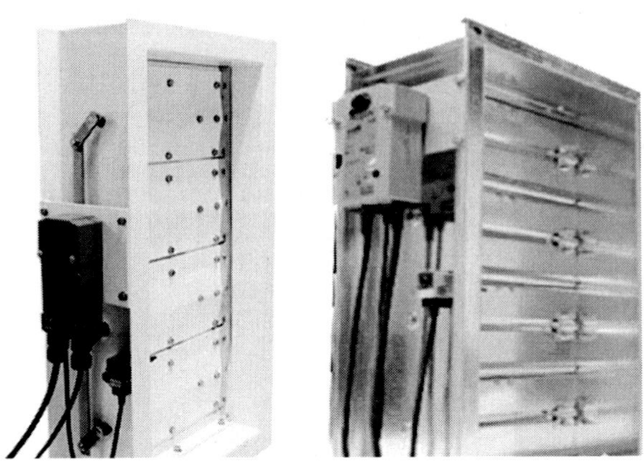

그림 3.18 모터 구동방식 댐퍼

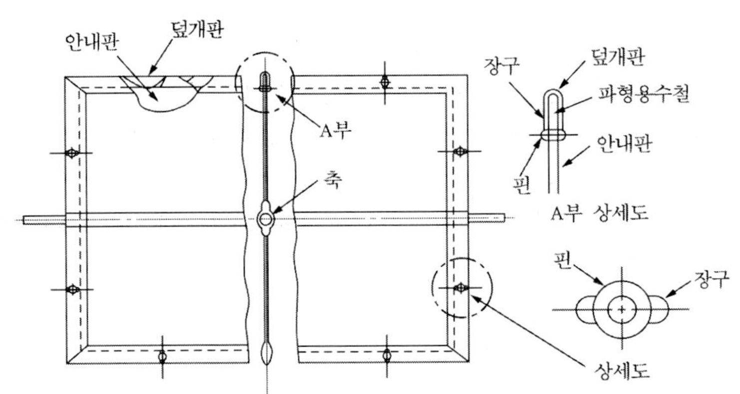

댐퍼 안내판의 메탈-시일의 상세도

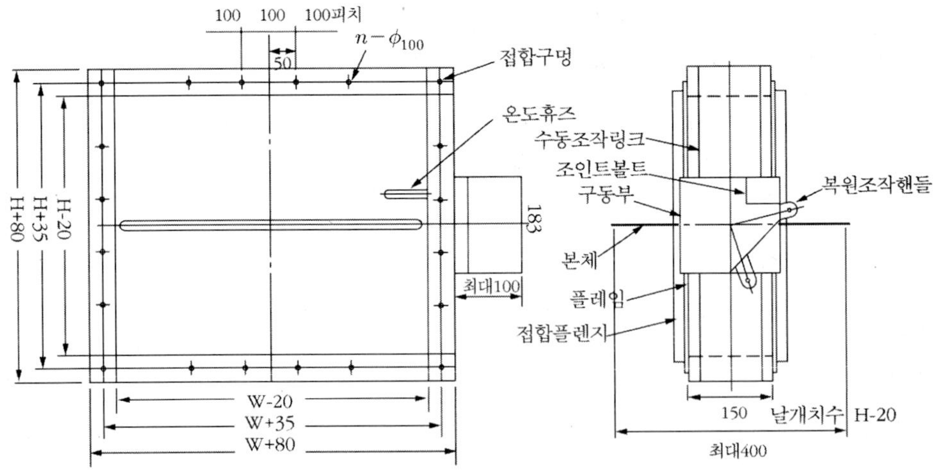

그림 3.19 사각형 방화·방연댐퍼의 예

방화·방연제어댐퍼는 방연상 가장 중요한데, 건축 구조적으로 방연구획을 어쩔 수 없이 관통한 덕트에 대해서 그 구획을 보호하기 위한 수단으로 사용하므로 전체의 성능뿐만 아니라 취급 방법, 주변 관통에 관해서도 충분히 유의해 시공해야 한다. 그림 3.19에서는 메탈시일을 사용한 방화·방연제어댐퍼 예를 보여주고 있다. 방화·방연제어댐퍼는 종래 누설기류가 많았던 댐퍼의 시일링 부분을 개선한 것으로 제작회사에 따라 다양한 형식이 있다.

그림 3.20에서는 댐퍼지지방법 및 점검구 부착 등의 사례를 보여 주고 있다. 댐퍼 본체는 슬라브 단독으로 지지하기 때문에 관통 슬라브에 하중을 받으면 화재 시 변형이 크고 충분한 구획으로 보호를 받을 수 없게 된다.

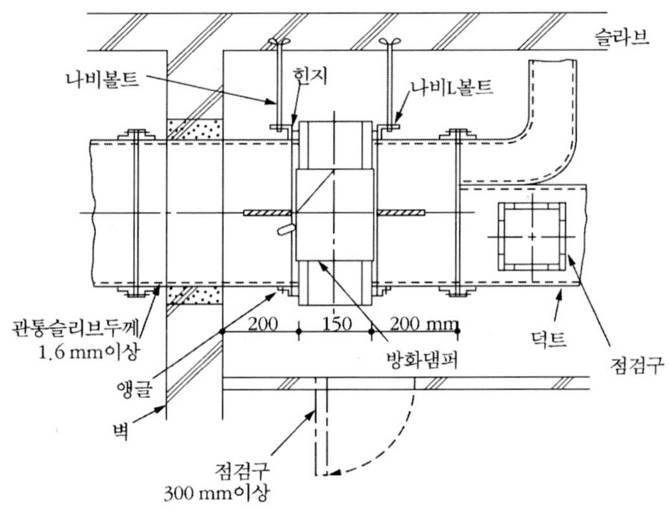

그림 3.20 방연댐퍼 부착 예

문제

다음 도면을 보고 방화댐퍼 조작 시 문제에서 보기를 참고하여 댐퍼를 표기하시오.

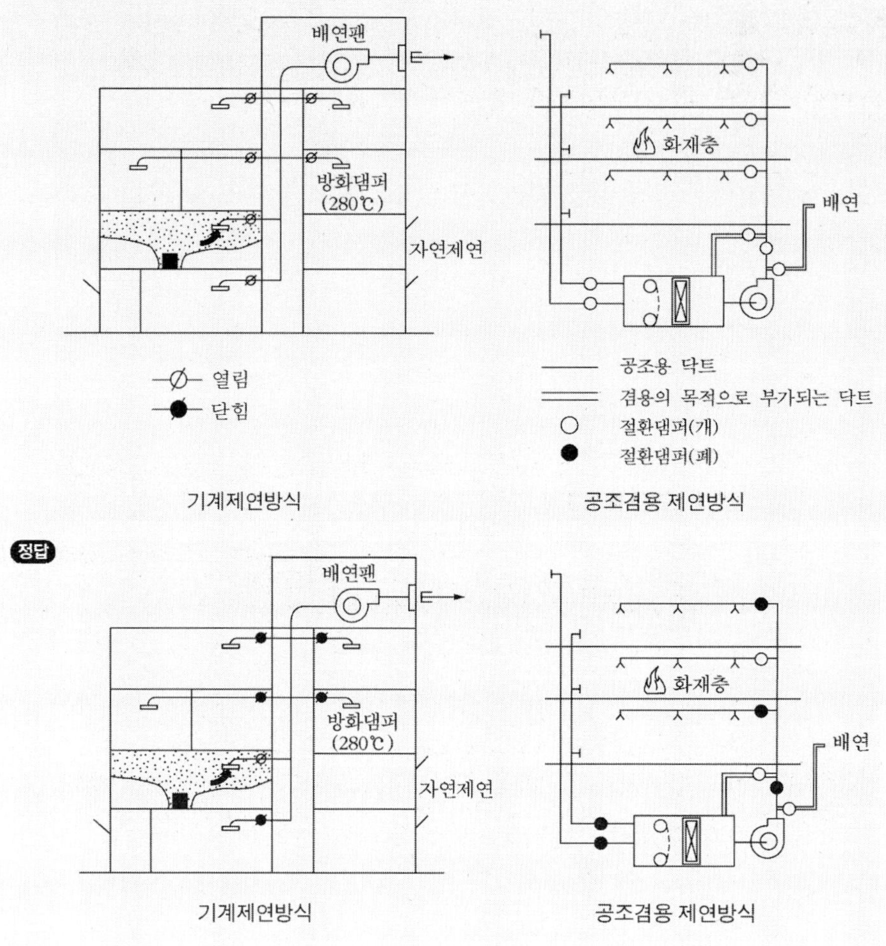

제연설비에서 많이 사용하는 솔레노이드 댐퍼, 모터 댐퍼 및 퓨즈 댐퍼의 기능을 비교 설명하시오.

정답 ① 솔레노이드 댐퍼 : 건축물 화재발생 시 화재감지기의 신호를 받아 전자밸브에 의하여 누름판을 이동시킴으로써 잠김을 해체하고 스프링의 힘 또는 중력에 의하여 자동 개방되는 댐퍼

② 모타 댐퍼 : 전동 댐퍼로써 화재 시 열이나 연기감지기의 신호를 받아 모터를 이용해 누름핀을 이동시킴으로써 콕을 해체하고 스프링의 힘 또는 전동기의 작동에 의하여 자동으로 개폐 조작되는 댐퍼

③ 퓨즈 댐퍼 : 방화구획 관통부의 덕트 내부에 설치하는 댐퍼로서 퓨즈 블링크가 열에 의하여 용융되어 떨어지면서 콕을 해제하고 스프링의 힘 또는 중력에 의하여 자동으로 개폐 조작되는 댐퍼

CHAPTER

04 제연설비

4.1 제연의 의의

제연설비는 소화활동설비 중 하나로 제연설비는 소방설비 중 피난을 원활하게 하는 것으로서 화재에 의하여 발생하는 연기가 피난을 방해하지 않도록 방호구역 내에 가두어 그 연기를 제어·배출하거나, 피난통로로 연기의 침입을 방지시켜 연기로부터 피난을 안전하게 할 수 있도록 확보하는 설비이다.

제연설비는 자연 또는 기계적인 방법(송풍기, 배출기)을 이용하여 연기의 이동 및 확산을 제한하기 위해 사용되는 설비로서 단순히 연기만 배출시키는 배연설비와 구분되어 사용되며, 송풍기로 가압시켜 가압공간 내로 연기가 들어오지 못하도록 하는 방연(smoke defense)설비와 배출기로 화재실의 연기를 배출시키는 배연(smoke ventilation)설비로 구분할 수 있다.

4.2 제연의 원리

제연의 원리는 화재실의 개구부로부터 비화재실이나 피난로에 연기가 침입·확산되어 연기로 채워지는 것을 막기 위해 그림 4.1의 점선으로 나타낸 것과 같이 연기의 압력분포를 개구부에 유지하도록 하는 것이다. 이를 위해 화재실에서 연기를 배출하거나 또는 피난로에 신선한 공기를 급기하여 가압하면 그림 4.1의 점선과 같이 압력분포가 형성되어 화재실에서 비화재실 및 그 밖의 부분으로 연기의 유출을 방지하거나 연기의 침입·확산을 막을 수 있다.

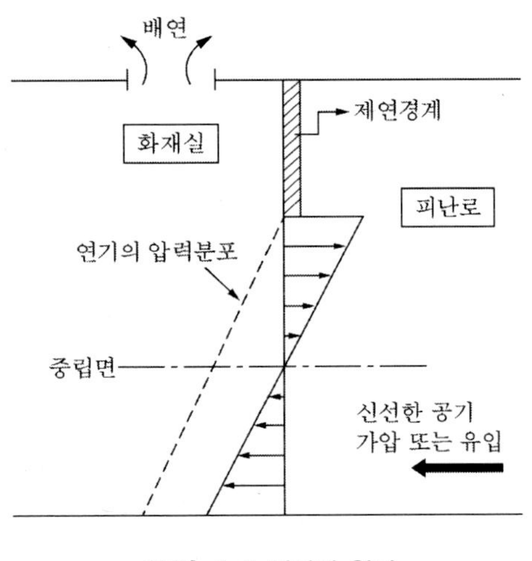

그림 4.1 제연의 원리

4.3 제연설비 설치목적 및 개념

(1) 설치목적

제연설비는 화재 시 연기가 피난 경로인 복도, 계단, 거실 등에 침입하는 것을 방지하고 거주자를 유해한 연기로부터 보호하여 안전하게 피난시키는 동시에 소화활동을 유리하게 할 수 있도록 돕는 데 그 목적이 있다.

(2) 기본 개념

① 화재 시 건물 내에서 발생된 연기를 배출, 유동 또는 확산되지 않도록 제어하는 것을 제연이라 한다.

② 제연의 원리는 발생된 연기를 <u>희석(dilution), 배출(exhaust), 차단(confinement)</u> 등의 조합에 의한다.

③ 제연설비는 화재실(fire area)의 연기와 열기를 직접 배출시켜야 하며, 피난 및 소화활동을 위하여 배출시킨 배기량만큼 급기를 실시한다.

- 연기침투를 방지하기 위하여 외기를 주입하며 연기를 배출시키는 경우 배기량은 면적이 아닌 높이(제연경계의 수직거리)의 함수이다.
- 하층부(lower layer)는 피난 및 소화활동의 공간으로서 연기의 침투가 없거나 연기농도를 낮추어 청결층을 유지하도록 하여야 하며 급기량은 배기량 이상이어야 한다.

4.4 제연설비 용어 정의

① <u>제연구역</u>

건축물을 연기의 유동이 구획되어질 수 있도록 기둥·벽·보·바닥·천장 또는 제연경계벽에 의해 밀폐된 건물 내의 공간을 말하며, 일종의 구역화(zoning)이다. 제연구역 범위는 거실은 직경 60 m의 원에 내접, 통로는 보행중심선의 길이 60 m 이내를 말한다.

② 제연경계벽

제연구역을 나누기 위한 수단의 하나로써 통상 벽면으로 구분하는 경우가 많으며, 이 경우 제연경계벽이라고 말한다.

그림 4.2 제연경계벽의 설치 사례

③ 급기가압(Pressurization)

연기 차단벽에 의하여 구획된 보호 공간을 화재실로부터 연기의 유입을 막는 기능이며 국가화재안전기준 501A 제6조(차압 등) 1항에 제시된 최소차압 40 Pa, 미국의 NFPA에서 제시하는 차압은 스프링클러설비가 거실에 설치된 건물에서의 압력차는 거실의 경우 12.5 Pa이다.

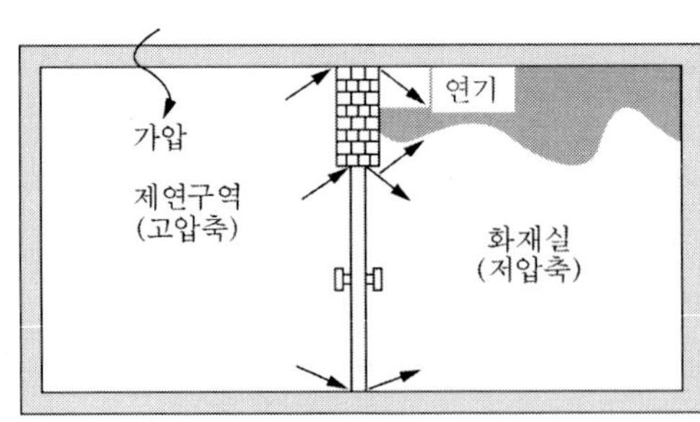

그림 4.3 급기가압 제연방식

문제

제연구역의 옥내와의 사이에 유지하여야 하는 최소 차압(Pa)은 얼마인가? 또한 옥내에 스프링클러설비가 거실에 설치된 경우 압력차는 몇 Pa 이상으로 하여야 하는가?

정답 ① 40 Pa 이상
② 12.5 Pa 이상

제연구역의 구획이 될 수 없는 것은?

① 보 ② 셔터 ③ 방화문 ④ 계단

정답 ㉣

④ 예상제연구역

화재 발생 시 연기의 제어가 요구되는 제연구역을 말한다.

⑤ 공동예상제연구역

벽이나 제연경계로 구획된 2개 이상의 예상제연구역으로써 화재 발생 시 동시에 연기제어(제연)가 요구되는 구역이나 제연설비의 설계목적상 화재가 발생할 것으로 예상하는 실이나 구역이 2개 이상으로 동시에 제연을 해야 하는 구역을 말한다.

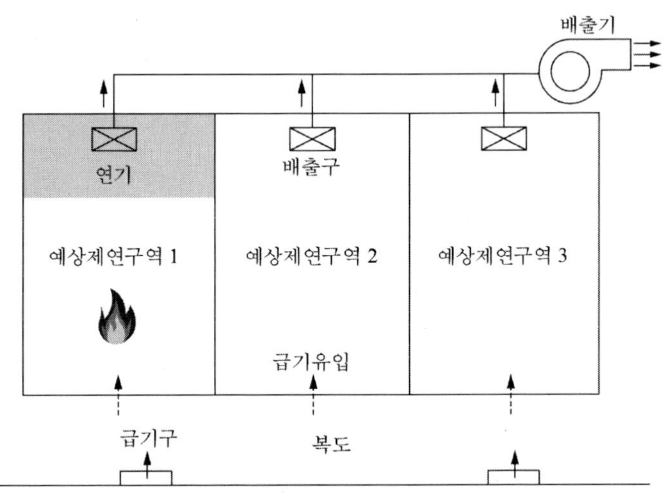

그림 4.4 예상제연구역 및 공동예상제연구역

⑥ 제연경계

연기를 예상제연구역 내에 가두거나 이동을 억제하기 위한 보 또는 제연경계벽 등을 말한다. 제연경계의 재질은 내화재료, 불연재료 또는 제연경계벽으로 성능을 인정받은 것으로써 화재 시 쉽게 변형·파괴되지 아니하고 연기가 누설되지 않는 기밀성 있는 재료로 하며 제연경계는 제연경계의 폭이 0.6 m 이상이고, 수직거리는 2 m 이내이어야 한다. 다만, 구조상 불가피한 경우는 2 m를 초과할 수 있다. 제연경계의 폭이 0.6 m 이상인 이유는 연기층의 두께를 적게 하면 배출구에서 연기를 배기 시 연기와 공기를 같이 흡입하게 되는 것을 방지하기 위한 것이다.

⑦ 제연경계벽

제연경계가 되는 가동형 또는 고정형의 벽을 말한다.

⑧ 제연경계의 폭

예상제연구역에 설치한 제연구획을 하기 위한 제연경계벽 등에 대해, 반자(반자가 없는 경우는 천장)에서 보(beam)나 제연경계벽의 하단부까지의 수직거리(H-Y)를 의미한다. 이것은 연기를 예상제연구역 밖으로 확산되는 것을 방지하기 위함이다.

⑨ 수직거리

제연경계의 바닥으로부터 그 수직 하단까지의 거리를 말한다. 그림 4.5에서 Y를 말하며, 통상 2 m 이하로 하며, 2 m를 초과할 경우 배출량을 증가시켜야 한다.

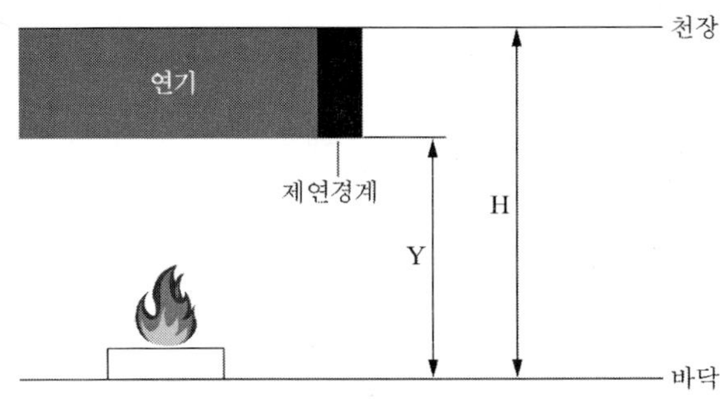

그림 4.5 제연경계 폭 및 수직거리

⑩ 통로배출방식

거실 내 연기를 직접 옥외로 배출하지 않고 거실에 면한 통로의 연기를 옥외로 배출하는 방식을 말한다.

⑪ 보행중심선

통로 폭의 한 가운데 지점을 연장한 선을 말한다.

⑫ 방화문

언제나 닫힌 상태를 유지하거나 화재로 인한 연기의 발생 또는 온도의 상승에 따라 자동적로 닫히는 구조를 말한다.

⑬ 유입풍도

유입풍도는 공기유입방식에서 송풍기에 의한 기계적인 방식에 의해 예상제연구역으로 공기가 유입되도록 하는 급기풍도를 말한다.

⑭ 배출풍도

배출풍도는 화재 발생 시 예상제연구역에서 발생 된 연기를 배출기의 기계적인 방식에 의해 연기를 외부로 배출하도록 하는 배기풍도를 말한다.

4.5 소방법상 제연설비 설치기준

「소방시설 설치 및 관리에 관한 법률」 시행령 제11조 별표 4에서도 제연설비의 설치 적용기준을 법적으로 설치하도록 규정되어 있는바 그 소방대상물을 표 4.1에 나타내었다.

건축법에서 배연설비는 소방법에 따라 화재에 의해 발생한 연기나 유독가스를 배출하고 건물 내에 확산한 것을 막고 피난이나 소화에 도움이 되도록 하는 것이다. 건축법에서도 "의무적으로 배연설비를 설치해야 하는 건물은 6층 이상의 건축물로써 문화 및 집회시설, 판매 및 영업시설, 의료시설, 교육연구 및 복지시설 중 연구소, 아동관련시설, 노인복지시설 및 유스호스텔, 운동시설, 업무시설, 숙박시설, 위락시설 및 관광휴게시설에 쓰이는 거실에는 배연설비를 설치해야 한다. 다만, 피난층의 경우에는 설치하지 않아도 된다"라고 규정되어 있다.

또 건축물 피난 및 방화기준에서도 특별피난계단의 전실 및 비상용 승강장의 전실에는 배연상 유효한 개구 또는 배연설비를 설치하도록 규정하고 있다. 건축법상 배연설비 설치기준은 4.6장에서 다루고 있다.

표 4.1 소방법상 제연설비의 설치 의무 및 면제 소방대상물

설치의무 소방대상물	설치의무 면제 대상물
1) 문화 및 집회시설, 종교시설, 운동시설 중 무대부의 바닥면적이 200 m^2 이상인 경우에는 해당 무대부 2) 문화 및 집회시설 중 영화상영관으로서 수용 인원 100명 이상인 경우는 해당 영화상영관 3) 지하층이나 무창층에 설치된 근린생활시설, 판매시설, 운수시설, 숙박시설, 위락시설, 의료시설, 노유자시설 또는 창고시설(물류터미널로 한정)로서 해당 용도로 사용되는 바닥면적의 합계가 1천 m^2 이상인 경우 해당 부분 4) 운수시설 중 시외버스정류장, 철도 및 도시철도시설, 공항시설 및 항만시설의 대기실 또는 휴게시설로서 지하층 또는 무창층의 바닥면적이 1천 m^2 이상인 경우는 모든 층 5) 지하가(터널은 제외)로서 연면적 1천 m^2 이상인 것 6) 지하가 중 예상 교통량, 경사도 등 터널의 특성을 고려하여 행정안전부령으로 정하는 터널 7) 특정소방대상물(갓 복도형 아파트 등은 제외)에 부설된 특별피난계단, 비상용 승강기의 승강장 또는 피난용 승강기의 승강장	가. 제연설비를 설치해야 하는 특정소방대상물에 다음의 어느 하나에 해당하는 설비를 설치한 경우는 설치가 면제된다. 1) 공기조화설비를 화재안전기준의 제연설비기준에 적합하게 설치하고 공기조화설비가 화재 시 제연설비기능으로 자동 전환되는 구조로 설치되어 있는 경우 2) 직접 외부 공기와 통하는 배출구의 면적의 합계가 해당 제연구역[제연경계(제연설비의 일부인 천장을 포함)에 의하여 구획된 건축물 내의 공간을 말한다] 바닥면적의 100분의 1 이상이고, 배출구부터 각 부분까지의 수평거리가 30 m 이내이며, 공기유입구가 화재안전기준에 적합하게 (외부공기를 직접 자연 유입할 경우에 유입구의 크기는 배출구의 크기 이상이어야 한다) 설치되어 있는 경우 나. 별표 4 제5호가목6)에 따라 제연설비를 설치해야 하는 특정소방대상물 중 노대와 연결된 특별피난계단, 노대가 설치된 비상용 승강기의 승강장 또는 「건축법 시행령」 제91조제5호의 기준에 따라 배연설비가 설치된 피난용 승강기의 승강장에는 설치가 면제된다.

[참고] 행정안전부령으로 정하는 터널

① 국토교통부장관이 정하는 옥내소화전설비를 설치해야 하는 터널 ② 국토교통부장관이 정하는 물분무소화설비를 설치해야 하는 터널 ③ 국토교통부장관이 정하는 제연설비를 설치 해야 하는 터널

4.6 건축법상 배연설비 설치기준

건축법에서 배연설비의 기술적 기준은 다음과 같다.

① 건축물에 방화구획이 설치된 경우는 그 구획마다 1개소 이상의 배연창을 설치하되 배연창의 상변과 천장 또는 반자로부터 수직거리가 0.9 m 이내일 것. 다만 반자높이가 바닥으로부터 3 m 이상인 경우는 배연창의 하변이 바닥으로부터 2.1 m 이상의 위치에 설치하여야 한다.

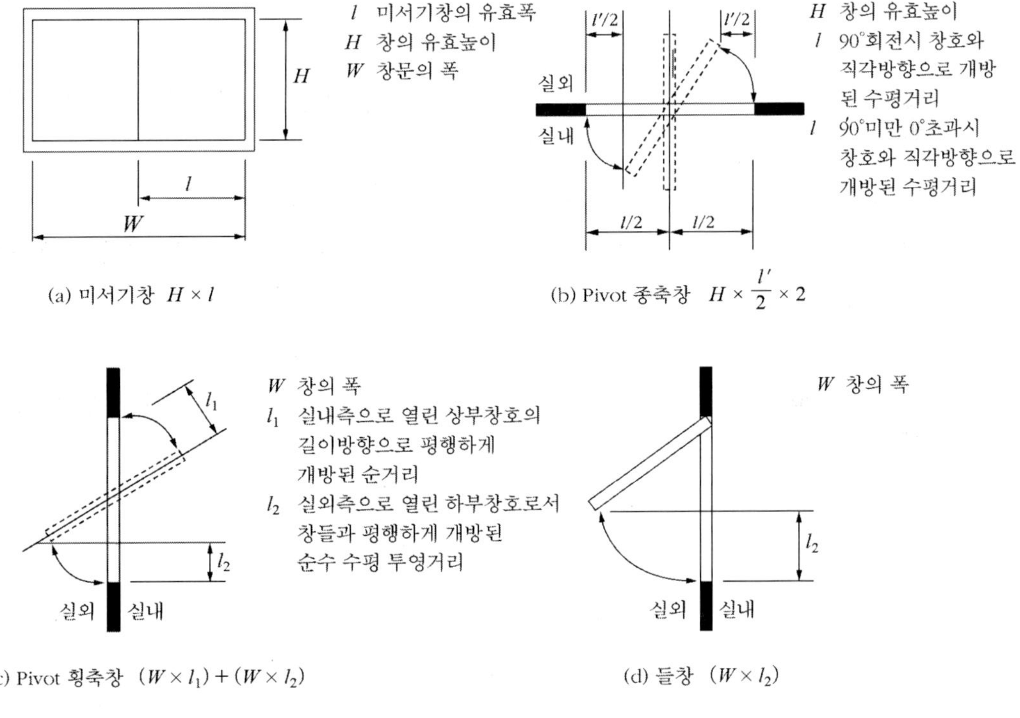

그림 4.6 배연창의 유효면적의 산정기준

② 배연창의 유효면적은 산정된 면적이 1 m^2 이상으로서 그 면적의 합계가 해당 건축물의 바닥면적(방화구획이 설치된 경우는 구획된 부분의 바닥면적을 말한다)의 1/100 이상일 것. 이 경우 바닥면적의 산정에 있어서 거실 바닥면적의 1/20 이상으로 환기창을 설치한 거실의 면적은 이에 삽입하지 아니한다. 배연창의 유효면적의 산정기준은 그림 4.6에 나

타내었다.

③ 배연구는 연기감지기 또는 열감지기에 의하여 자동으로 열 수 있는 구조로 하되 손으로도 여닫을 수 있도록 할 것

④ 배연구는 예비전원에 의하여 열 수 있도록 할 것

⑤ 기계식 배연설비를 할 경우는 소방관계법령의 규정에 적합하도록 할 것

⑥ 특별피난계단 및 비상용승강기의 승강장에 설치하는 배연설비의 구조는 다음 기준에 적합하여야 한다.

ⓐ 배연구 및 배연풍도는 불연재료로 하고 화재가 발생한 경우 원활하게 배연시킬 수 있는 규모로서 외기 또는 평상시에 사용하지 아니하는 굴뚝에 연결할 것

ⓑ 배연구에 설치하는 수동개방장치 또는 자동개방장치(열감지기 또는 연기감지기에 의한 것을 말한다)는 손으로 여닫을 수 있도록 할 것

ⓒ 배연구는 평상시 닫힌 상태를 유지하고 연 경우에는 배연에 의한 기류로 인하여 닫히지 아니하도록 할 것

ⓓ 배연구가 외기에 접하지 아니하는 경우는 배연기를 설치할 것

ⓔ 배연기는 배연구의 열림에 따라 자동적으로 작동하고 충분한 공기배출 또는 가압능력이 있을 것

ⓕ 배연기에는 예비전원을 설치할 것

ⓖ 공기유입방식은 급기가압방식 또는 급·배기방식으로 하는 경우는 소방관계법령의 기준에 적합하게 할 것

4.7 방연 및 제연방식

현재 실제로 사용되는 방연 및 제연 방식을 구별하면 다음의 4가지가 있다. 여기에서 급배기시 기계의 힘을 사용하는 방법에 따라 기계제연 방식을 또 다른 방식으로 구별할 수 있다. 이러한 기계제연방식은 일반적으로 3개의 방식으로 분류된다.

① 밀폐제연방식

② 자연제연방식

③ Smoke tower 배제방식

④ 기계제연방식

- 제1종 기계제연방식
- 제2종 기계제연방식
- 제3종 기계제연방식

(1) 밀폐제연방식

틈새가 없는 벽이나 문에서 화재실을 밀폐하여 연기의 유출 및 신선한 공기의 유입을 억제하여 방연하는 방식이다. 연립주택이나 호텔 등 구획을 세분화하기 쉬운 건물에 적절하다. 기계제연방식을 행하는 경우도 화재의 최종단계에는 화재실의 밀폐를 행할 필요가 있고, 그 의미는 방연의 기본이 되는 방식이다. 결국 이 방식은 완전한 방연구획의 형식이 전제 조건이다.

(2) 자연제연방식

화재에 의해 발생하는 연기 흐름의 부력 또는 외부 바람의 출입 효과에 의해 실의 상부에 설치된 창 또는 전용의 배연구에 의해 연기를 옥외로 배출하는 방식이다. 이 방식은 화재 시 온도 차 때문에 밀도차가 형성되어 열상승기류가 발생하고 연기흐름도 열의 방향과 동일한 기류가 발생하여 상층부로 흐르는 것이다. 전원이나 복잡한 장치가 불필요하고 일상적인 환기에도 겸용할 수 있기 때문에 방재설비의 방치를 방지할 수 있는 이점도 있다. 고층빌딩에는 건물의 층간 구획이 충분하게 행하여지지 않은 상태로 저층부에 두고 개구를 하면 연돌효과를 오히려 저해하여 연기의 이동을 흡인시킬 우려가 있다.

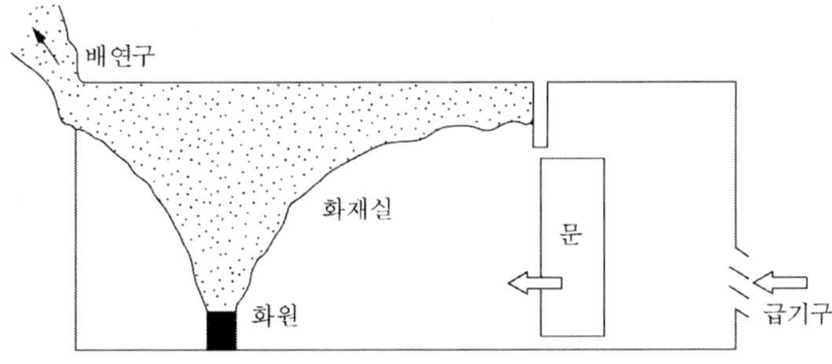

그림 4.7 자연제연방식

문제

제연방식의 종류를 크게 3가지로 나누어 보시오.

정답 ① 자연제연방식 ② 스모크타워 제연방식 ③ 기계제연방식

굴뚝효과와 유사한 원리를 이용한 제연방식은?

① 자연제연방식 ② 밀폐제연방식 ③ 기계제연방식 ④ 강제제연방식

정답 ①

(3) 스모크 타워(smoke tower) 제연방식

제연 전용 샤프트를 설치해 난방 등에 의한 건물 내·외의 온도 차나 화재에 의한 온도상승에 의해 생긴 부력을 그 상층부에 설치한 루프 모니터(roof monitor) 등의 외부 바람에 의한 흡인력을 통기력으로 해서 제연을 행하는 방식이다. 고층빌딩에 적합하고 장치도 간단하여 샤프트의 내열성을 고려하면 상당히 고온의 연기까지 제연할 수 있는 이점이 있다. 현재의 특별피난계단실의 제연에는 이 방식을 이용함이 좋다.

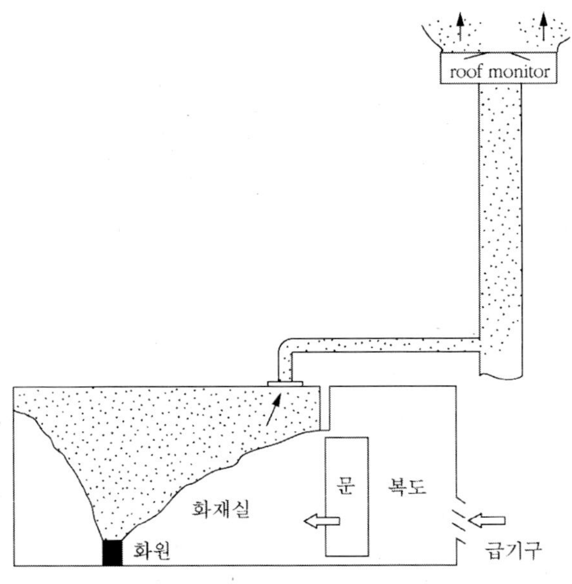

그림 4.8 스모크타워 방식

문제

스모크타워 제연방식에 관한 설명 중 옳지 않은 것은?

① 배연 샤프트의 굴뚝효과를 이용한다.
② 고층 빌딩에 적당하다.
③ 배연기를 사용하는 기계 제연의 일종이다.
④ 모든 층의 일반 거실 화재에 이용할 수 있다.

정답 ④

스모크타워 제연방식에 대하여 설명하시오.

정답 스모크타워 제연방식은 제연전용의 샤프트를 설치하고, 난방 등에 의한 건물 내·외의 온도상승으로 생긴 부력 및 그 지붕에 설치한 루프 모니터(roof monitor) 등의 외부 바람에 의한 흡인력을 통기력으로 하여 제연하는 것으로 고층빌딩에 적합한 방식이다.

Smoke Hatch에 대하여 설명하시오.

정답 소방대상물의 지붕에 설치하는 제연설비로 화재 시 제연 커튼을 이용하여 연기가 다른 곳으로 확산하는 것을 방지하고 지붕에 설치된 덮개를 열어 제연시키는 설비이다.

공장, 창고 등 단층의 바닥면적이 큰 건물에 스모크 해치를 설치하는 수가 있는데 그 효과를 높이기 위한 장치는?

① 드래프트 커텐 ② 제연덕트 ③ 배출기 ④ 모조 제연기

정답 ①

송풍기 등을 사용하여 건축물 내부에 발생한 연기를 제연구획까지 풍도를 설치하여 강제로 제연하는 방식은?

① 밀폐제연방식 ② 자연제연방식 ③ 강제제연방식 ④ 스모크타워 제연방식

정답 ③

제연설비에 관한 각 물음에 답하시오.

① 제연방식의 종류를 3가지만 쓰시오.
② 연돌(굴뚝)효과를 간단히 설명하시오

③ 풍량이 1400 m^3/min, 소요전압이 5 mmHg일 때, 배출기의 소요 동력을 계산하시오(단, 효율은 60% 이고 여유율은 없다).

풀이 ① 자연제연, 스모크타워 제연, 기계제연방식

② 실내·외 공기 사이의 온도와 밀도 차이에 의해 공기가 건물의 수직방향으로 이동하는 현상

③ $P = \frac{P_T Q}{102 \times 60\eta} \times K = \frac{67.9\ mmH_2O \times 1400m^3/min}{102 \times 60 \times 0.6} = 25.887 ≒ 25.89\ kW$

(4) 기계제연방식

① 제1종 기계제연방식

화재실에 기계제연을 행함과 동시에 복도나 계단실을 통해서 기계력으로 급기를 행하는 방식이다. 급기량은 배기량보다 약간 많게 제어를 하고 화재실의 내압을 음압(-)으로 유지, 화재실로부터 연기가 차는 것을 방지한다.

이 방식은 화재실로부터 연기가 유입되는 것을 방지함과 동시에 복도나 계단전실 등에서의 피난 경로의 확보를 위해서는 유효하지만 급기와 배연을 동시에 기계력에 의하여 콘트롤 하기 위한 장치가 복잡하므로 풍량의 균형에 주의를 필요로 한다.

② 제2종 기계제연방식

복도, 계단전실, 계단실 등의 피난로에 중요한 부분에 신선한 공기를 송풍기로 급기하고 그 부분의 압력을 화재실보다도 상대적으로 높게 하여 연기의 침입을 막는 방식으로 가압방연방식 또는 가압연기차단 제연방식이라고도 한다.

급기용 송풍기는 차가운 바깥공기를 흡인하면 좋기 때문에 화재실의 온도에 관계 없이 급기를 하는 것이 가능하다. 이 방식의 문제점은 과잉 급기가 되면 화재를 크게 할 염려가 있다는 것과 공기의 통로가 확보되지 않은 상태에서 가압하면 화재실의 화염의 세기를 성장시키고 연기나 열기류가 복도에 역류할 위험이 있는 경우가 발생하므로 일반적으로 적용되지 않는다.

③ 제3종 기계제연방식

화재에 의해 발생한 연기를 화재실의 상부로부터 배연기로 흡인하여 옥외로 배출하는 방식이다. 연기의 유동을 방지하여 흡인효과를 증대하기 때문에 방연 벽이나 천장 구획 등을 병용하여

사용한다. 현행 건축물 설비기준규칙에서의 방배연 방식은 이 기계배기에 의한 방배연 방식을 주요 배연방식으로 하고 있다.

이 방식은 화재 초기에 있어서 화재실의 내압을 강하하여 연기를 타 구획에 누설시키지 않는 점에서는 우수한 방식이다. 그러나 화재가 진행하여 연기량이 많아지면 흡인이 충분하지 않을 우려가 있어 연기의 온도가 상승하면 기계의 내열성에 한계가 있기 때문에 휴즈 댐퍼(fuse damper)를 설치해 배연을 중지할 필요가 있다. 또 거실 전체를 모두 배연의 대상으로 하면 배연 범위가 넓어져 설비비나 유지관리비가 많아지는 등 문제점이 있다. 표 4.2에서는 각 제연방식을 간단하게 비교하였다.

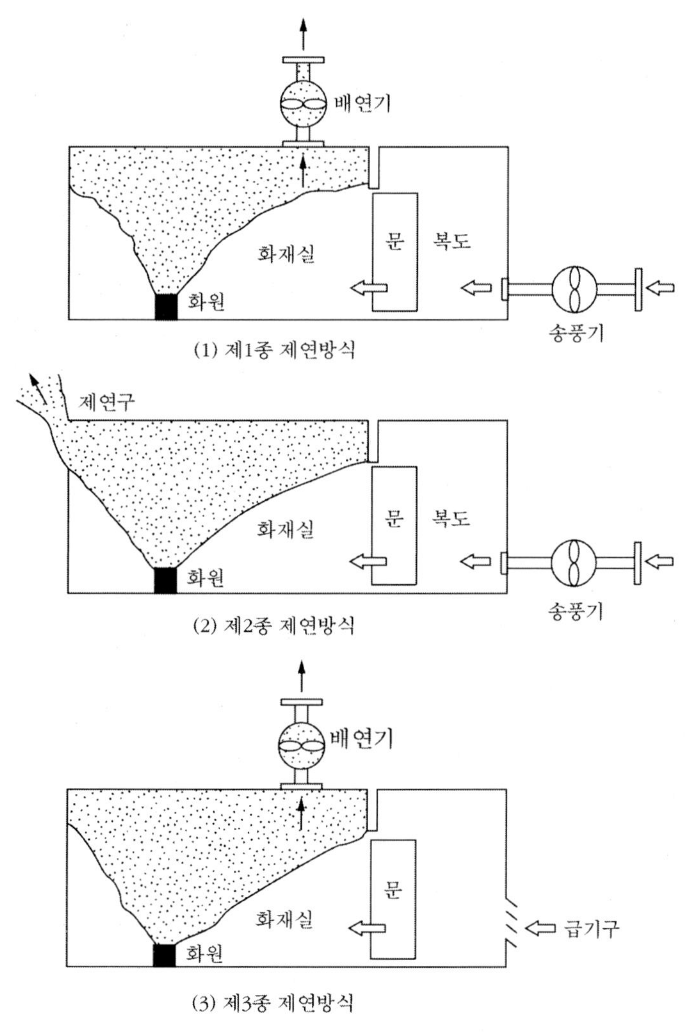

그림 4.9 기계제연방식

표 4.2 방연 및 제연방식

<table>
<tr><th colspan="2" rowspan="4">제연방식</th><th colspan="2" rowspan="4">안전구획</th><th colspan="5">화재실온도[℃]</th></tr>
<tr><th>70</th><th>280</th><th>560</th><th>840</th><th>1120</th></tr>
<tr><th>출화</th><th>초기</th><th>성장기</th><th>최전성기</th><th>감쇠</th></tr>
<tr><td>연소온도는 낮고 다량의 연기 발생</td><td></td><td>연소가격렬해지고 플래쉬오버가 실에서 발생</td><td>유리창이 파손된 후 플래쉬오버 발생하고 연소는 지속적으로 감쇠</td><td></td></tr>
<tr><td colspan="2">밀폐제연방식</td><td colspan="2">화재실
복도
전실
계단실</td><td colspan="5">• 연소 차단에 좋은 소화
• 피난 방화문이 열리면 연기는 누출
• 피난소화활동방화문이 열리면 연기누출
• 연돌효과가 있으면 연기는 누입</td></tr>
<tr><td colspan="2">자연제연방식</td><td colspan="2">화재실
복도
전실
계단실</td><td colspan="5">• 2층류를 형성하고 배연
• 피난의 방화문이 열리면 연기는 누출하고 2개 층류를 형성하고 배연한다.
• 연돌효과 또는 풍향에 따라 연기가 들어간다.</td></tr>
<tr><td colspan="2">Smoke-tower 제연방식</td><td colspan="2">화재실
복도
전실
계단실</td><td colspan="5">• (smoke tower) 2층류를 형성하고 배연한다.
• (smoke tower) 피난 또는 소화활동의 문이 열리고 연기는 누출한다.
• (계단실 하부에서 급기) 신선한 공기는 유입구를 통해서 확보할 필요가 있다.</td></tr>
<tr><td rowspan="3">기계 제연 방식</td><td>제1종</td><td>화재실
복도
전실
계단실</td><td>배기
배기
급기
급기</td><td colspan="5">• 제연정지 후 밀폐된 곳에서 배연 양호
• 급기와 배기균형으로 정압보존</td></tr>
<tr><td>제2종</td><td>화재실
복도
전실
계단실</td><td>자연배출
자연배출
급기
급기</td><td colspan="5">• 창유리가 열에 파손되면 연기는 개구로 유출한다. 파손된 경우는 연기의 역류위험이 있다.
• 문이 폐쇄되어 급기는 정압상태의 연기침입을 막는다.</td></tr>
<tr><td>제3종</td><td>화재실
복도
전실
계단실</td><td>배기
배기
배기
하구개부</td><td colspan="5">• 배제정지 후 밀폐된 곳의 방연 양호
• 피난 시 문이 개방되면 연기는 누설하고 전실 내에서 제연하며 전실급기구로 신선한 공기 유입</td></tr>
</table>

4.8 자연제연

(1) 자연제연의 원리

자연제연의 원리는 화재에 의해 온도가 높은 연기가 발생하고 그것이 가진 부력에 의해 연기를 실의 상부 벽이나 천장에 설치된 개구로부터 옥외로 배출하는 방식이다. 그림 4.10에 나타낸 것과 같이 외부 개구에서 유출하는 연기의 속도와 외부의 풍속의 관계를 구하여 보면 우선, 화재 시 발생하는 상승기류에 의해 천장 면에 연기의 수평기류가 생겨 연기가 가진 동압이 부력과 대등하다고 하면

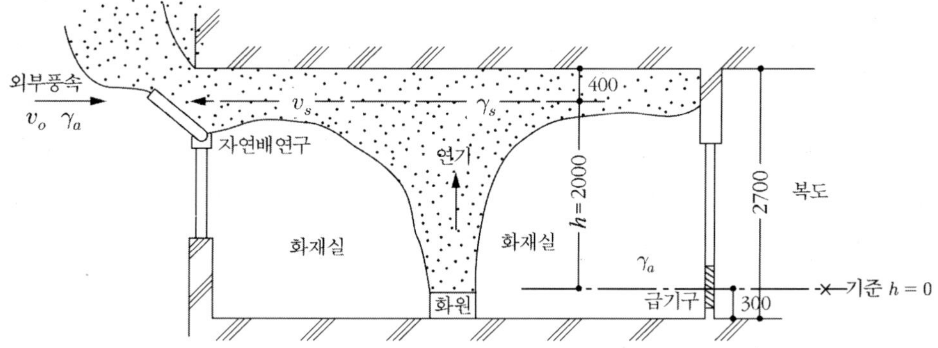

그림 4.10 자연제연방식의 연기유동

$$\frac{\gamma_s v_s^2}{2g} = (\gamma_a - \gamma_s)h \quad \cdots\cdots (4.1)$$

여기서, v_s : 연기의 유출속도(m/s)

v_o : 외부속도(m/s)

h : 공기층과 연기층의 고저차(m)

γ_a : 외부공기의 비중량(kg_f/m^3)

γ_s : 연기의 비중량(kg_f/m^3)

g : 중력가속도(9.8 m/s^2)

이 식을 정리하면 연기의 유출속도(v_s)는

$$v_s = \sqrt{2gh\left(\frac{\gamma_a}{\gamma_s} - 1\right)} \quad \cdots\cdots (4.2)$$

가 된다. 연기의 유출속도의 예를 들어 계산해보면

그림 4.10과 같이 $h = 2.0$ m로 하고, 연기의 온도가 800℃일 때 연기 유출속도 v_s를 구해보자. γ_a는 20℃일 때 1.20 kg_f/m^3, γ_s는 800℃일 때 0.33 kg_f/m^3이므로

$$v_s = \sqrt{2g \times 2\left(\frac{\gamma_a}{\gamma_s} - 1\right)} = \sqrt{2 \times 9.8 \times 2\left(\frac{1.20}{0.33} - 1\right)}$$

$$= \sqrt{103.3} = 10.2 \text{ m/s}$$

가 된다. 온도가 800℃이라면 화재가 플래시오버 단계에 이를 때 연기의 유출 속도가 10.2이m/s 이므로 피난하는 데 어려움이 매우 크다는 것을 알 수 있다.

또 만약 외부에서 바람이 실내로 들어오도록 유입되고 있을 때 제연은 어렵다. 외부 바람에 의해 제연이 곤란한 경우를 살펴보면 연기의 속도압과 외부 바람의 영향을 받고 있는 속도압이 같다고 하면 외부 공기의 유입속도는 다음과 같이 쓸 수 있다.

$$\frac{\gamma_s}{2g} v_s^2 = \frac{\gamma_a}{2g} v_o^2$$

$$v_o = \sqrt{\frac{\gamma_s}{\gamma_a}} \, v_s \quad \cdots\cdots (4.3)$$

그림 4.10의 상태의 조건을 대입하면 온도℃일 때 공기의 유입속도(v_s)는 다음과 같다.

$$v_o = \sqrt{\frac{0.33}{1.20}} \times 10.2 = 5.35 \text{ m/s}$$

문제

공간 내에 화재로 인하여 연기가 체류하고 있다. 이때의 온도가 800℃였다면 이 상태에서 연기 유출속도(m/s)를 계산하시오. 공기의 평균분자량은 29.49, 배출구까지 높이는 2.5 m이고, 상시 내부온도는 20℃이다.

정답 11.63 m/s

풀이 연기의 유출속도(V)

$$V=\sqrt{2gH\left(\frac{\gamma_a}{\gamma_s}-1\right)}=\sqrt{2\times 9.8\times 2.5\left(\frac{1.23}{0.32}-1\right)}$$

$=11.63\ \text{m/s}$

※ $\gamma_a=\dfrac{PM}{RT}=\dfrac{1\times 29.49}{0.082\times 293}=1.23\ \text{kg/m}^3$

$\gamma_s=\dfrac{PM}{RT}=\dfrac{1\times 29.49}{0.082\times 1,123}=0.32\ \text{kg/m}^3$

(2) 자연제연의 문제점

자연제연방식은 구조가 간단하고 작동이 확실하지만 몇 가지의 문제점이 있다. 그 선택에 대해서는 건물의 특성에 맞춰 충분한 검토를 필요로 한다. 우선의 문제점으로 고려되는 것은 건축계획에 대한 제약이고 다음으로는 화재 발생 시 상층으로의 연소 우려가 크고 외부 바람이나 연돌효과와 관련하여 배연 효과의 영향을 받는다는 점이다.

① 건축계획을 할 때 제약

자연제연방식은 외부와 접한 창이나 전용 배연구에 의해 연기를 직접 옥외로 배출하므로 그 실은 외기와 접해야만 하고 또 그 개구부에서 제연을 하는 양도 크게 해야 하지만 충분히 확보하지는 못한다.

배연구는 건물 화재 시 연기감지기 또는 열감지기에 의하여 자동으로 열리는 배연창(점검 목적으로 수동으로도 열고 닫을 수 있음)을 말한다. 또 배연창이란 건물 화재 시 해당층의 연기를 배출할 수 있도록 자동 또는 수동으로 열 수 있는 창을 말한다. 건축물의 설비기준 등에 관한 규칙에서 배연창의 유효면적은 산정된 면적이 1 m^2 이상으로서 그 면적의 합계가 해당 건축물의 바닥면적의 100분의 1 이상이어야 한다. 이 경우 바닥면적의 산정에 있어서 거실 바닥면적의 20분의 1 이상으로 환기창을 설치한 거실의 면적은 이에 산입하지 아니한다. 사용 용도에 따라 칸막이를 하는 경우도 천장과 상부 창 사이에 통풍과 채광을 위해 채광창 등을 설치해야 하고, 소음을 차단하는 데도 어려움이 있다.

② 상층부(upper layer)의 연소 위험성

외부 개구에 의해 제연을 행하는 경우는 화재실의 온도가 높고 연기 중에 많은 미연소가스를 포함하고 있으면 연기가 외부로 나가면서 화염으로 변하여 연소되는 현상이 나타나는데 이것이 상층으로 연소를 확대시키는 원인이 된다. 이것을 방지하기 위해 각 층에서 충분한 길이의 차양판을 나오도록 설치하거나 적당한 벽의 높이를 충분히 확보할 필요가 있다.

③ 자연제연효과에 영향을 주는 요소

자연제연의 효과는 연기의 부력에 의해 지배되기 때문에 어떤 원인으로 연기의 온도가 떨어져 부력을 잃으면 외부로 나가는 에너지를 잃어버리고 만다. 또한 외부 바람이 강할 경우는 화재실이 고온으로 되지 않으면 반대로 연기가 외부의 바람에 의하여 문 안쪽으로 유입되어 방연의 목적이 달성되지 않는다. 그러나 바람의 아래쪽에서는 외부 바람의 흡입 및 분출하는 효과에 의하여 제연은 원활하게 행해진다. 요컨대 외부 개구부는 바람의 방향과 바람의 강도에 따라 제연효과가 크게 다르다고 알려져 있다.

다음으로 고층 건물의 경우는 실내·외의 온도차에 기인하는 연돌효과에 의한 상·하의 압력차가 항상 존재한다. 보통 건물의 중성대는 거의 건물 높이의 1/2 부근이므로 동절기 화재 시에 중성대의 아래에서 외부로 제연을 한다면 화재 초기에는 실외에서 외기를 흡입하는 제연은 불가능하다. 또한 방연구획이 충분히 구성되어 있지 않으면 엘리베이터 샤프트나 계단 등의 수직통로를 통해 연기의 흐름이 역으로 운반되는 결과를 초래하고 만다. 같은 방법으로 하절기 냉방을 행하는 경우는 건물 내에 하강 기류가 발생하고 아래층으로 연기의 이동을 초래할 염려가 있다. 따라서 자연제연방식에는 제연 효과가 불안정한 요소가 많고 특히 고층의 건물에 있어서는 자연제연방식뿐만 아니라 기계제연방식을 중요한 피난로는 병용하여 사용할 필요가 있다. 자연제연방식이 기계제연방식에 비하여 설치 등이 용이하고 완화된 제연 대책으로 간주하고 자연제연을 행하는 경우에는 건축적으로 확실한 피난로의 확보나 방연구획의 구성에 유의하는 동시에 스프링클러 등 초기 소화설비의 확실한 동작이 되도록 하는 것이 요구된다.

(3) 자연제연방식의 배연구

① 배연구의 크기와 부착 위치

배연구의 크기를 이론적으로 설계할 때는 화재하중이나 연소속도, 온도를 가정하여 연기량을 계산하는데, 환기 이론에 의해 계산하면 좋은 것은 당연하지만 화재현상 자체가 주위의 조건으로 변화하기 때문에 정확하게 파악하기가 힘들다. 그러므로 실용적으로는 법령에 나타낸 설계기준으로 배연구의 크기를 결정한다. 공동주택, 학교, 병원 등 평상시 환기나 통풍을 위해 개구부를 설치토록 규정하는 건물에서는 그 개구부를 제연설비로 이용할 수 있다.

배연창의 유효면적은 1 m^2 이상으로써 그 면적의 합계가 해당 건축물의 바닥면적의 100분의 1 이상으로써 천장으로부터 90 cm의 부분에 유효하게 설계하도록 되어 있으나 창의 유효높이가 문제이다. 이 경우 바닥면적의 산정에 있어서 거실 바닥면적의 20분의 1 이상으로 환기창을 설치한 거실의 면적은 이에 산입하지 아니한다. 배연구의 창은 연기감지기 또는 열감지기에 의하여 자동으로 열 수 있는 구조로 하되, 수동으로도 여닫을 수 있도록 하고 배연구는 예비전원에 의하여 열 수 있도록 한다.

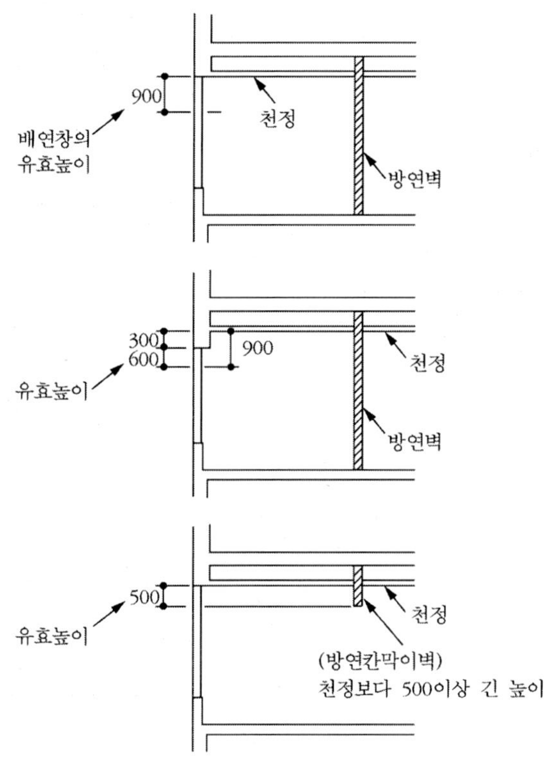

그림 4.11 배연창의 유효높이

(배연창의 유효높이, 천장, 창 상단, 방연 칸막이 형식에 따라 높이가 변한다)

그림 4.11은 배연창의 3가지의 예를 나타낸 것이다. 이것은 창이 약 90 cm 이상이라도 유효면적은 천장에서 90 cm 정도로 한정되어 버린다. 이것은 특별피난계단 전실 등이 천장까지 높이 1/2 이상을 배연구로 간주하는 것과 크게 다르다. 이 유효높이 90 cm는 그림 4.11에도 나타낸 것처럼 창의 상단, 방연벽과의 상호위치의 변경 때문에 달라진다. 또한 창의 형식에 따라서 유효부분이 감소된다. 표 4.3은 창의 개방형식에 따른 유효성을 나타낸 것이고, 그림 4.12는 창의 개폐 방식을 나타내었다.

표 4.3 배연구의 개폐 형식과 유효성

	그림 4.11 부호	개구유효성	주의사항
좌우로 잡아당김	a	△	자동조작의 경우 시간이 걸린다.
좌우 한쪽 방향으로 당김	b	○	자동조작의 경우 시간이 걸린다.
상하 방향으로 끌어당김	f	△	자동조작의 경우 시간이 걸린다. 그러나 동작 시 마찰에 주의한다.
상하 방향 한쪽으로 끌어당김	-	○	〃
횡축 회전	g	○	$\theta = 90°$까지 회전하며 유효성이 증가된다.
종축 회전	c	○	〃
양쪽 열림	d	○	〃
한쪽 열림	e	○	〃
안여닫이	h	△	천장 면에 근접하고 있는 경우는 유효개구는 증가한다.
바깥 여닫이	i	○	
미끌림	j	○	개구유효성이 크고 동작 시 마찰에 주의한다.
돌기 나옴	k	△	구조는 간단하지만 개구유효성이 낮다.

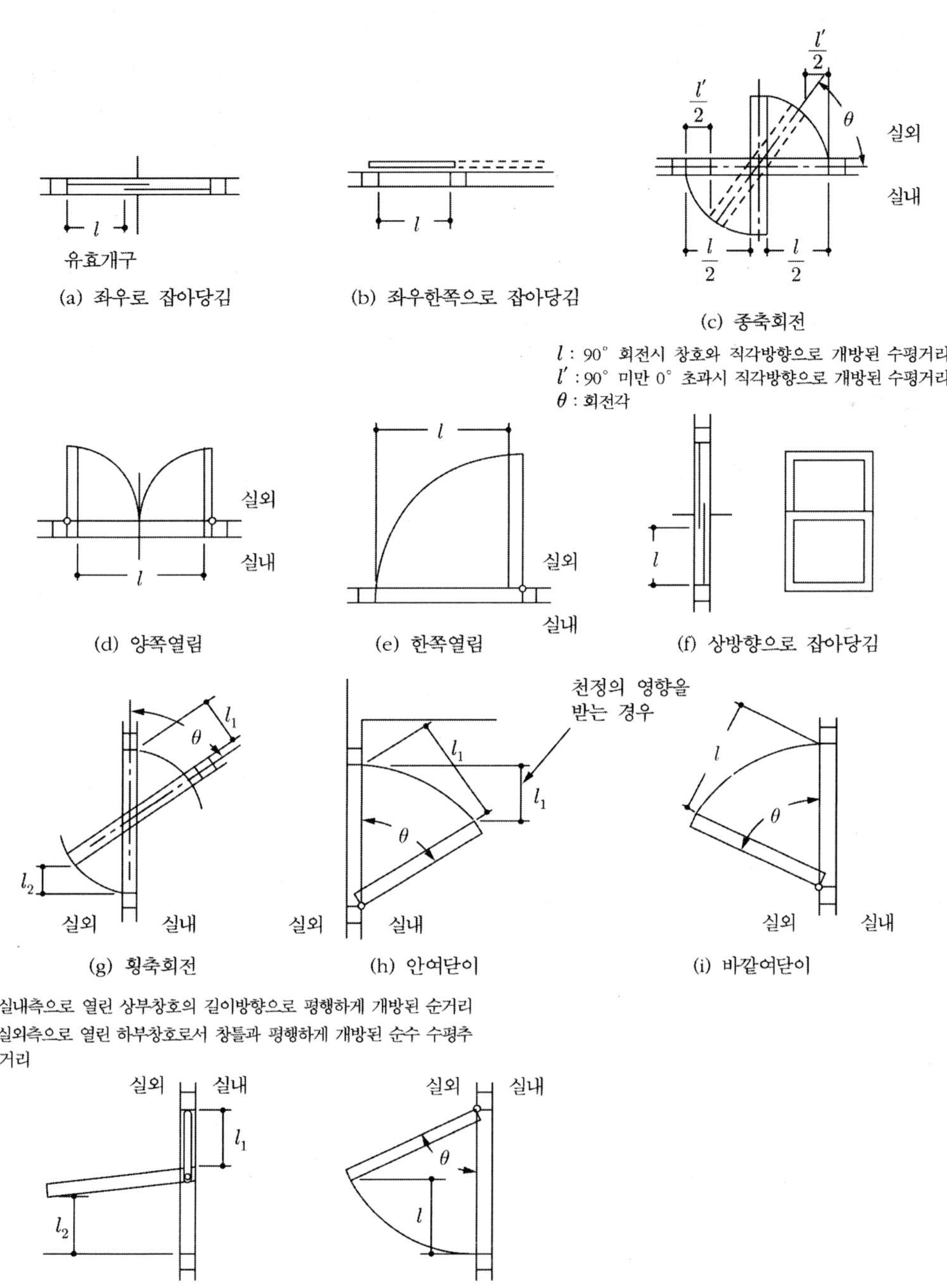

그림 4.12 배연구의 개폐방식(a~e 평면도, g~k 입단면도)

다음으로 배연구의 평면적인 위치는 방연구획은 면적 500 m^2 정도로 구획하는 것과 방연구획 각 부분에서 배연구 1개 실의 수평거리는 30 m 이하로 하도록 되어 있다. 이 관계를 그림 4.13에 나타내었다. (a)는 외기에 직접적으로 개방된 창이고 유효개구면적이 대상 바닥면적의 1/100이고 창에서의 거리가 30 m 이내이어야 한다. (b)는 천장에 개구부나 모니터 등을 설치할 경우의 예이고 이 경우도 개구면적을 바닥면적의 1/100 이상으로 할 필요가 있다.

또한, 그림 4.14와 같이 일부를 스모크 타워(smoke tower)를 병용한 자연제연방식도 인정되어 있다. 이 경우에도 단면적은 제연 대상 면적의 1/100 이상으로 할 필요가 있다

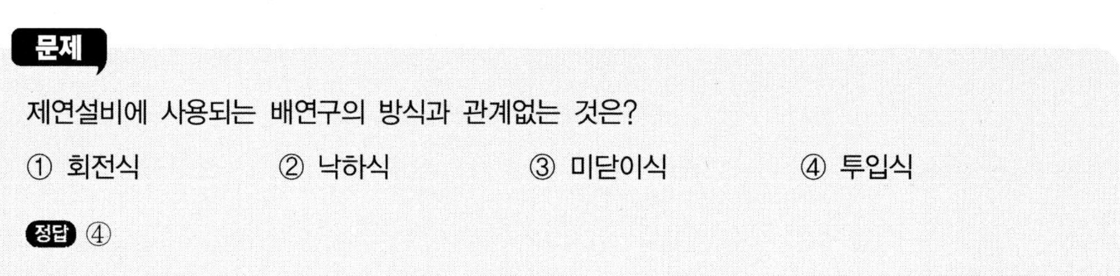

문제

제연설비에 사용되는 배연구의 방식과 관계없는 것은?

① 회전식 ② 낙하식 ③ 미닫이식 ④ 투입식

정답 ④

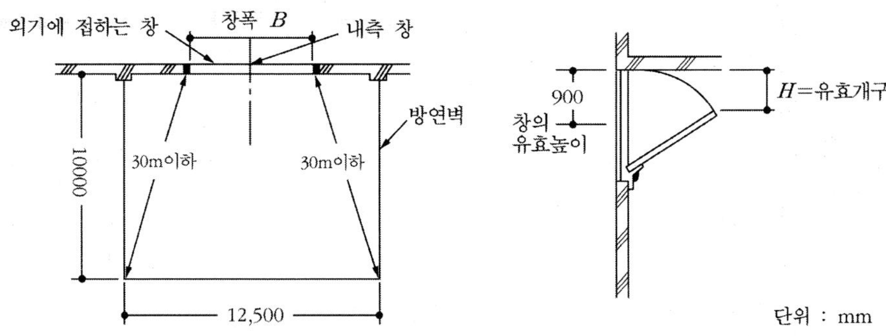

(a) 외기에 직접 접하는 창(실의 치수는 예제의 경우를 기입)

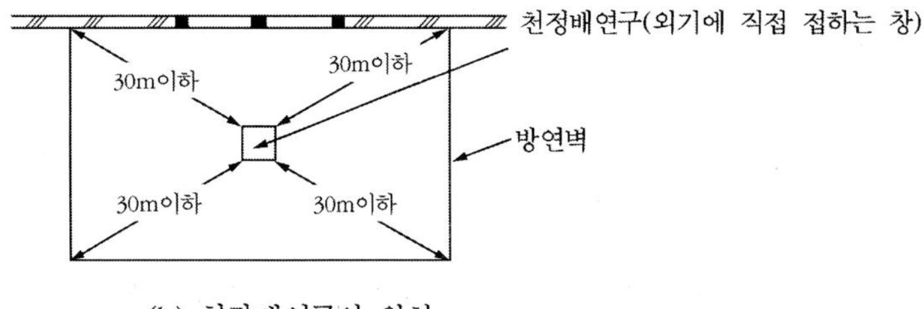

(b) 천장배연구의 위치

그림 4.13 배연구의 위치

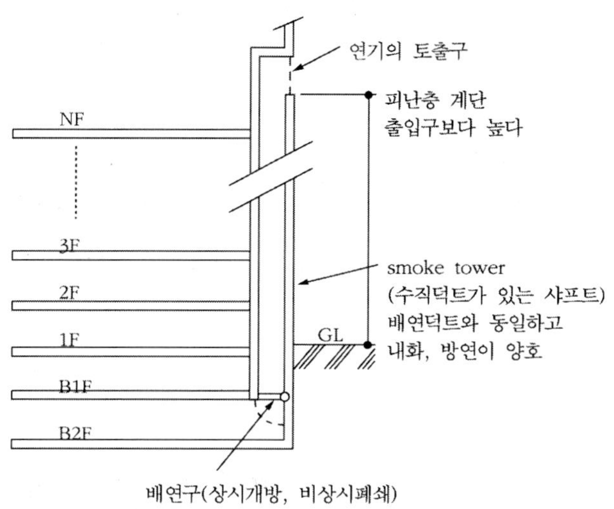

그림 4.14 스모크 타워를 병용한 자연제연방식

② 개방장치의 기구 및 작동방법

건축물의 설비 기준 등에 관한 규칙 제14조에 의하면 배연구에는 반드시 수동개방장치를 설치해야 한다. 특별피난계단의 전실 혹은 비상용 엘리베이터의 승강 로비에 설치하여 외기로 향해 열 수 있는 창에 관해서도 같은 방법이다. 이 조작부는 벽에 설치한 경우에 있어서는 바닥에서 0.8 m 이상 1.5 m 이하의 높이에, 천장에 매달아 설치한 경우는 바닥 면에서 대강 1.8 m 높이의 위치에 설치하도록 규정되어 있다. 여기에서 수동개방장치의 구성에 대한 예는 그림 4.15에 나타내었다.

배연구 개방장치 구성은 배연구 또는 배연창의 본체, 수동조작부, 전달부, 시건장치부이다.

ⓐ 수동조작부

수동으로 조작하기 위한 것이므로 조작력은 10 kg 이내인 것이 요구된다. 또 시건장치부의 시건장치의 탈부착이 쉽게 되어 있지 않으면 불편하다. 이것은 시건장치 기구와도 관련되어 있으나 조작은 단순한 동작이어야 한다.

② 전달부

힘의 전달부는 체인, 로프, 파이프 내에 함께 삽입된 와이어 등을 사용한다. 체인이나 로프의 경우 재료는 불연재로 하고 조작력에 충분히 견딜 수 있는 강도를 가지고 도중에 겹쳐

지거나 벗겨지지 않도록 기구 전체적인 면에서 검토해 두어야 한다.

③ 시건장치부

시건장치는 일반적인 자물쇠처럼 구조가 복잡한 것은 좋지 않다. 일반적으로 래쳇식 방식이 가장 많이 사용되고 있다. 그림 4.15에서 래쳇을 체인으로 당겨 top latch를 제외한 구조로 되어 있다. 이 예는 개방 때의 충격력을 피하기 위하여 steel damper를 사용하고 있다.

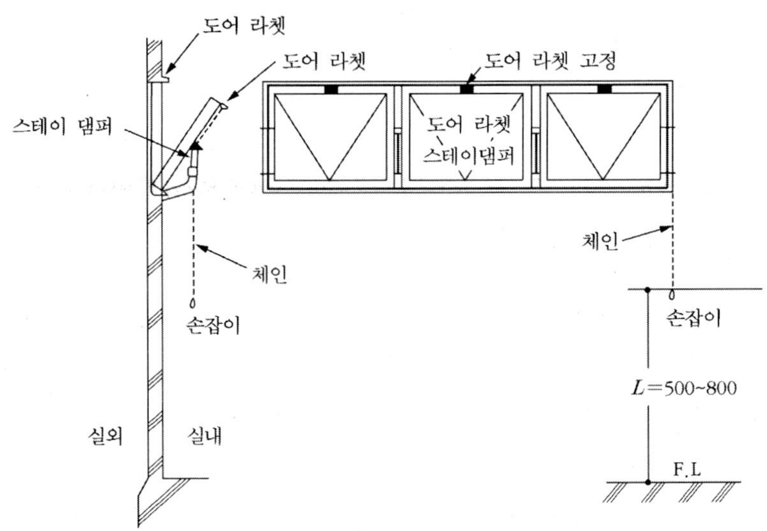

그림 4.15 배연구의 개방장치

문제

배연구 개방장치의 구성요소를 4가지만 쓰시오.

정답 ① 배연창 본체 ② 수동조작부 ③ 전달부 ④ 시건장치부

4.9 기계제연

기계제연은 배출기(송풍기)를 사용하여 동력에 의해 강제적으로 제연을 함으로써 피난시간, 피난로를 확보하는 것이다. 화재 시 유효하게 피난을 하기 위해서는 계통의 구분, 제연구획의 설정, 배연구의 위치, 풍도의 설계 등을 충분히 설계해 둘 필요가 있다

(1) 화재안전기준(NFSC 501)에 따른 제연구획 기준

① 하나의 제연구획의 면적은 1,000 m^2 이내로 할 것

제연구역은 화재에 의해 발생한 연기가 광범위하게 확산하는 것을 방지하고 동시에 제연 효율을 높이기 위해서 구획된 구역을 말하며 불연구조의 칸막이벽 또는 천장에서 아래 방향으로 0.6 m 이상 늘어뜨린 벽으로 둘러 쌓아 구획하며, 이러한 구획된 하나의 제연구역의 면적은 1,000 m^2 이내로 하여야 한다.

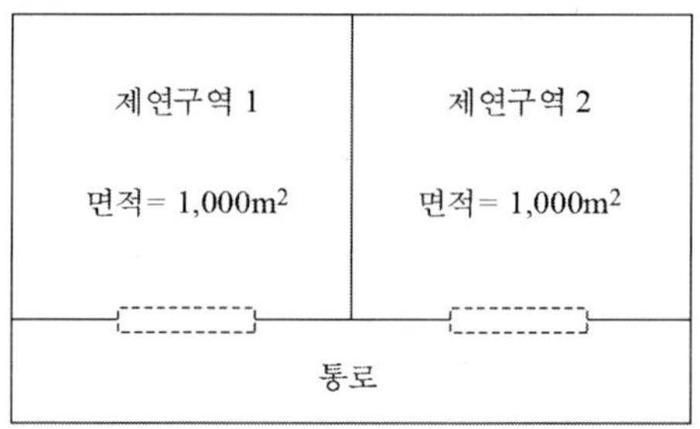

그림 4.16 제연구역의 면적

② 거실과 통로(복도를 포함)는 상호 제연구획할 것(거실배출·통로급기방식 시스템)

거실구역과 통로구역을 동일한 하나의 제연구역으로 설정하지 말고 별개의 제연구역으로 구분하는 것을 말한다. 거실은 화재 시 배기하고 통로에는 급기를 하여 급기량이 화재실로 유입되는 것을 원칙으로 하고 있다. 즉, 화재실과 피난통로를 동일한 제연구역으로 설정하는 것을 금지하고 있다.

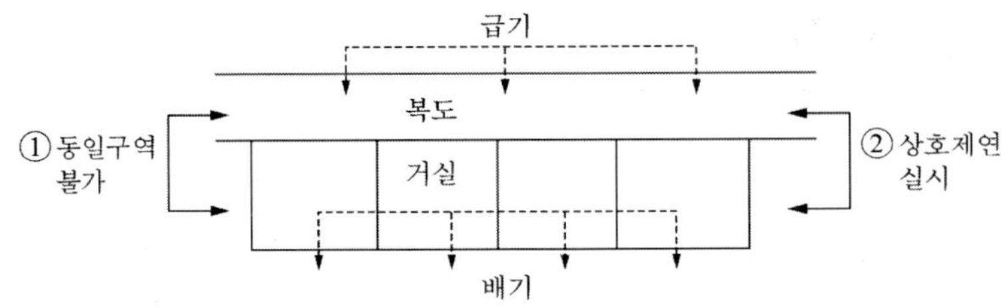

그림 4.17 거실과 통로의 상호 제연구역

③ 통로상의 제연구획은 보행중심선의 길이가 60 m를 초과하지 아니할 것

보행중심선이란 통로의 폭이 일정하지 않을 경우 통로 폭의 한 가운데 지점을 연장한 선을 말한다. 통로는 제연구역으로 적용하지 않을 수 있으나 통로를 제연구역으로 적용할 경우에는 보행중심선의 길이를 60 m 이내로 하라는 뜻이다

④ 하나의 제연구획의 면적은 직경 60 m 원 내에 들어갈 수 있을 것

ⓐ 제연구역 적용

제연구역의 외곽선의 대각선에 대해, 가장 긴 대각선이 60 m 이내가 될 경우 해당 구역이 60 m의 원에 내접(內接)하게 되며 이는 하나의 제연구역의 최장 대각선의 길이가 60 m 이내로 되어야 한다는 것으로 제연구역의 형태를 제한하기 위한 것이다.

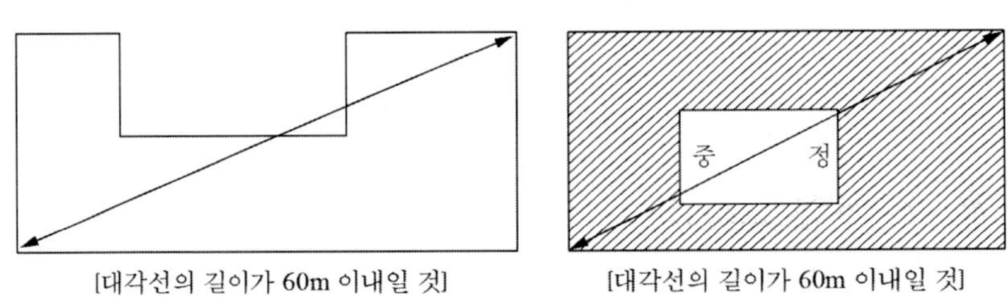

그림 4.18 하나의 제연구역의 적용

ⓑ 제연구역 범위

직경 60 m의 기준은 제연구역의 형상을 규제하기 위한 것으로 하나의 제연구역에 대한 기준이므로 이를 공동제연의 구역에 대해서 적용하는 것이 아니며 단독제연구역에 대해 적용하는 기준이다.

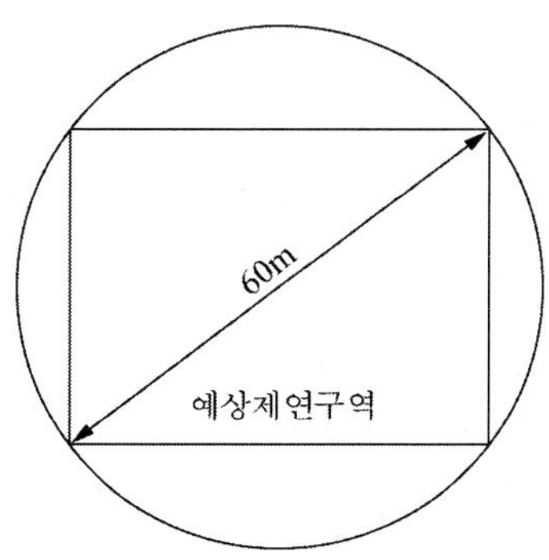

그림 4.19 제연구역 범위

ⓒ 통로를 제연구역으로 할 경우의 적용

바닥면적 1,000 m^2 이내로 설정하여야 함에도 직경(거실의 경우)의 길이나 보행중심선(통로의 경우)을 별도로 규제한 것은 바닥면적 이외에 형상을 규제하여 제연구역의 범위를 한정하도록 하기 위한 목적으로 통로의 경우는 보행경로상의 중심선을 연장한 선이 <u>60 m 이내</u>이어야 한다.

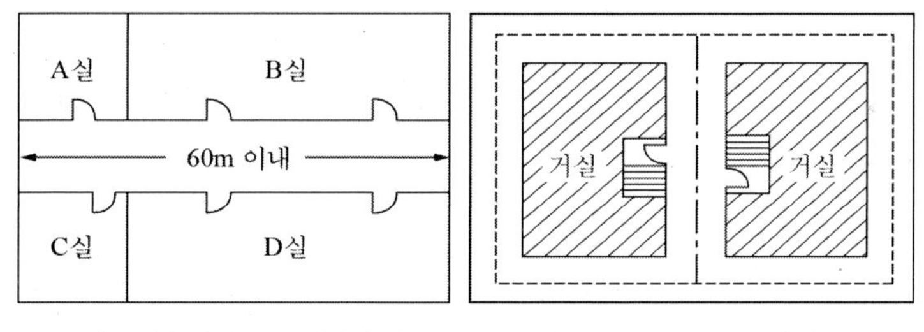

그림 4.20 통로를 제연구역으로 할 경우의 적용

⑤ 하나의 제연구획은 2개 이상 층에 미치지 아니하도록 할 것, 다만, 층의 구분이 불분명한 부분은 그 부분을 다른 부분과 별도로 제연구획을 하여야 한다.

ⓐ 하나의 제연구역은 층별로 설치

이는 제연설비 외에 스프링클러나 자동화재탐지설비의 경우도 동일하게 모든 소방설비 구역의 대원칙으로 화재 시 동작구역을 신속하게 파악하고 이에 대응하기 위해서는 층별로 구분하여 구역을 설정하도록 한다.

ⓑ 층 구분이 불분명할 경우의 제연구역 설정

층 구분이 불분명한 경우는 아래와 같이 별도의 제연구역으로 설정하여야 한다.

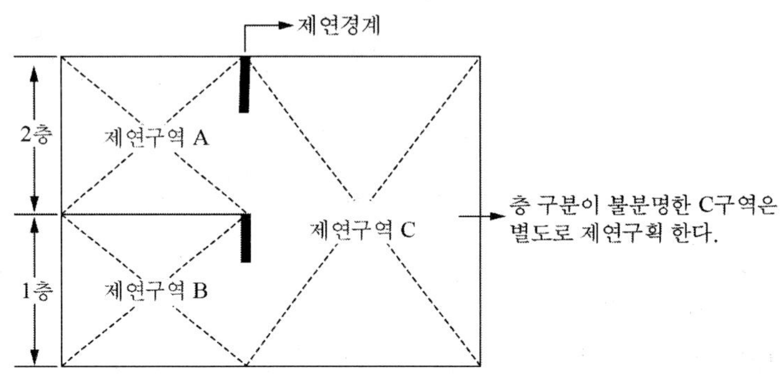

그림 4.21 층 구분이 불분명할 경우의 제연구역 설정

ⓒ 연기 확산방지를 위한 구획

연기는 화재보다 빠르게 확산되어 광범위하게 악영향을 미치므로 제연의 기본은 구획의 구성에 의한 연기확산을 방지하는 데 있다. 구획에는 실의 용도가 다른 경우 구획 또는 동일용도에서도 면적이 큰 경우에 설치하는 구획, 피난상의 안전을 확보하기 위한 실사이나 실과 복도 사이에 설치하는 구획, 샤프트 등 수직 방향의 수직 관통부의 구획 및 수평 바닥 면에서 층별 구획 등이 있다.

ⓓ 층별 구획의 제연

바닥 면에서의 층별 구획은 면적별 구획, 용도별 구획과 함께 구획 구성의 기본이 되는 구획이며, 연기제어에도 중요하다. 특히, 초고층 건축물 등에서 피난시간이 길어지고, 건축물의 일부분을 피난 거점으로써 방재계획을 고려하지 않으면 안 되는 경우 연기의 상승 전파를 적극적으로 방지해야 한다. 다음 그림과 같은 건축물의 경우 연기확산의 적극적인 대응을 위해 각 층별로 제연구역을 설정해야 하고, 층의 구분이 불분명한 구역은 다른 구역과 별도로 제연구획한다.

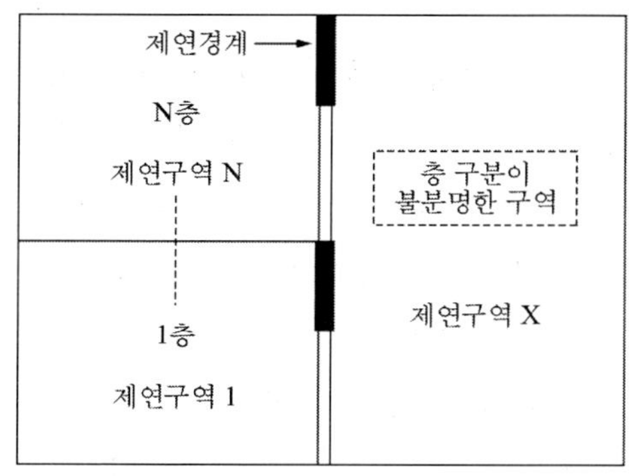

그림 4.22 층별 제연구역

⑥ **제연구역의 구획은 보·제연경계벽 (이하 "제연경계"라 한다) 및 벽(화재 시 자동으로 구획되는 가동벽·셔터·방화문을 포함한다.)으로 하되 다음 기준에 적합하여야 한다.**

ⓐ 재질은 내화재료, 불연재료 또는 제연경계벽으로 성능을 인정받은 것으로서 화재 시 쉽게 변형, 파괴되지 아니하고 연기가 누설되지 않은 기밀성 있는 재료로 할 것

ⓑ <u>제연경계</u>는 <u>제연경계의 폭이 0.6 m 이상이고 수직거리는 2 m 이내</u>이어야 한다. 다만 구조상 불가피한 경우는 2 m를 초과할 수 있다.

㉮ 제연경계의 폭

- 천장이나 반자로부터 제연경계의 수직 하단까지의 길이를 말하는 것으로, 연기를 예상제연구역 밖으로 확산되는 것을 방지하지 위함이다
- 제연경계의 폭이 0.6 m 이상인 이유는 연기층의 두께를 적게 하면 배출구에서 연기를 배기 시 연기와 공기를 같이 흡입하게 되는 것을 방지하기 위한 것이다.

㉯ <u>수직거리</u>

- 바닥으로부터 제연경계 수직 하단까지의 거리를 말한다.
- 재실자가 피난을 하거나 소방대가 소화활동을 할 수 있는 공간을 확보하기 위한 것이다.
- 원칙적으로 <u>2 m 이내</u>이어야 하나, 건물의 구조에 따라 2 m를 초과할 수 있으며, 이 경우는 높이별로 배기량 및 급기량이 달라지게 된다.
- 수직거리가 2 m 이상으로써 증가할수록 피난자와 연기 사이의 거리가 멀어지게 되므로 안전이 확보된다.

ⓒ 제연경계벽의 구조

제연경계벽은 제연 시 기류에 따라 그 하단이 쉽게 흔들리지 아니하여야 하며, 또한 가동식의 경우에는 급속히 하강하여 인명에 피해를 주지 아니하는 구조일 것

㉮ 화재 시 뜨거워진 공기의 유동이나 공조시스템의 의한 급배기로 인해 화재실에는 기류의 흐름이 심해지게 된다. 제연경계벽은 이에 대한 기류의 유동이나 흐름에 따라 흔들리지 않고 고정되는 구조이어야 한다.

㉯ 감지기와 연동되어 가동되는 천장 하향 가동식 제연경계벽의 경우에는 경계벽이 급속히 하강하여 인명피해가 발생하지 않도록 천천히 하강하도록 하여야 하는 구조로 되어 있어야 한다.

참고

제연경계벽

① 제연구역에 대한 구획 방법은 보(beam), 제연경계벽(고정식의 벽체), 가동벽(감지기와 연동하여 자동으로 작동되는 벽체), 셔터, 방화문으로 구획하여야 한다. 이 경우 고정식의 벽체가 아닌 가동벽이나 셔터, 방화문의 경우는 반드시 화재 시 이를 감지하여 자동으로 작동하거나 또는 항상 자동으로 닫힌 상태를 유지하여야 한다.

② 가동벽이나 방화셔터는 일반적으로 연기감지기 등의 작동 신호에 따라 동작하도록 하며, 방화문의 경우는 자동폐쇄장치를 부착하여 개방 시 즉시 폐쇄되도록 하여야 한다.

③ 제연경계벽의 구조는 화재 시 배기와 급기의 기류에 의한 흐름과 화열에 의한 기류의 유동에 대해 고정되는 구조이어야 한다. 또한 감지기 동작과 연동하여 천장 면에서 하강하는 가동식 제연경계의 경우는 이로 인하여 안전사고가 발생하지 않도록 하강 할 때는 천천히 하강하여야 한다.

그림 4.23 제연경계벽

④ 제연경계벽은 화재 시 연기의 확산 및 연기의 유동을 방지하는 것으로 고정식과 가동식이 있다.

ⓐ 고정식

- 보, 경계벽, 칸막이벽
- 일반유리판, 망입유리판(방연스크린), 강화유리판, 방화유리판

ⓑ 가동식

- 회전형
- 하강형
- 셔터 기동형

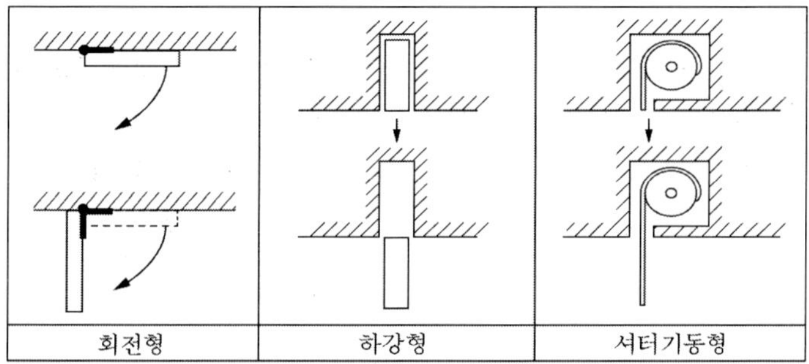

그림 4.24 가동벽의 작동방식별 종류

문제

하나의 제연구역의 면적의 기준을 쓰시오.

정답 ① 하나의 제연구획의 면적은 1,000 m^2 이내로 할 것

② 하나의 제연구획의 면적은 직경 60 m 원내에 들어갈 수 있을 것

제연구역에 대한 설명 중 잘못된 것은?

① 하나의 제연구역의 면적은 1,000 m^2 이내로 하여야 한다.
② 거실과 통로는 상호 제연구획 하여야 한다.
③ 제연구획은 보·제연경계벽 및 벽으로 하여야 한다.
④ 통로상의 제연구역은 보행중심선의 길이가 최대 50 m 이내이어야 한다.

정답 ㉣

풀이 통로상의 제연구역은 보행중심선의 길이가 최대 60 m 이내이어야 한다.

제연구역의 구획은 보·제연경계벽 및 벽으로 한다. 그 기준에 대하여 쓰시오.

정답 ① 재질은 내화재료, 불연재료 또는 제연경계벽으로 성능을 인정받은 것으로서 화재 시 쉽게 변형, 파괴되지 아니하고 연기가 누설되지 않은 기밀성 있는 재료로 할 것

② 제연경계는 천장 또는 반자로부터 그 수직 하단까지의 거리가 0.6 m 이상이고, 바닥으로부터 수직 하단까지의 거리가 2 m 이내이어야 한다. 다만 구조상 불가피한 경우는 2 m를 초과할 수 있다.

③ 제연경계벽은 제연 시 기류에 따라 그 하단이 쉽게 흔들리지 아니하여야 하며, 또한 가동식의 경우에는 급속히 하강하여 인명에 피해를 주지 아니하는 구조이어야 한다.

제연설비에서 가동식의 벽, 제연경계벽, 댐퍼 및 배출기의 작동은 무엇과 연동되어야 하며 예상제연구역 및 제어반에서 어떤 기동이 가능하도록 하여야 하는가?

① 자동화재감지기, 자동기동　　② 자동화재감지기, 수동기동
③ 비상경보설비, 자동기동　　④ 비상경보설비, 수동기동

정답 ①

제연설비에서 하나의 제연구획의 면적은 몇 m^2 이내로 하는가?

① 400　　② 600　　③ 800　　④ 1,000

정답 ④

(2) 제연방식

① 예상제연구역에 대하여는 화재 시 연기배출과 동시에 공기 유입이 될 수 있게 하고, 배출구역이 거실일 경우에는 통로에 동시에 공기가 유입될 수 있도록 하여야 한다.

ⓐ 예상제연구역에 화재 시 연기배출과 동시에 공기 유입

㉮ 거실제연의 경우

전제가 제연구역인 화재실에 대해 연기를 배출하고 동시에 급기를 하는 방식으로 급기방식은 화재실에 직접 급기하는 강제유입방식과 인접 구역에 급기하여 화재구역으로 유입되는 인접구역 유입방식의 2가지가 있다. 아울러 통로가 있는 거실의 경우에는 반드시 통로에 동시에 급기를 하여 피난경로를 확보하도록 하여야 한다.

㉯ 예상제연구역이 거실인 경우

일반적인 제연방식은 거실에서 배출하는 동시에 통로에 급기를 하여 통로에 급기한 기류가 거실로 유입되는 인접구역 유입방식을 사용하며 이 경우 거실의 출입문 하단에 그릴을 설치하여 급기가 거실로 유입되도록 한다.

㉰ 통로에서 배출을 하지 않고 급기만 할 경우
통로를 화재실로 간주하지 않는다는 전제가 있어야 하고, 만일 통로를 화재실로 간주할 수 있는 경우에는 통로 자체도 예상제연구역으로 적용하여 급·배기 조치를 해야 한다.

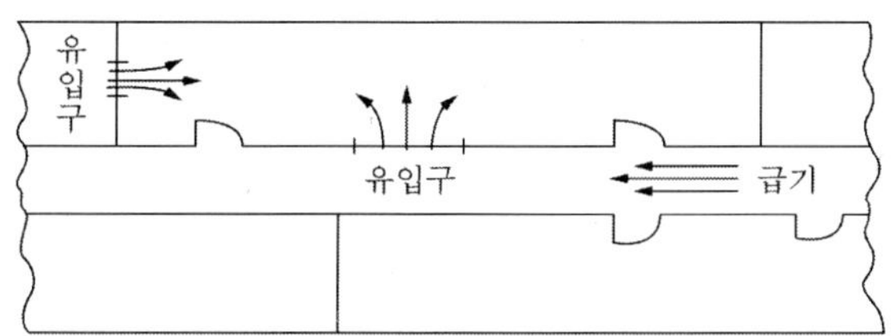

그림 4.25 통로가 있는 경우의 급기 방법

ⓑ 배출구역이 거실인 경우 통로에 공기유입방식
피난자의 인명 안전을 확보하기 위해 거실보다는 통로에서 안전차수가 높게 확보되기 위하여 도입된 개념이다. 하지만, 동일실 제연방식을 적용하는 곳에서는 다음과 같은 문제점이 있다.

㉮ 영화상영관, 위락시설 등의 구획된 장소는 사용 목적상 다른 부분과 방음이 되어야 하므로 통로에 급기된 공기가 거실로 유입되게 하는 것은 불합리하므로 동일실 제연방식을 적용한다.

㉯ 배출구역이 거실일 경우, 동시에 통로로 공기가 유입될 수 있도록 하는 경우 급기량에 대한 풍량 계산이 문제가 된다.

㉰ 풍량이 너무 많으면 복도와 영화상영관 사이에 차압이 형성되어 영화상영관에서 복도로 피난할 때 출입구를 개방하는데 장애가 발생할 우려가 있고, 너무 적으면 급기의 필요성이 없어진다.

② 통로배출방식

50 m^2 미만의 실의 경우 화재 시 발생된 연기로 인하여 가시거리가 매우 짧아지는 경우에도

규모가 작아 피난구 식별이 용이하며, 50 m^2 미만의 실에서 통로로 피난하는 데 소요되는 시간이 매우 적어 호흡을 견디며 유독가스 흡입으로 인한 피해의 우려가 적을 때 사용하는 방식

ⓐ 거실에서 발생하는 연기가 통로로 누설되어 통로에서 피난하는 데 지장을 주지 않도록 통로에서 배출만 할 경우에도 제연설비를 인정한 방식이다.

ⓑ 통로에 면한 각 거실의 구획은 제연경계가 아닌 칸막이 등으로 구획하여야 하며 다만, 거실에서 통로에 면하는 부분은 벽체와 출입문 구조가 아닌 제연경계인 경우도 가능하다.

ⓒ 이 경우 그림 4.26과 같이 복도에 면한 거실 중 내부에 구획된 부분(①)이 있어 통로로 피난하기 위해서는 또 하나의 거실(②)을 경유(經由)할 경우 이를 경유거실이라 하며, 또한 경유거실에서 별도로 배기하지 않을 경우에는 내부(①)에서 피난을 할 수 없으므로 반드시 경유거실(②)에서 별도로 배기 조치하여야 한다.

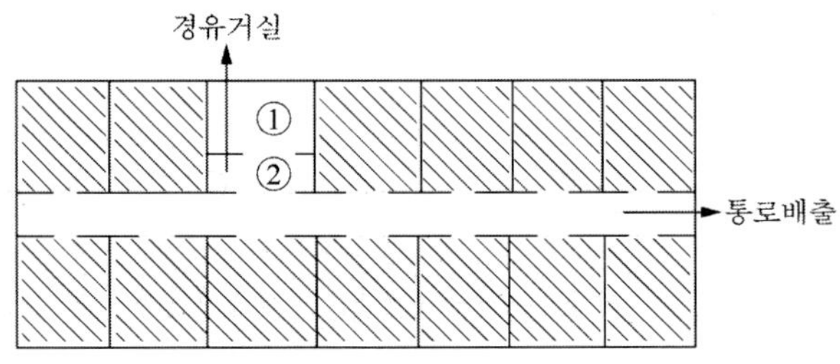

그림 4.26 통로배출방식과 경유거실

ⓓ 배기만 실시하고 급기를 실시하지 않을 경우, 배기시킨 공간으로 주위에서 연기가 통로로 계속 유입되어 재실자가 피난할 수 있는 피난경로를 확보해 주지 못하게 된다.

③ 통로의 예상제연구역

통로의 주요구조부가 내화구조이며 마감이 불연재료 또는 난연재료로 처리되고 가연성 내용물이 없는 경우에 그 통로는 예상제연구역으로 간주하지 아니할 수 있다. 다만, 화재 발생 시 연기의 유입이 우려되는 통로는 그러하지 아니하다

ⓐ 통로를 예상제연구역으로 적용하지 않는 경우

일반적으로 통로가 있는 거실의 경우, 거실에서는 배출하고 통로에서 급기하여 통로부터 급기가 거실로 유입되는 방식을 적용하고 있다. 이 경우 통로에서는 배출을 하지 않고 급기만 한다는 것은 결국 통로에서 연기의 발생이 없다는 것이므로 통로를 예상제연구역으로 적용하지 않는다는 의미이다.

ⓑ 통로를 예상제연구역으로 적용하지 않을 경우

전제 조건으로 통로에서 화재가 발생하지 않는다고 가정하여야 하므로, 통로의 주요구조부(내력벽, 기둥, 바닥, 보, 지붕틀 및 주 계단)가 내화구조이며 내장재는 가연재가 아닌 불연재나 난연재이어야 한다. 그러나 통로의 내장재가 가연재이거나 또는 용도상 통로에 상시 가연성 물품이 있는 건물의 경우에는 통로에서 화재가 발생할 가능성이 있다. 따라서 통로에서 화재가 발생할 우려가 있는 경우에는 통로도 하나의 예상제연구역으로 간주하여 급기와 배기를 실시하여야 한다.

ⓒ 예상제연구역의 제외

㉮ 통로의 주요구조부가 내화구조이며 마감이 불연재료 또는 난연재료로 처리되고 가연성 내용물이 없는 경우에는 연기 발생의 우려가 없다고 보고 제외한다.

㉯ 스프링클러헤드 설치 사유로 통로의 마감(바닥포함)을 난연재료 이상으로 하지 않는 경우는 제외할 수 없다.

㉰ 예상제연구역에서 제외될 때는 사용승인 이후 가연성 내용물을 설치할 수 없음을 분명히 명시하여야 한다.

ⓓ 통로의 예상제연구역 포함

주요구조부가 내화구조이며 마감이 불연재료 또는 난연재료로 처리되고 가연성 내용물이 없는 경우에도 화재 발생 시 인접 거실에서 발생 되는 연기의 유입이 우려되는 경우에는 예상제연구역에 포함한다.

(3) 배출풍량 및 배출방식

① 소규모 거실 배출풍량 (바닥면적 400 m^2 미만)

하나의 예상제연구역에 대한 단독제연을 적용할 경우 배출량을 산정해야 하는데 이때 거실 규모(면적)에 따라 소규모 거실과 대규모 거실의 2부분으로 나누어서 산정한다. 소규모 거실은 화재안전기준에서 바닥면적 400 m^2 미만으로 구획된 거실에 해당하며 대규모 거실은 400 m^2 이상으로 구획된 거실에 해당한다. 이 경우 소규모 거실은 바닥면적별로 배출량을 산정하며 대규모 거실은 제연경계 수직거리(높이)별로 배출량을 산정한다.

ⓐ 소규모 거실의 배출량 산정

바닥면적 1 m^2당 1 m^3/min 이상으로 하되 예상제연구역 전체에 대한 최저배출량은 5,000 m^3/h 이상으로 하여야 한다.

$$배출량(Q) = 바닥면적(m^2) \times 1(m^3/m^2 \cdot min) \cdots\cdots (4.4)$$

문제

A 제연구역의 크기는 가로 10 m, 세로 6 m, B 제연구역의 크기는 가로 30 m, 세로 12 m이다. A, B 제연구역에 배연기를 설치할 경우 배연기의 배출량(m^3/h)은 얼마인가?

풀이 예상제연구역의 배출량 기준(거실 면적이 400 m^2 미만인 경우)

바닥면적 1 m^3 당 1 m^3/h 이상으로 하되 예상제연구역 전체에 대한 최저배출량은 5,000 m^3/h 이상으로 하여야 한다.

① A실 : 바닥면적 $10\ m \times 6\ m = 60\ m^2$ (400 m^2 미만)

배출량 : $60\ m^2 \times 1\ m^3/m \cdot min \times 60\ min/h = 3{,}600\ m^3/h$

최저배출량은 5,000 m^3/h이다.

② B 실 : 바닥면적 $30\ m \times 12\ m = 360\ m^2$ (400 m^2 미만)

배출량 : $360\ m^2 \times 1(m^3/m^2 \times 60\ min/h = 21{,}600\ m^3/h$

바닥면적이 380 m^2인 어느 실내에 제연설비를 하고자 할 때 최소 소요배출량은 시간당 몇 m^2인가?

풀이 배출량 $[m^3/min] = 바닥면적(m^2) \times 1(m^3/m^2 \cdot min)$이므로

$380\ m^2 \times 1(m^3/m^2 \cdot min = 380\ m^3/min = 380 \times 60 = 22{,}800\ m^3/h$

참고

- **소규모 거실의 조건**

㉮ 소규모 거실에서 400 m^2 미만으로 구획된 거실이란 방화구획을 말하는 것이 아니라 칸막이나 벽 등으로 구획된 예상제연구역을 말한다.

㉯ 거실과 통로사이에 벽체와 출입문 대신에 제연경계를 설치한 경우는 제연구획된 것으로 간주하여 소규모 거실 배출풍량을 구하는 조항을 적용할 수 있다.

㉰ 하나의 예상제연구역 즉, 단독제연방식인 경우에 적용하고 벽체 등의 칸막이 구획만 인정되는 것으로 제연경계로 구획하는 것(통로는 제외)은 인정하지 않는다.

㉱ 소규모 거실의 경우 배출량 적용은 칸막이 등으로 구획된 제한된 공간 내부의 연기를 배출한다는 개념이므로 제연경계로 구획할 경우는 기류가 다른 구역으로 유동하게 되므로 이를 적용할 수 없다. 그림 4.27에서 칸막이(실선) 또는 제연경계(점선)로 구획된 소규모 거실의 경우 ①번 및 ②번은 적용이 가능하나, ③번은 적용할 수 없다.

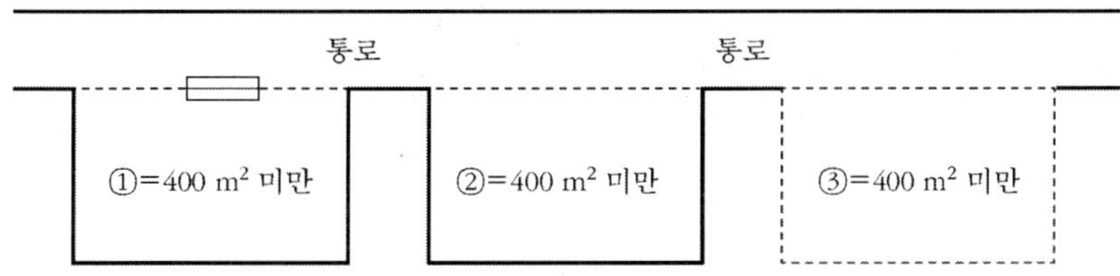

그림 4.27 단독제연방식의 소규모 거실의 적용

- **바닥면적 1 m^2 마다 1 m^3/min 이상 배출량 산정과정**

거실에서 발생한 연기는 재실자의 피난 및 소화활동을 위한 공간조성을 위해 곧바로 배출시켜야 하고 배출량과 동일한 양의 급기를 실시하여야 한다. 이때 연기층의 한계높이는 최소 2 m로 정하고 있다. 천장층 높이 즉, 연기층의 한계높이 Y(최소 2 m)가 유지되도록 하여야 하며, 이때 연기층의 한계높이 Y가 유지되기 위해서는 발생되는 연기의 양(Ms)만큼 배출구를 통해 연기가 배출(배출량 Mv)되어야 한다. 연기 배출량(Mv)은 연기하강시간(t)과 관계가 있고 연기하강시간은 연기 발생량(Ms)으로부터 구할 수 있다. 바닥면적 1 m^2당 1 m^3/min식의 유도는 Hinkley 식으로부터 유도할 수 있다.

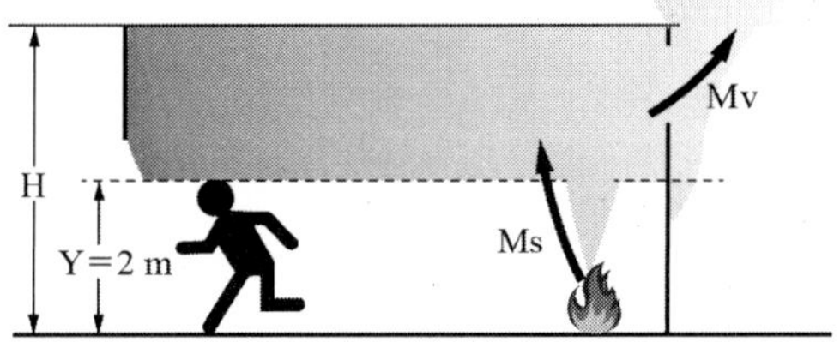

그림 4.28 연기층의 한계높이

- **바닥면적 1 m^2당 1 m^3/min 식의 유도**

㉮ Hinkley 식

$$m = 0.096 P \rho_o y^{3/2} g^{1/2} \left(\frac{T_0}{T} \right)^{1/2} \tag{4.5}$$

여기서, m : 연기발생량
P : 화재크기(Perimeter), 화염둘레길이
ρ_o : 대기온도에서 공기의 밀도(kg/m^3)
y : 바닥과 연기층 하단부 사이의 거리(m)
g : 중력가속도(9.81 m/s^2)
T_0 : 대기의 절대온도(K)
T : Plume에서 가스의 절대온도(K)

연기발생량을 계산하기 위하여 다음과 같이 가정한다.

T_0 =290K(17℃), T=1100K(827℃), g : 9.81 m/s^{2}이라면, 이 값을 이상상태방정식에 대입하면 대기상의 공기의 밀도 ρ_o는 다음과 같다.

$$PV=\frac{W}{M}RT$$

$$\frac{W}{V}=\frac{PM}{RT}$$

$$\rho_0=\frac{PM}{RT}=\frac{1\ \text{atm}\times 29\ \text{kg/Kmol}}{0.082\ \text{atm m}^3/\text{Kmol K}\times 290\text{K}}=1.22\ \text{kg/m}^3$$

이 밀도 값을 Hinkley 식에 대입하면

$$m=0.096P\rho_o y^{3/2}g^{1/2}\left(\frac{T_0}{T}\right)^{1/2}$$

$$=0.096\times P\times 1.22\ \text{kg/m}^3\times \text{y}^{3/2}\times\sqrt{9.81\ \text{m/s}^2}\times\sqrt{\frac{290\ \text{K}}{1100\ \text{K}}}$$

$$=0.1883\ \text{Py}^{3/2}\text{kg/m}^3\sqrt{\text{m/s}^2}$$

$$=0.188\ \text{Py}^{3/2}[\text{kg/s}] \qquad (4.6)$$

㉯ 매우 작은 화재의 연기발생량(kg/s)

화재강도는 0.5 MW이고, 값은 4×1 m = 4 m이므로 연기발생량은

$$m=0.1883\ \text{Py}^{3/2}[\text{kg/s}]$$

$$=0.188\times 4\times 2^{3/2}[\text{kg/s}]$$

$$=2.17[\text{kg/s}]\text{이다.}$$

연기밀도는 $\rho_s=\frac{PM}{RT}=\frac{1\ \text{atm}\times 29\ \text{kg/Kmol}}{0.082\ \text{atm m}^3/\text{Kmol K}\times 1100\ \text{K}}=0.32\ \text{kg/m}^3$

분당 연기발생량(m^3/min)은

$$\frac{2.17\ \text{kg}}{\text{s}}\times\frac{60\ s}{\text{min}}\div\frac{0.32\ \text{m}^3}{\text{kg}}=406\ \text{m}^3/\text{min}$$

따라서 바닥면적 400 m^{2}에서 406 m^3/min이므로 1 m^{2}당 1 m^3/min의 배출량이 된다.

• **경유거실 최저배출량의 의미**

예상제연구역 전체에 대한 최저배출량이란 제연구역 전체를 의미하는 것이 아니고, 각각의 실마다 최저 배출량이 5,000 m^3/hr 이상이 되어야 한다는 의미이다. 예상제연구역이 거실만 사용하는 경우와 예상제연구역이 거실과 경유거실로 사용된 경우의 배출량 적용은 그림 4.29과 그림 4.30을 참고한다.

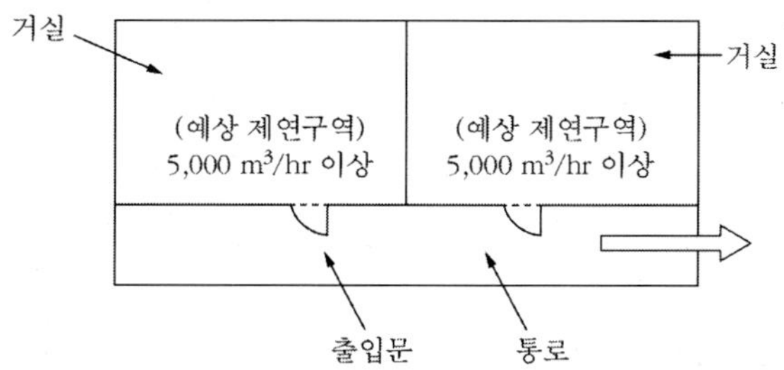

그림 4.29 예상제연구역이 거실로만 사용된 경우(최저 5,000 m^3/hr 이상)

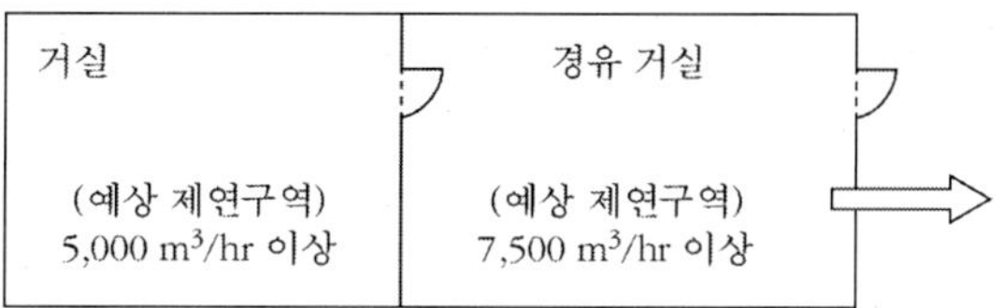

그림 4.30 예상제연구역이 거실과 경유거실로 사용된 경우(최저 5,000 m^3/hr × 1.5배 이상)

ⓑ 바닥면적이 50 m^2 미만인 예상제연구역을 통로배출방식으로 하는 경우

통로배출방식의 경우에는 각 거실이 50 m^2 미만으로 구획되고 출입문이 통로에 면해 있는 것을 전제로 적용하여야 한다. 통로배출방식의 배출량은 통로 보행중심선의 길이 및 수직거리에 따라 표 4.3에 정하는 기준량 이상으로 통로의 길이를 먼저 40 m 이하 또는 60 m 이하로 구분한 후 제연경계 수직높이에 따라 해당하는 배출량을 적용하도록 한다.

표 4.3 소규모 거실의 통로길이 및 수직거리에 따른 배출량

통로길이[m]	수직거리[m]	배출량[m^3/hr]	비 고
40 이하	2 이하 2 초과 2.5 이하 2.5 초과 3 이하 3 초과	25,000 이상 30,000 이상 35,000 이상 45,000 이상	벽으로 구획된 경우를 포함
40 초과 60 이하	2 이하 2 초과 2.5 이하 2.5 초과 3 이하 3 초과	30,000 이상 35,000 이상 40,000 이상 50,000 이상	벽으로 구획된 경우를 포함

단, 배출량 적용시 제연경계가 있는 경우는 제연경계의 하단에서 바닥까지의 수직높이를 적용하나 제연경계가 없이 칸막이로 구획된 거실로만 구성되어 있는 경우는 칸막이가 바닥까지 고정되어 설치되어 있으므로 제연경계의 높이는 0으로 간주하고 배출량 항목은 '수직거리 2 m 이하'를 적용하도록 한다.

문제

다음은 바닥면적이 50 m^2 미만인 예상제연구역을 통로배출방식으로 하는 경우 배출량 기준표이다. ( )에 알맞은 배출량을 쓰시오.

통로길이[m]	수직거리[m]	배출량[m^3/hr]	비고
40 이하	2 이하 2 초과 2.5 이하 2.5 초과 3 이하 3 초과	(①) (②) (③) (④)	벽으로 구획된 경우를 포함
40 초과 60 이하	2 이하 2 초과 2.5 이하 2.5 초과 3 이하 3 초과	(⑤) (⑥) (⑦) (⑧)	벽으로 구획된 경우를 포함

정답 ① 25,000 이상 ② 30,000 이상 ③ 35,000 이상 ④ 45,000 이상
⑤ 30,000 이상 ⑥ 35,000 이상 ⑦ 40,000 이상 ⑧ 50,000 이상

② 바닥면적 400 m^2 이상(대규모 거실)의 배출량

ⓐ 예상제연구역이 직경 40 m인 원의 범위 안에 있을 경우에는 배출량이 40,000 m^3/hr 이상으로 할 것. 다만, 예상제연구역이 제연경계로 구획된 경우는 그 수직거리에 따라 배출량은 다음 표 4.4에 따른다.

표 4.4 수직거리에 따른 배출량

수직거리[m]	배출량[m^3/hr]
2 이하	40,000 이상
2 초과 2.5 이하	45,000 이상
2.5 초과 3 이하	50,000 이상
3 초과	60,000 이상

ⓑ 예상제연구역이 직경 40 m인 원의 범위를 초과할 경우는 배출량이 45,000 m^3/hr 이상으로 할 것. 다만, 예상제연구역이 제연경계로 구획된 경우는 그 수직거리에 따라 배출량은 다음 표 4.5에 따른다.

표 4.5 수직거리에 따른 배출량

수직거리[m]	배출량[m^3/hr]
2 이하	45,000 이상
2 초과 2.5 이하	50,000 이상
2.5 초과 3 이하	55,000 이상
3 초과	65,000 이상

문제

어떤 예상제연구역의 바닥면적이 50 m × 12 m인 경우 수직거리가 2 m 이하일 때 배출기의 배출량(m^3/h)은 얼마 이상으로 해야 하는가?

풀이 바닥면적=50 × 12=600 m^2, 바닥면적이 400 m^2를 초과한다.

① 예상제연구역 지름 40 m 범위 내 → 배출량 40,000 m^3/hr

② 예상제연구역 지름 40 m 범위 초과 시 → 배출량 45,000 m^3/hr

제연설비가 설치된 거실 바닥면적이 400 m^2 이상이고 수직거리가 2 m 이하일 때 예상제연구역이 직경 40 m인 원의 범위를 초과한다면 예상제연구역의 배출량(m^3/hr)은 얼마 이상이어야 하는가?

① 25,000 ② 30,000 ③ 40,000 ④ 45,000

정답 ④

참고

① 수직거리 2 m 이하일 때 예상제연구역의 직경이 40 m 범위 안에 있을 때보다 직경 40 m인 원의 범위를 초과할 경우 배출량의 변화 : 40,000 m^3/hr 이상 → 45,000 m^3/hr 이상

- 이유 : 피난안전성

㉮ 재실자의 안전한 피난을 위해서 피난차수가 높아질수록 보다 안전이 보장되어야 한다.

㉯ 피난차수는 거실 → 통로 → 계단 순으로 높아지며 피난안전성은 거실보다 통로가 더 안전하게 보장될 수 있어야 한다.

② 대규모 거실의 조건

㉮ 칸막이 구획은 물론 제연경계로 구획된 경우도 적용이 가능하다. 이 경우 칸막이 등과 같이 벽으로 완전히 막혀있는 경우는 바닥까지의 수직높이가 0이므로 수직거리는 2 m 이하를 적용해야 한다.

㉯ 제연구역이 대규모 거실이나 통로배출방식의 경우는 제연경계의 높이(수직거리)를 기준으로 배출량을 결정한다. 대규모 거실의 경우는 규모가 큰 관계로 피난에 시간이 상당히 소요되므로 거실 내부에 반드시 청정층을 형성하여야 하므로 제연경계 높이별로 배출량을 결정한 것이다.

ⓒ 예상제연구역이 통로인 경우의 배출량은 45,000 m^3/hr 이상으로 할 것. 다만, 예상제연구역이 제연경계로 구획된 경우는 그 수직거리에 따라 배출량은 표 4.6에 따른다.

ⓓ 배출은 각 예상제연구획별로 ⓐ~ⓒ의 배출량 이상을 배출하되 2개 이상의 예상제연구역이 설치된 소방대상물에서 배출을 각 예상지역별로 구분하지 않고 공동예상제연구획을 동시에 배출하고자 할 때의 배출량은 다음의 기준에 따른다. 다만, 거실과 통로는 공동예상제연구역으로 할 수 없다.

㉮ 공동예상제연구역 안에 설치된 예상제연구역이 각각 벽으로 구획된 경우 (제연구역의 구획 중 출입구만을 제연경계로 구획한 경우를 포함)에는 각 예상제연구역의 배출량을 합한 것 이상으로 할 것. 다만, 예상제연구역의 바닥면적이 400 m^2 미만인 경우 배출량은 바닥 면적 1 m^2에 분당 1 m^3 이상으로 하고 공동예상구역 전체배출량은 시간당 5,000 m^3 이상으로 할 것

㉯ 공동예상제연구역 안에 설치된 예상제연구역이 각각 제연경계로 구획된 경우(제연구역의 구획 중 일부가 제연경계로 구획된 경우를 포함하나 출입구만을 제연경계로 구획한 경우를 제외한다)에 배출량은 각 예상제연구역의 방출량 중 최대의 것으로 할 것. 이 경우 공동예상제연구역이 거실일 때는 그 바닥면적이 1,000 m^2 이하이며, 직경 40 m 원 안에 들어가야 하고, 공동제연예상구역이 통로일 때는 보행중심선의 길이를 40 m 이하로 하여야 한다.

표 4.6 수직거리에 따른 배출량

<table>
<tr><th>예상제연구역</th><th colspan="2">배출량</th></tr>
<tr><td>제연경계로 구획되지 않은 경우</td><td colspan="2">45,000 CMH 이상</td></tr>
<tr><td rowspan="6">제연경계로 구획된 경우</td><td colspan="2">제연경계 수직거리에 따라 "대규모 거실의 직경 40m의 원을 초과하는 기준"을 적용한다.</td></tr>
<tr><td>수직거리[m]</td><td>배출량[m³/hr]</td></tr>
<tr><td>2이하</td><td>45,000 이상</td></tr>
<tr><td>2 초과 2.5 이하</td><td>50,000 이상</td></tr>
<tr><td>2.5 초과 3 이하</td><td>55,000 이상</td></tr>
<tr><td>3 초과</td><td>65,000 이상</td></tr>
</table>

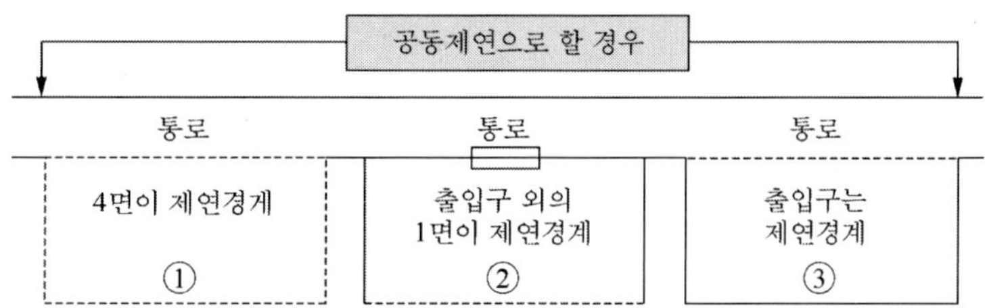

① 및 ② 적용 가능, ③ 출입구만을 제연경계로 구획한 경우 적용 불가능

그림 4.31 제연경계로 구획된 공동제연구역의 제연경계 적용

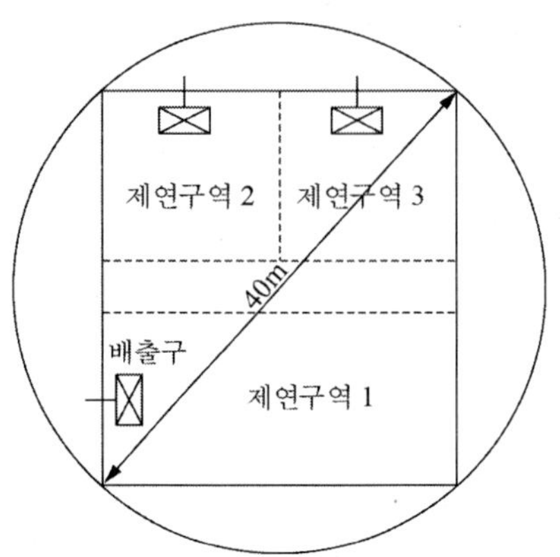

그림 4.32 제연구역이 제연경계로 구획된 경우-거실

㉰ 수직거리가 구획 부분에 따라 다른 경우는 수직거리가 긴 것을 기준으로 한다.

※ 수직거리에 의해 배출량을 산정할 때, 각 제연구역의 수직거리(Y)가 다른 경우에는 제연구역 중 수직거리가 가장 긴 것을 기준으로 배출량을 산정한다. 예를 들어, 그림과 같이 수직거리가 서로 다른 경우 가장 긴 Y_2를 기준으로 배출량으로 산정하여 배출기를 선정하도록 한다

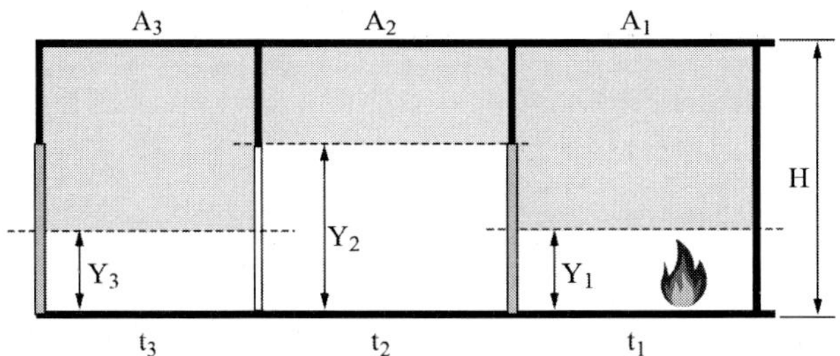

그림 4.33 제연구역의 수직거리(Y)가 서로 다른 경우

참고

1. 예상제연구역 수에 따른 배출방식

① 단독제연방식

하나의 예상제연구역만 단독으로 제연하는 방식으로 화재 시 화재가 발생한 제연구역(거실이나 통로)에서만 제연이 이루어지는 방식이다

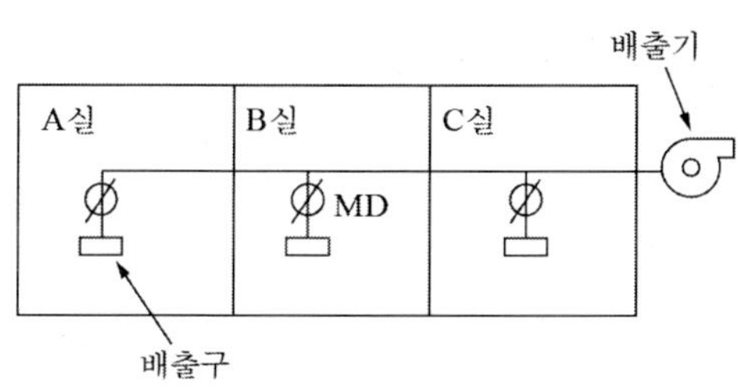

그림 4.34 단독제연방식

② 공동제연방식

2개 이상의 예상제연구역을 동시에 제연하는 방식으로 화재 시 화재가 발생하지 않은 구역도 공동제연구역인 경우 모두 동시에 제연을 하는 방식이다.

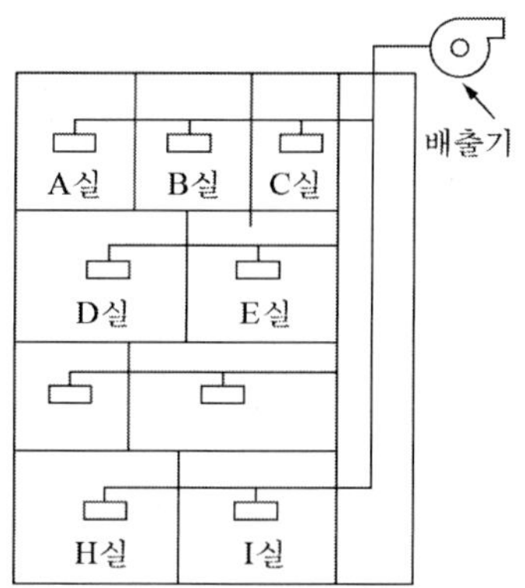

그림 4.35 공동제연방식

2. 공동예상제연구역

① 개념

- 제연구역의 면적 1,000 m^2 내, 제연구역의 직경 40 m 이내는 하나의 제연구역에 대한 기준이며 공동제연의 경우는 2개 이상의 예상제연구역을 동시에 제연하는 것
- 거실과 통로부분의 경우는 거실과 통로는 상호 제연을 하도록 규정한 바와 같이 거실과 통로는 묶어서 공동예상제연구역으로 할 수 없으며, 거실 부분과 통로 부분은 각각 별도의 구역으로 설정하여야 한다.

② 공동예상제연구역 특징

- 예상제연구역과 제연댐퍼 수량을 대폭 줄일 수 있고 벽으로 구획된 경우 배출량이 증가 한다.
- 예상제연구역 설정과 화재시 동작 순서가 매우 단순해진다.
- 제연경계로 구획된 경우 배출량은 감소한다.
- 단독제연 시 화재가 발생한 제연구역에서만 배기가 되나 공동제연은 화재가 발생하지 않은 장소인 경우에도 같은 공동제연구역인 경우 동시에 배기가 이루어진다.

그림 4.36에서는 공동예상제연구역의 배출량을 나타내었다.

1. 제연구획이 벽으로 된 거실

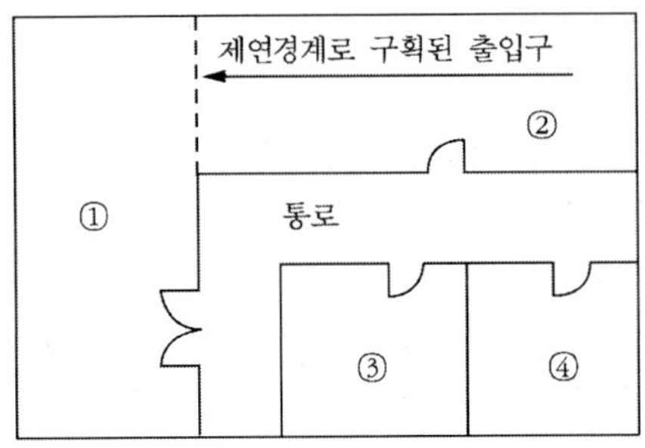

① ② ③ ④를 동시에 배출하고자 할 때 각 거실의 배출량을 합한 것으로 한다.

2. 제연구획이 제연경계로 구획된 거실

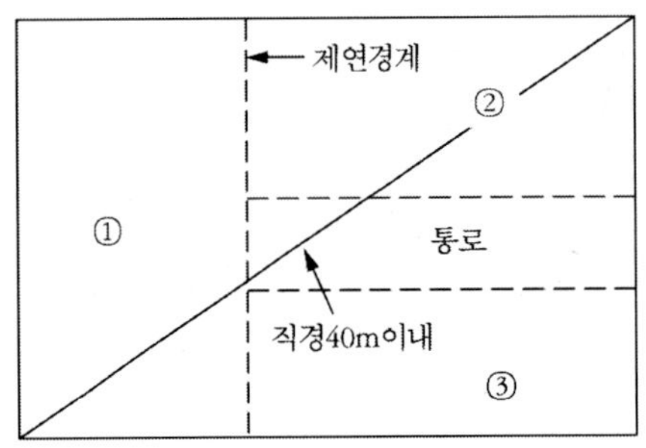

① ② ③을 동시 배출하고자 할 때의 총배출량은 각 거실의 배출량 중 최대의 것으로 한다. 1점쇄선의 길이는 직경 40m의 원내에 들어가야 한다.

3. 제연구획이 벽과 배연경계로 구획된 경우

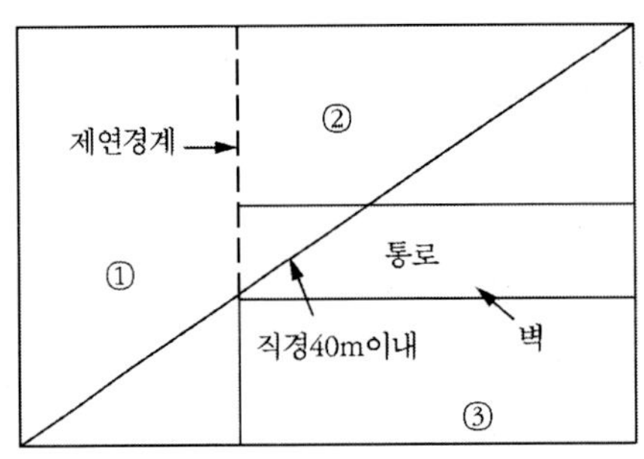

제연경계로 구획된 부분 (①과 ②)의 배출량 중 최대의 것과 벽으로 구획된 부분 (③)의 각 배출량을 합한 것으로 한다.

그림 4.36 공동예상제연구획의 배출량의 예시

문제

제연구역의 소요배출량을 측정한 결과 A실은 6,000 CMH, B실은 7,000 CMH, C실은 5,000 CMH, D실은 13,000 CMH, E실은 15,000 CMH로 측정되었다. A실, B실, C실은 공동제연방식으로, D, E실은 독립제연방식으로 설치할 경우 배출팬의 소요풍량은 얼마인가?

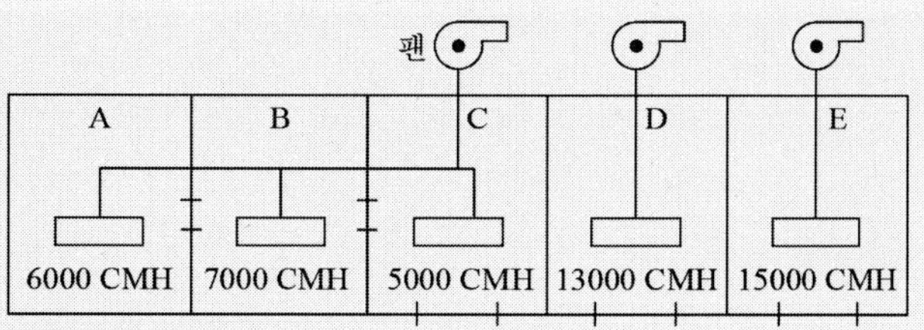

정답 ① A, B, C실 : 18,000 CMH
② D실 : 13,000 CMH
③ E실 : 15,000 CMH

풀이 공동제연구역 안에 설치된 예상제연구역이 각각 제연경계로 구획된 경우 (제연구역 구획 중 출입구만을 제연경계로 구획된 경우 포함)에는 각 예상제연구역의 배출량을 합한 것 이상으로 한다.

※ CMH =m³/min, CMM = m³/min, CNMS = m³/min

아래의 도면은 제연설비의 예상제연구역를 나타낸 것이다. 각 물음에 대하여 답하시오.(단, 배출기의 효율은 60%이고 전압은 35 mmAq이다.)

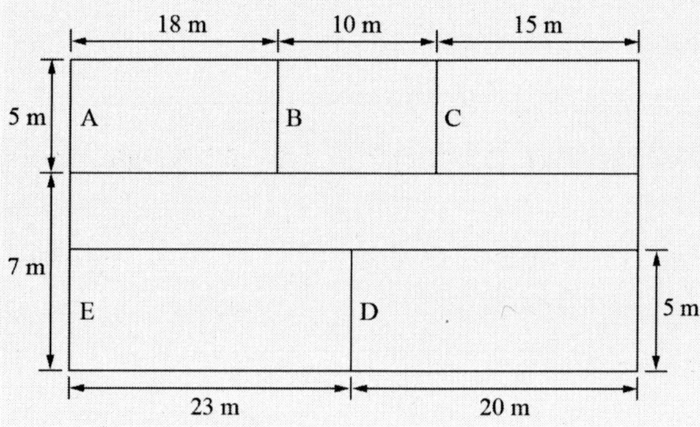

① 각 실의 배출량(m^3/min)은 얼마인가?
② 각 실의 배출구를 그리고 필요한 위치에 댐퍼(⊗)를 넣으시오.
③ 배출기의 전동기 용량은 얼마인가?

정답 ① A실 : 90 m^3/min, B실 : 50 m^3/min, C실 : 75 m^3/min,
D실 : 100 m^3/min, E실 : 115 m^3/min

② 댐퍼위치

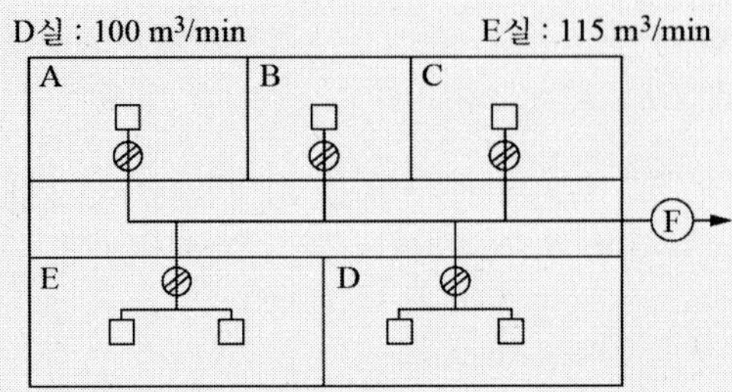

③ 1.1 kW

풀이 ① 바닥의 면적이 400 m^2 미만으로 보행중심선이 40 m 원을 초과하지 않으므로 법정 제연량은 5,000 m^3/hr 이상이어야 한다.

그러므로 최소 제연량은 5,000 $m^3/hr/60\ min/hr = 83.33 m^3/min$ 이상이다.

A실 : $5\ m \times 18\ m \times 1\ m^3/min \cdot m^2 = 80\ m^3/min$

B실 : $5\ m \times 10\ m \times 1\ m^3/min \cdot m^2 = 50\ m^3/min$

C실 : $5\ m \times 15\ m \times 1\ m^3/min \cdot m^2 = 75\ m^3/min$

D실 : $5\ m \times 20\ m \times 1\ m^3/min \cdot m^2 = 100\ m^3/min$

E실 : $5\ m \times 23\ m \times 1\ m^3/min \cdot m^2 = 115\ m^3/min$

② 배출구는 각 부분으로부터 10 m 이내이어야 하므로 1 미만이면 1개, 1 이상 2 미만이면 2개를 설치하여야 한다.

E실 : 23 m이므로 2개, D실 : 20 m이므로 2개, A, B, C는 1개이다.

③ 배출기 동력(P)은

$$P = \frac{Q \times P_T}{102 \times 60 E} K = \frac{115 \times 35}{102 \times 60 \times 0.6} = 1.1\ kW$$

다음 그림과 제연구역에 배연기를 설치할 경우 각 실의 배연기 배출량(m^3/hr) 은 얼마인가?(단, A_1, A_3, A_3는 출입문이다.)

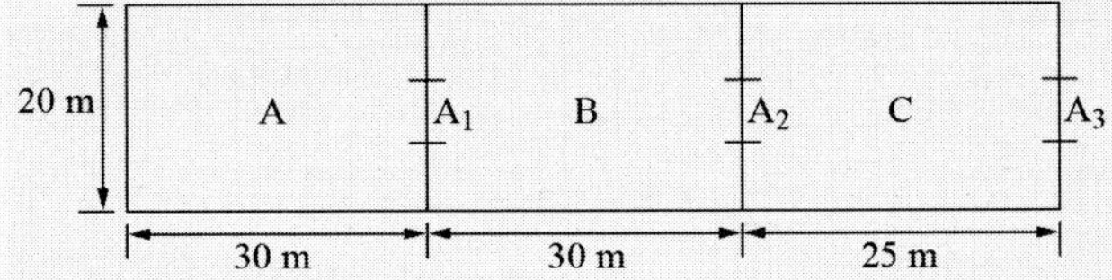

정답 ① A실 : 40,000 m^3/hr

② B실 : 40,000 m^3/hr

③ C실 : 40,000 m^3/hr

풀이 예상제연구역의 배출량 기준(거실 바닥면적이 400 m^2 이상인 경우)

㉮ 예상제연구역이 직경 40 m인 원의 범위 안에 있을 경우는 배출량이 40,000 m^3/hr 이상으로 한다.

㉯ B실, C실은 피난 외의 실로 볼 수 있으나 400 m^2 이상이므로 관계가 없다.

㉠ A실 : 30 m × 20 m × 1 m^3/min · m^2 = 600 m^3/min = 36,000 m^3/hr
결국 최저배출량은 40,000 m^3/hr 이상

㉡ B실 : 30 m × 20 m × 1 m^3/min · m^2 = 600 m^3/min = 36,000 m^3/hr
결국 최저배출량은 40,000 m^3/hr 이상

㉢ C실 : 30 m × 20 m × 1 m^3/min · m^2 = 500 m^3/min = 30,000 m^3/hr
결국 최저배출량은 40,000 m^3/hr 이상

다음 그림과 같이 제연설비를 하였을 때 물음에 답하시오.

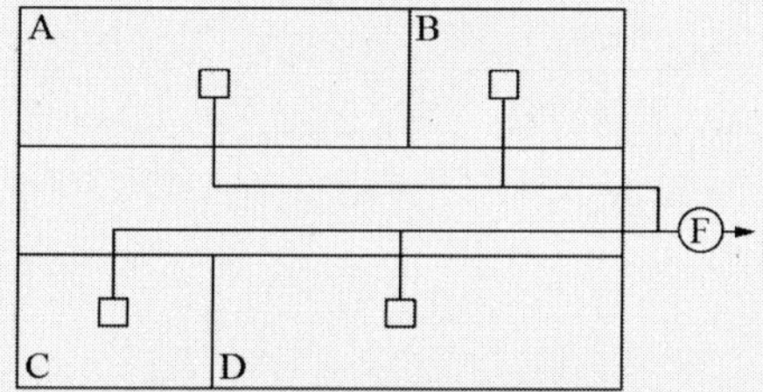

① 도면에서 꼭 설치해야 할 댐퍼의 위치를 ⓓ로 도시하시오.
② 도면에서 배출구는 각 부분으로부터 얼마 이내에 1개 이상 설치해야 하는가?
③ 도면에서 공기유입구는 최소 몇 개 이상 설치해야 하는가?
④ C실에 화재 발생 시 댐퍼조작방법을 쓰시오.

정답 ①

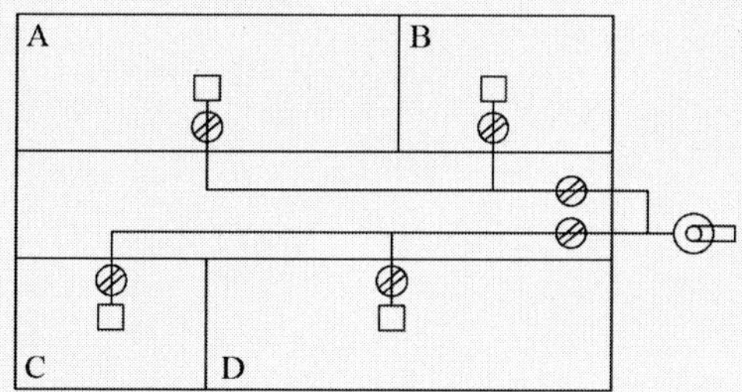

② 10 m 이내
③ 방호구역마다 필요하므로 4개 필요
④ C실과 C-D실 간에 연결된 주 덕트 댐퍼를 열고 D, A, B실과 A-B실 간에 연결된 주 덕트는 닫은 후 화재실인 C실의 연기를 배출시킨다.

어느 지하상가의 제연설비를 국가화재안전기준과 다음 조건에 적합하도록 설치하고자 한다. 조건을 참조하여 물음에 답하시오.

[조건]

- 배출기는 원심식 시로코 팬의 다익형이다.
- 각종 효율 및 풍도 내 마찰손실은 무시한다.
- 주덕트의 높이 제한은 600 mm(강판, 덕트, 플랜지, 보온두께 제외)이다.
- 예상제연구역의 설계 배출량은 45,000 m^3/hr이다.
- 배출기의 효율은 55%, 여유율은 10%이다.

① 배출기 흡입 쪽 주덕트의 최소폭(cm)은 얼마인가?
② 배출기 배출 쪽 주덕트의 최소폭(cm)은 얼마인가?
③ 준공 후 시험결과 그 값이 풍량 40,000 m^3/hr, 회전수 700 rpm, 축동력 8.5 kW, 전압 39 mmAq일 때 시험값을 기준으로 다음의 설계값을 계산하시오(단, 소수점 이하는 절상한다).
㉮ 배출기 회전수(rpm)
㉯ 배출기 전압(mmAq)
㉰ 배출기 동력(kW)

풀이 ① 흡입측 속도 : 15 m/hr, 연속방정식 $Q = AV$에서

$$A = \frac{Q}{V} = \frac{45,000}{15 \times 3,600} = 0.833\ \text{m}^2$$

$$L = \frac{0.833\ \text{m}^2}{0.6\ \text{m}} \times 10^2\ \text{cm} = 138.9\ \text{cm}$$

② 흡입 측 속도 : 20 m/s

$$A = \frac{Q}{V} = \frac{45,000}{20 \times 3,600} = 0.625\ \text{m}^2$$

$$L = \frac{0.625\ \text{m}^2}{0.6\ \text{m}} \times 10^2\ \text{cm} = 104.2\ \text{cm}$$

③ 상사법칙 이용

$$\frac{Q_1}{Q_2} = \left(\frac{D_1}{D_2}\right)^3 \left(\frac{N_1}{N_2}\right)$$

$$\frac{P_{t1}}{P_{t2}} = \left(\frac{D_1}{D_2}\right)^2 \left(\frac{N_1}{N_2}\right)^2$$

$$\frac{L_{s1}}{L_{s2}} = \left(\frac{D_1}{D_2}\right)^5 \left(\frac{N_1}{N_2}\right)^3$$

송풍기의 크기가 같고($D_1 = D_2$), 공기의 비중량이 일정하다면($\gamma_1 = \gamma_2$) 풍량과 풍압 및 동력은 $Q \propto N$, $P_t \propto N^2$, $L_{s1} \propto N^3$: 회전수 변화법

㉮ $\dfrac{Q_1}{Q_2}=\left(\dfrac{N_1}{N_2}\right)$

$$Q_2 = Q_1 \times \left(\frac{Q_2}{Q_1}\right) = 700 \times \left(\frac{45000}{40000}\right)^1 = 788\ \text{rpm}$$

㉯ $\dfrac{P_{t1}}{P_{t2}}=\left(\dfrac{N_1}{N_2}\right)^2$

$$P_{t2} = P_{t1}\left(\frac{P_{t2}}{P_{t1}}\right)^2 = 39 \times \left(\frac{788}{700}\right)^2 = 49.42\ \text{mmAq}$$

㉰ $\dfrac{L_{s1}}{L_{s2}}=\left(\dfrac{N_1}{N_2}\right)^3$

$$L_{s2} = L_{s1} \times \left(\frac{N_2}{N_1}\right)^3 = 8.5 \times \left(\frac{788}{700}\right)^3 = 12.13kW$$

다음의 도면과 조건을 이용하여 제연설비의 풍량과 덕트 면적을 구하시오.

> [조건]
> - 주배관의 풍속은 15 m/s
> - 가지배관의 풍속은 10 m/s
> - 공동제연의 경우 최초 덕트의 풍량은 가장 높은 풍량의 2배로 한다.

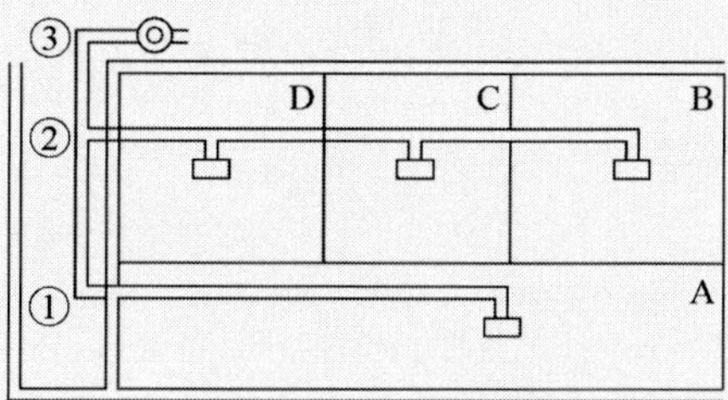

구역	풍량[m³/min]	덕트면적[cm²]	구역	풍량[m³/min]	덕트면적[m²]
①~A			C~D	150	
①~②	250		D~②		5,362
B~C		1,734	②~③	500	

정답

구역	풍량[m^3/min]	덕트면적[cm^2]	구역	풍량[m^3/min]	덕트면적[cm^2]
①~A	250	4.167	C~D	150	2,500
①~②	250	2,777	D~②	321.72	5,362
B~C	104.04	1,734	②~③	500	5,536

풀이 연속방정식 $Q = AV$에서

① ①~A구역

- 가지 덕트이므로 풍속은 10 m/s이다.
- ①~② 구간의 풍량이 250 m^3/min이므로 ①~A구간의 풍량도 250 m^3/min이다.

덕트면적은 $A = \frac{Q}{V} = \frac{250\ m^3/min \times 1min/60\ s}{10\ m/s} \times 10^4\ cm^2/m^2 \fallingdotseq 4,167\ cm^2$

② ①~② 구역

- 주 덕트이므로 풍속은 15 m/s이다.
- 풍량은 250 m^3/min이므로 덕트 면적은

$$A = \frac{Q}{V} = \frac{250\ m^3/min \times 1min/60s}{15\ m/s} \times 10^4\ cm^2/m^2 \fallingdotseq 2,777cm^2$$

③ B~C 구간

- 경유거실 분기 덕트이므로 풍속은 10 m/s이다.
- 덕트 면적이 1,734 cm^2 → 1,734 × 10^{-4} m^2 = 0.1734 m^2
- 풍량은 $Q = AV$= 0.1734 m^2 × 10 m/s × 60 s/min = 104.04 m^3}/min

④ C~D 구간

- 경유거실 분기 덕트이므로 풍속은 10 m/s이다.
- 풍량은 150 m^3/min이므로 덕트 면적은

$$A = \frac{Q}{V} = \frac{150\ m^3/min \times 1\ min/60\ s}{10\ m/s} \times 10^4\ cm^2/m^2 \fallingdotseq 2,500\ cm^2$$

⑤ D~②구간

- 경유거실 분기 덕트이므로 풍속은 10 m/s이다.
- 덕트 면적이 5,362 cm^2 → 5,362 × 10^{-4} m^2 = 0.5362 m^2
- 풍량 Q = AV = 0.5362 m^2 × 10 m/s × s/min = 321.72 m^3/min

⑥ ②~③구간

- 주 덕트이므로 풍속은 15 m/s이다.
- 풍량은 500 m^3/min이므로 덕트 면적은

$$A = \frac{Q}{V} = \frac{500\ m^3/min \times 1\ min/60s}{15\ m/s} \times 10^4\ cm^2/m^2 \fallingdotseq 5,556\ cm^2$$

(4) 배출구

① 배출구 역할

배출구는 화재로 인해 발생한 연기를 제연하기 위해 천장 또는 벽 위에 설치하는 연기의 흡입구로써 일반적으로 항시 폐쇄되어 있는 상태에서 화재가 발생했을 경우는 수동이나 연기감지기의 연동 또는 원격조작에 의해 댐퍼가 개방됨과 동시에 배출기가 작동하여 연기가 제어되는 구조로 되어 있다.

배출기는 1대가 여러 개의 제연구획을 담당하고 있으므로 동시에 여러 제연구역의 배출구가 개방하고 있으면 유효한 제연이 불가능하다는 것이다. 이 때문에 항상 댐퍼를 폐쇄해 두고 화재가 발생한 부분의 댐퍼만을 개방하도록 되어 있다.

② 배출구 종류

배출구는 그 형상에 따라 점형 배출구와 선형 배출구(슬릿드형)으로 나누어진다. 점형 배출구는 일반적으로 둥근형 또는 사각형의 배출구이다. 선형 배출구는 복도 등의 폭 전체의 길이에 설치하는 대단히 좁고 긴 형상의 것이기 때문에 점형 배출구에 비해서 연기의 유동 저지라는 점에서 유효하다.

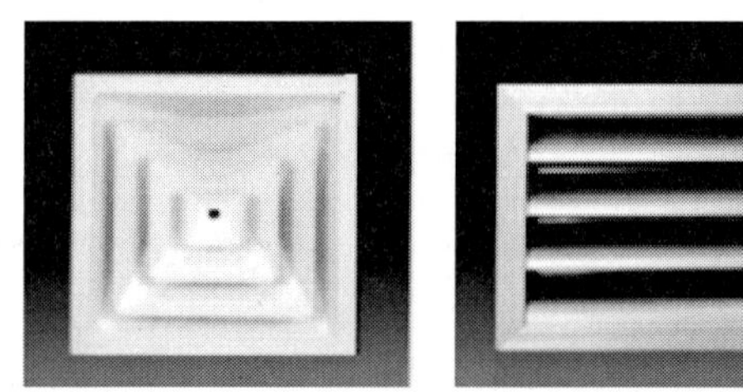
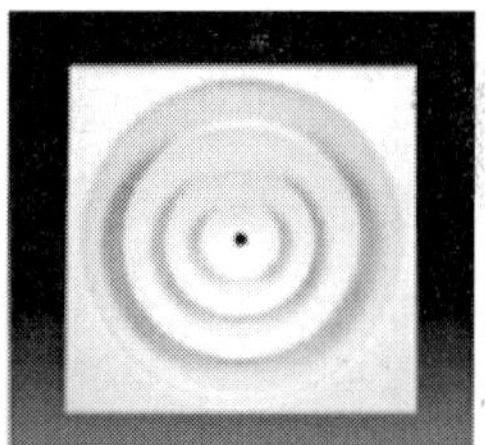

그림 4.37 배출구의 형태의 예

③ 배출구 설치의 구분

ⓐ 예상제연구역에 설치하는 배출구의 위치는 배출량의 적용하는 방식에 따라 설치 위치가 다르게 된다. 즉, 예상제연구역의 조건이 소규모 거실, 대규모 거실, 통로인 경우로 대별되며, 또한 소규모 및 대규모 거실의 경우는 구획하는 방법이 벽으로 구획된 경우와 제연경계로 구획된 경우로 구분하여 아래와 같이 적용하여야 한다.

※ 배출구 위치

㉮ 소규모 거실의 경우 (400 m^2 미만)

- 벽으로 구획
- 제연경계로 구획

㉯ 대규모거실의 경우(400 m^2 이상)

- 벽으로 구획
- 제연경계로 구획

㉰ 통로의 경우

ⓑ 유입구의 위치는 단독제연인 경우와 공동제연인 경우로 구분하여 적용하고 있으나 배출구의 경우는 이를 구분하지 아니한다. 이는 급기의 경우는 예상제연구역에 강제급기를 하거나 인접구역에서도 급기를 할 수 있으나, 이에 비해 배출은 화재가 발생하는 장소(거실이나 통로) 즉, 예상제연구역에서 언제나 직접 배출해야 한다. 따라서 배출의 경우는 인접구역에서 배출하는 것이 아니므로 단독제연이든 공동제연이든 화재발생 구역 자체를 대상으로 배출구 기준을 적용하기 때문이다.

④ 배출구 설치 시의 주의사항

ⓐ 배출구는 그 제연구획의 모든 부분으로부터 10 m 이내이어야 한다.

ⓑ 배출구는 천장·반자 또는 이에 가까운 벽의 부분(벽에 설치한 경우는 배출구의 하단과 바닥 간의 최단거리가 2 m 이상)에 있는 부분에 설치하여야 한다.

ⓒ 배출구는 될 수 있는 한 높은 위치에 설치하여야 한다.

ⓓ 외부로 유출방지를 위해서는 그 개구부의 상단에 수직벽 등의 바로 앞에 설치하면 유효하다.

ⓔ 배출구의 크기에 대한 구체적인 기준은 없지만 유효개구부에 있어서의 흡입 풍속을 15 m/s 이하가 되도록 결정하여야 하며 흡입 풍속을 빠르게 할 경우 공기를 흡입하는 비율이 높아진다.

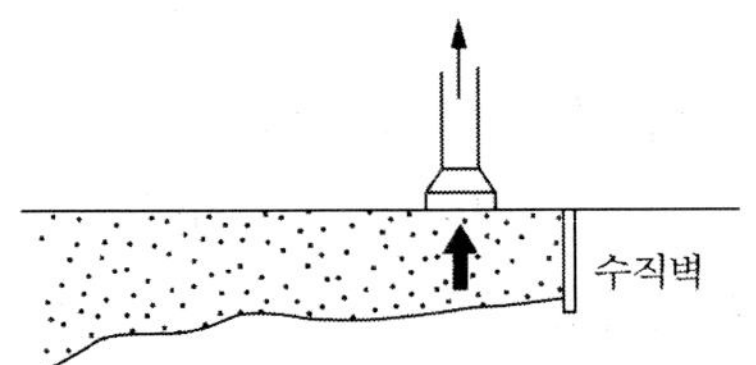

그림 4.38 방연 수직벽과 배출기의 위치

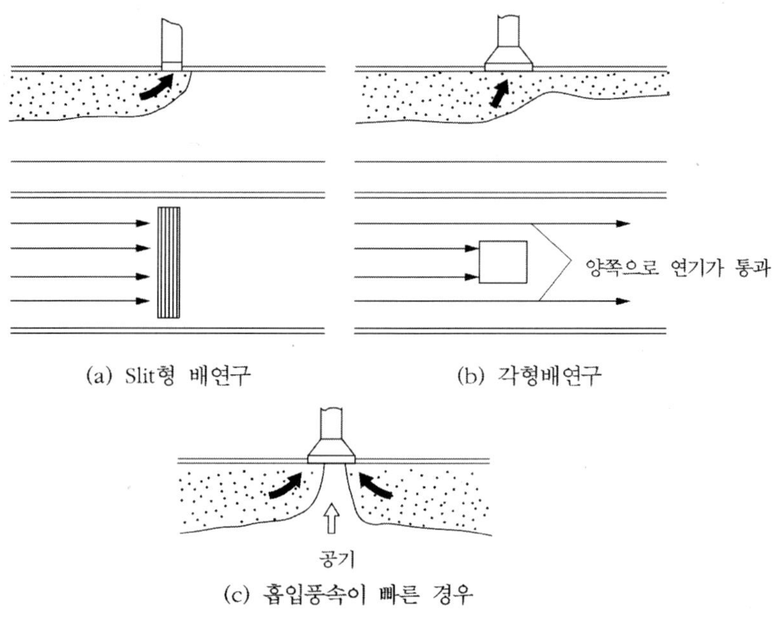

(a) Slit형 배연구
(b) 각형배연구
(c) 흡입풍속이 빠른 경우

그림 4.39 배연구의 흡입상태

⑤ 배출구 유지관리

ⓐ 소정 위치에 확실하게 고정되어야 한다.

ⓑ 배출구 주변에 작동을 방해하는 것이 없어야 한다.

ⓒ 변형, 파손 및 탈락 등이 없어야 한다.

ⓓ 구동부는 탈락, 비틀어짐이 없이 원활하게 작동하여야 한다.

ⓔ 수동조작함은 소정의 위치에 설치되어 취급 방법이 명시되어야 하며, 또 보기 쉬운 곳에 설치하여야 한다.

ⓕ 기동 레버가 원활하게 작동되어야 한다.

ⓖ 릴리즈 와이어는 연결부에 느슨함이 없고, 절손, 파손, 또는 활차 등으로부터 이탈되지 아니하여야 한다.

ⓗ 제어반 또는 연동기로부터의 신호 및 수동 조작함의 조작에 의해 확실하게 작동되어야 한다.

⑥ 배출구 부착 위치와 크기

배출구를 설치하는 경우 국가화재안전기준 제연설비(NFSC 501)의 제7조에 의하여 다음 기준에 따라 설치하여야 한다.

ⓐ 바닥면적이 400 m^2 미만인 예상제연구역(통로인 예상제연구역을 제외한다)에 대한 배출구의 설치는 다음 기준에 적합하게 설치한다.

㉮ 예상제연구역이 벽으로 구획되어 있는 경우의 배출구는 천장 또는 반자와 바닥 사이의 중간 윗부분에 설치해야 한다.

㉯ 예상제연구획 중 어느 한 부분이 제연경계로 구획되어 있는 경우는 천장·반자 또는 이에 가까운 벽의 부분에 설치하고 다만 배출구를 벽에 설치하는 경우에는 배출구의 하단이 해당 예상제연구역에서 제연경계의 폭이 가장 짧은 제연경계의 하단보다 높게 되도록 하여야 한다.

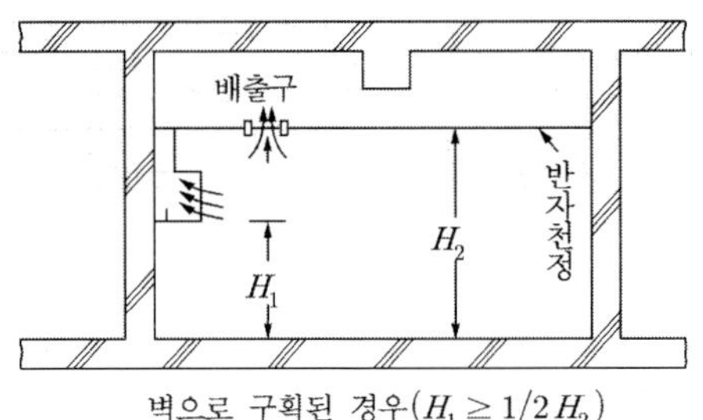

벽으로 구획된 경우($H_1 \geq 1/2\,H_2$)

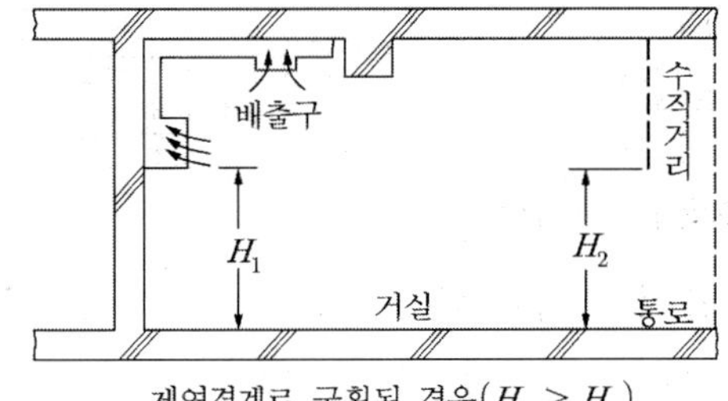

제연경계로 구획된 경우($H_1 \geq H_2$)

(a) 바닥면적이 400m^2미만인 경우 배출구위치

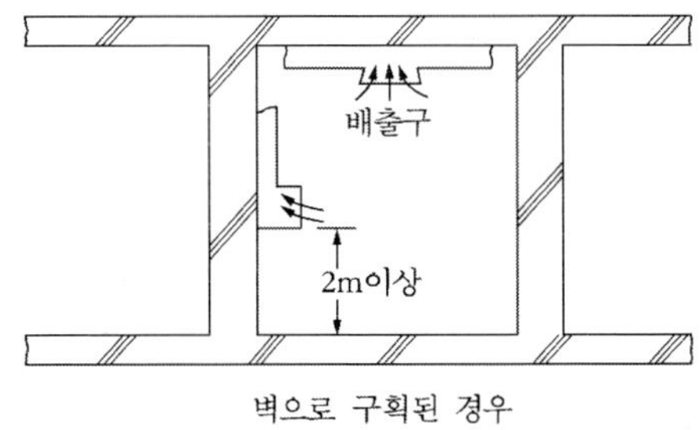

벽으로 구획된 경우

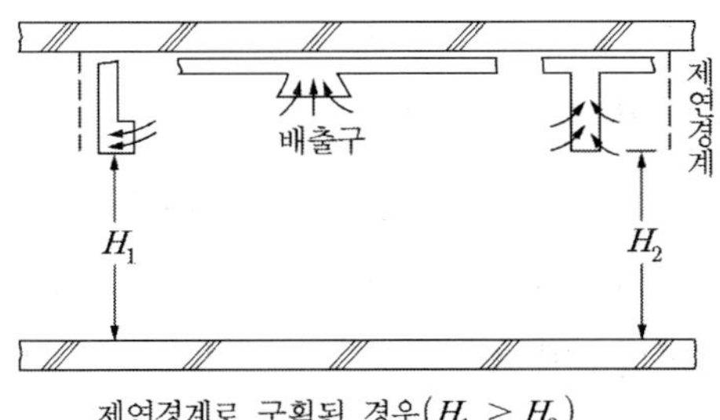

제연경계로 구획된 경우($H_1 \geq H_2$)

(b) 바닥면적이 400m^2이상인 경우 배출구위치

그림 4.40 배출구의 유효한 설치 위치

ⓑ 통로인 예상제연구역과 바닥면적이 400 m^2 이상인 통로 외의 예상제연구역에 대한 배출구의 위치는 다음 기준에 적합하게 설치한다.

㉮ 예상제연구역이 벽으로 구획되어 있는 경우의 천장·반자 또는 이에 가까운 벽의 부분에 설치하고, 다만 배출구를 벽에 설치한 경우는 배출구의 하단과 바닥 간의 최단거리가 2 m 이상이어야 한다.

㉯ 예상제연구역 중 어느 한 부분이 제연경계로 구획되어 있을 경우 천장·반자 또는 이에 가까운 벽의 부분(제연경계를 포함한다)에 설치하고 다만 배출구를 벽 또는 제연경계에 설치하는 경우에는 배출구의 하단이 해당 예상제연구획에서 제연경계의 폭이 가장 짧은 제연경계의 하단보다 높게 되도록 설치하여야 한다.

ⓒ 예상제연구역의 각 부분으로부터 하나의 배출구까지의 수평거리는 10 m 이내가 되도록 하여야 한다.

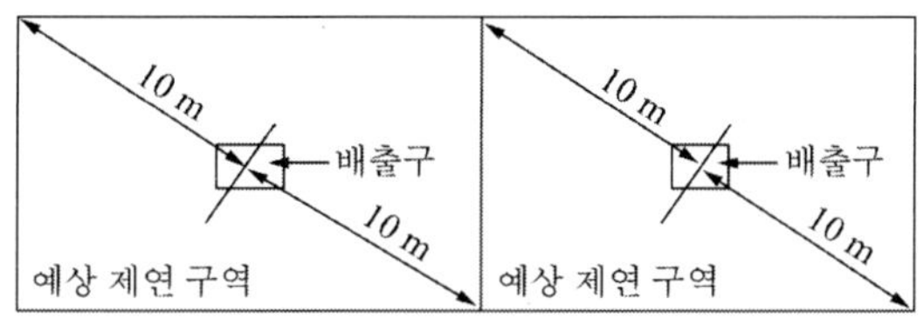

그림 4.41 배출구의 수평거리

참고

배출구까지 수평거리

1) 연기를 균일하게 배출하기 위하여 배출구의 거리 기준이 필요하다.
2) 균일한 연기배출을 하기 위해서는 배출기로부터 먼 곳의 배출구의 면적은 크게 하고, 배출기로부터 가까운 곳의 배출구의 개구율은 적게 하여야 한다.
3) 가스계소화설비의 노즐 구경 및 공기흡입형 광전식 감지기의 연기채취용 구멍의 구경을 정하는 것과 같은 개념이다.
4) 개구율을 조정하여야 하기 때문에 배출구 또는 직근 풍도에 개구율을 조정할 수 있는 장치를 설치하여야 한다.

문제

통로인 예상제연구역과 바닥면적이 400 m^2 이상인 통로 외의 예상제연구획의 각 부분으로부터 하나의 배출구까지의 수평거리는 얼마 이하이어야 하는가?

① 5 m ② 10 m ③ 15 m ④ 20 m

정답 ②

다음은 제연설비의 기술기준이다. 옳지 않은 것은?

① 배출기의 흡입측 풍도안의 풍속은 20 m/s 이하로 하고 배출측 풍속은 15 m/s 이하로 한다.
② 하나의 제연구획의 면적은 1,000 m^2 이내로 한다.
③ 예상제연구획에 대해서는 화재 시 연기배출과 동시에 공기유입이 될 수 있게 한다.
④ 예상제연구역의 각 부분으로부터 하나의 배출구까지의 수평거리는 10 m 이내가 되도록 한다.

정답 ①

풀이 배출기 풍도안 풍속
- 흡입 측 : 15 m/s 이하
- 배출 측 : 20 m/s 이하

제연설비의 화재안전기준에서 다음 각 물음에 답하시오.

① 하나의 제연구역의 면적은 몇 m^2 이내로 하여야 하는가?
② 예상제연구역의 각 부분으로부터 하나의 배출구까지의 수평거리는 몇 m 이내로 하여야 하는가?
③ 유입풍도안의 풍속은 몇 m/s 이하로 하여야 하는가?

정답 ① 1,000 m^2 이내
② 10 m 이내
③ 20 m/s 이하

(5) 공기유입방식 및 유입구(제연설비의 화재안전성능기준 제8조)

예상제연구역에 대한 공기 유입은 유입풍도를 경유한 강제유입 또는 자연유입방식으로 하거나 인접한 제연구획 또는 통로에 유입되는 공기(가압의 결과를 일으키는 경우를 포함)가 해당 구역으로 유입되는 방식으로 할 수 있다.

① 공기유입방식

공기를 유입하는 급기방식으로는 강제유입방식, 자연유입방식 및 인접구역 유입방식의 종류가 있다.

ⓐ 강제유입방식

㉮ 거실에서 배출하는 양 이상을 급기 송풍기에 의해 급기하는 방식

㉯ 영화관 등 방음을 필요로 하는 구획실이나 소규모 화재실에서 일반적으로 많이 사용됨

ⓑ 자연유입방식

㉮ 창문 등 개구부를 이용하여 해당 제연구역에 급기하는 방식

㉯ 화재안전기술기준에서 다루고 있으며 현실적으로 적용이 곤란하지만 배연창 구조를 이용한 설계에 가끔 적용되기도 함

ⓒ 인접구역 유입방식

㉮ 인접한 제연구역에서 거실에 배출하는 양 이상을 급기 송풍기에 의해 급기하는 방식

㉯ 일반적인 공기유입방식으로 인접구역 유입방식은 거실급배기방식, 거실배출·통로급기방식 2가지가 있다

• 거실급배기방식

판매시설 및 영업시설, 위락시설 등과 같이 내부에 복도가 없이 개방된 넓은 공간에 적용하는 방식이다. 예상제연구역 별로 제연경계를 설치한 후 화재구역에서 배출하고 인접구역에서 급기하여 제연경계 하단부에서 급기가 유입되는 방식이다.

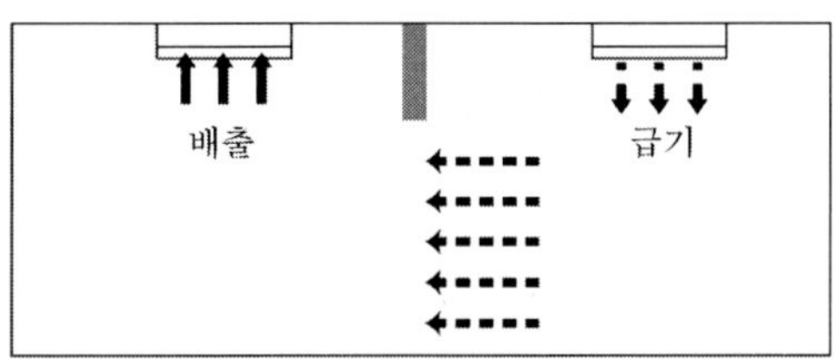

그림 4.42 거실급배기방식

• 거실배출·통로급기방식

지하상가와 같이 통로에 면하는 각 실이 구획되어 있는 경우는 거실급배기방식이 불가하므로 거실에서 배출을 하고, 급기는 통로에서 실시하는 방식이다. 거실은 화재실에서 연기를 직접 배출시키고, 급기는 통로 부분에서 실시하되 구획된 각 실의

복도 측 외벽에 급기가 유입되는 하부에 그릴을 설치하여 화재실로 급기가 유입되도록 한다.

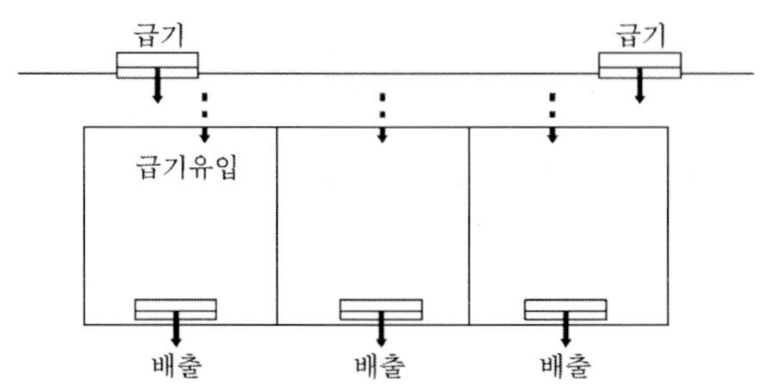

그림 4.43 거실배출·통로급기방식

㉰ 인접구역 유입방식을 적용 시 유의점

- 인접구역 유입방식을 적용할 경우, 다음 그림과 같이 거실 A와 거실 B가 칸막이로 구획되고 출입문이 복도 방향으로 면해 있을 경우, 거실 A로 급기하기 위해서는 거실 A에 급기풍도 및 유입구를 설치하여 강제급기를 하거나 거실 B에 강제급기를 하고 거실 A의 외벽 하부에 그릴을 설치하여 B에 강제급기 한 공기가 A로 유입되는 인접구역 유입방식으로 적용하여야 한다. 이 경우 통로에 유입된 공기가 B로 유입된 후 이 공기가 다시 A로 유입되는 방식은 인정되지 않는다.

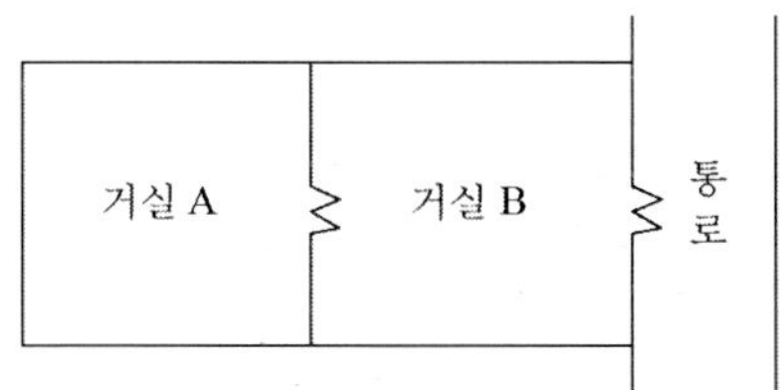

그림 4.44 인접구역 유입방식을 적용할 수 없는 경우

- 인접구역 유입이란 바로 인접한 직근(直近)의 제연구역에 급기한 유입공기가 해당 제연구역으로 유입되는 것을 말하며, 다른 제연구역을 경유하여 유입되는 방식은 인접구역 유입으로 적용할 수 없다.

② 예상제연구역에 설치되는 공기유입구(단독제연)

ⓐ 벽으로 구획된 바닥면적이 400 m^2 미만(소규모 거실) : 단독제연

㉮ 조건

예상제연구역(제연경계에 따른 구획을 제외. 다만, 거실과 통로와의 구획은 그러하지 아니하다)에 대해서는 공기유입구와 배출구간의 직선거리는 5 m 이상 또는 구획된 실의 장변의 2분의 1 이상으로 할 것. 다만, 공연장·집회장·위락시설의 용도로 사용되는 부분의 바닥면적이 200 m^2를 초과하는 경우의 공기유입구는 벽으로 구획된 400 m^2 이상(대규모 거실기준)에 따른다.

㉯ 유입구 위치

- 면적이 작아 실내에서 출구까지의 거리가 짧고 화재 시 대피가 용이한 경우, 피난 및 진압을 위한 피난로의 형성을 필요로 하지 않는다. 다만, 위험을 억제·지연시킬 정도의 환기는 필요하므로 유입구는 배출구와 동일한 레벨인 반자 또는 벽에 설치할 수 있다.
- 공기유입구와 배출구 간의 직선거리는 5 m 이상 또는 구획된 실의 장변의 2분의 1 이상으로 할 것.

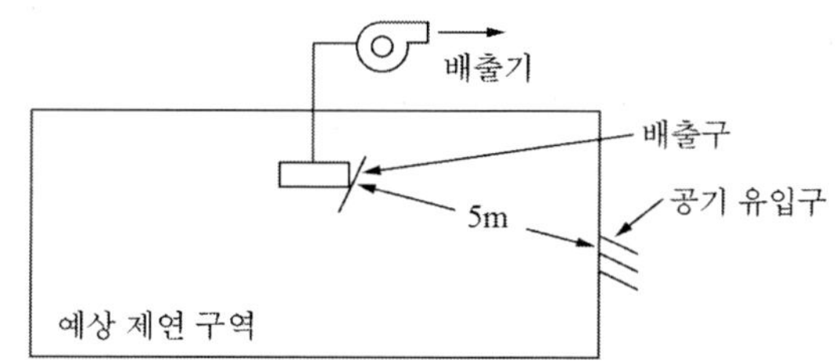

(바닥면적 400 m^2 미만의 거실로서 벽으로 구획된 경우)

그림 4.45 공기유입구와 배출구와의 거리(1)

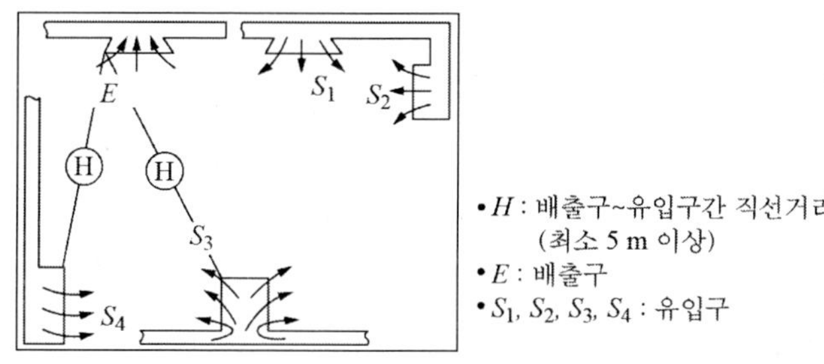

그림 4.46 공기유입구와 배출구와의 거리(2)

ⓑ 벽으로 구획된 400 m^2 이상(대규모 거실 : 단독제연)

㉮ 조건

동일실 급배기방식 중 바닥면적 400 m^2 이상으로 벽으로 구획된 단독제연방식을 뜻한다. 이 경우 제연구역은 칸막이 등의 벽으로 구획하여야 하며, 다만 통로와의 구획은 제연경계로 설치하여도 가능하다.

㉯ 유입구 위치

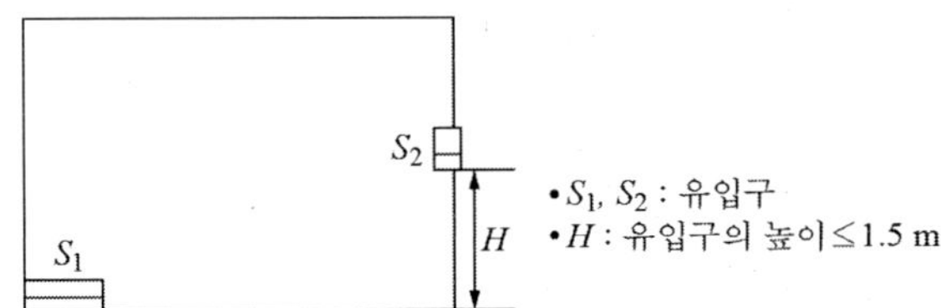

그림 4.47 유입구 위치(바닥에서 1.5 m 이하 위치에 설치)

- 대규모 거실이므로 화재 시 피난로를 형성해줘야 하고, 연기층과 청정층의 원활한 형성을 위해 급기구는 반자에 설치할 수 없으며 바닥으로부터 1.5 m 이하 위치에 설치하여야 한다.
- 바닥 주변에 가연물이 있을 경우는 유입구의 기류로 인하여 가연물이 화재실내에서 부유(浮游)할 수 있으므로 그 주변은 공기의 유입에 장애가 없도록 하여야 한다.

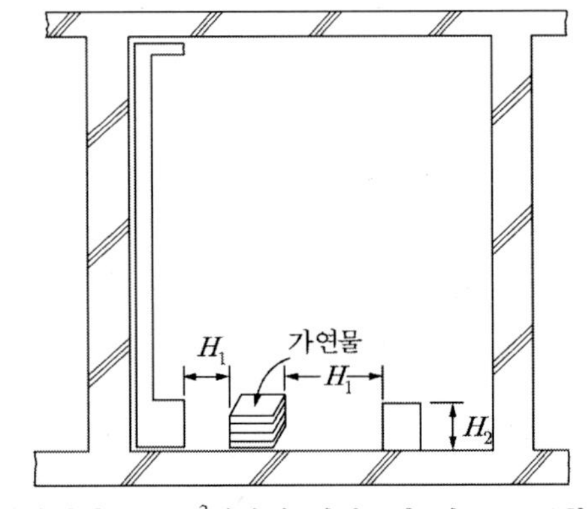

바닥면적 400 m^2이상인 거실로서 벽으로 구획된 경우

그림 4.48 설치되는 공기유입구의 설치 위치

문제

예상제연구역에 설치하는 공기유입구의 설치기준을 설명하시오.

정답 ① 예상제연구역이 바닥면적 400 m^2 미만의 거실인 경우는 바닥 이외의 장소에 설치하고 공기유입구와 배출구 간의 직선거리를 5 m 이상으로 한다.

② 예상제연구역이 바닥면적 400 m^2 이상의 거실인 경우에는 바닥으로부터 1.5 m 이하의 높이에 설치하고 그 주변은 공기의 유입에 장애가 없도록 하여야 한다.

제연설비의 화재안전기준 중 공기유입방식 및 유입구에 관한 설명 중 ( )를 채우시오.

풀이 ① 예상제연구역에 대한 공기유입은 유입풍도를 경유한 (①) 또는 (②)으로 하거나, 인접한 예상제연구역 또는 통로에 유입되는 공기가 해당구역으로 유입되는 방식으로 할 수 있다.

② 예상제연구역에 설치되는 공기유입구는 바닥면적 400 m^2 미만의 거실인 예상제연구역에 대하여서는 바닥 외에 장소에 설치하고, 공기유입구와 배출구 간의 직선거리는 (③) m 이상으로 할 것. 다만, 공연장·집회장·위락시설의 용도로 사용되는 부분의 바닥면적이 (④) m^2 초과하는 경우는 다음의 기준에 따른다.

③ 바닥면적 400 m^2 이상인 거실인 예상제연구역에 대하여서는 바닥으로부터 (⑤) m 이하의 높이에 설치하고 그 주변은 공기의 유입에 장애가 없도록 할 것.

정답 ① 강제유입 ② 자연유입방식 ③ 5 ④ 200 ⑤ 1.5

ⓒ 제연경계로 구획 및 통로가 예상제연구역인 경우(ⓐ 및 ⓑ호 이외의 예상제연구역의 공기유입구)

㉮ 조건

면적과 관계없이 제연경계로 구획된 경우나 또는 통로가 제연구역인 경우인 단독제연에 해당한다. 원칙적으로 통로는 주요구조부가 내화구조이고 내장재가 가연재가 아닐 경우는 통로는 제연구역으로 간주하지 않을 수 있다. 그러나 이러한 조건이 아닌 경우는 통로도 예상제연구역으로 적용하여야 한다.

㉯ 유입구의 위치

벽으로 구획된 경우에는 일차적으로 연기가 화재실 내에 체류하게 되며 화재실 밖으로 나오더라도 피난상 큰 문제가 없으나, 제연경계로 구획되거나 통로의 경우에는 연기가 해당층 전체로 확산하게 되므로 청정층을 형성해 주어야 하며, 다음과 같이 하부에서 급기해야 한다

• 유입구를 벽에 설치한 경우 유입구 하단위치 : 바닥에서 1.5 m 이하 위치에 설치하고 그 주변은 공기의 유입에 장애가 없도록 하여야 한다.

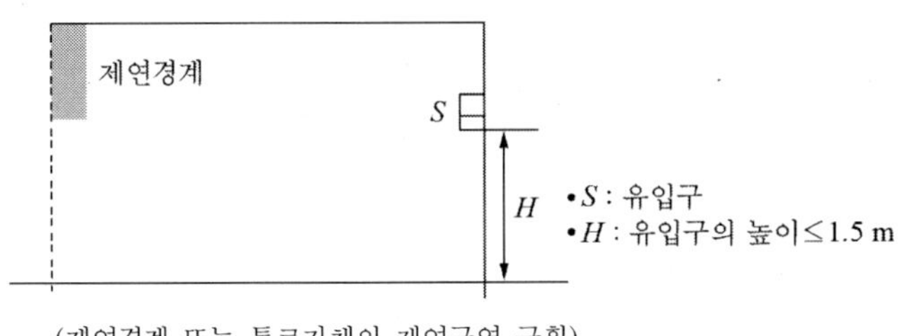

(제연경계 또는 통로자체의 제연구역 구획)

그림 4.49 급기구를 벽에 설치하는 경우의 유입구 위치

• 유입구를 벽 외의 장소에 설치할 경우는 유입구 상단이 천장 또는 반자와 바닥 사이의 중간 아랫부분보다 낮게 되도록 하고, 수직거리가 가장 짧은 제연경계 하단보다 낮게 되도록 설치하여야 한다.

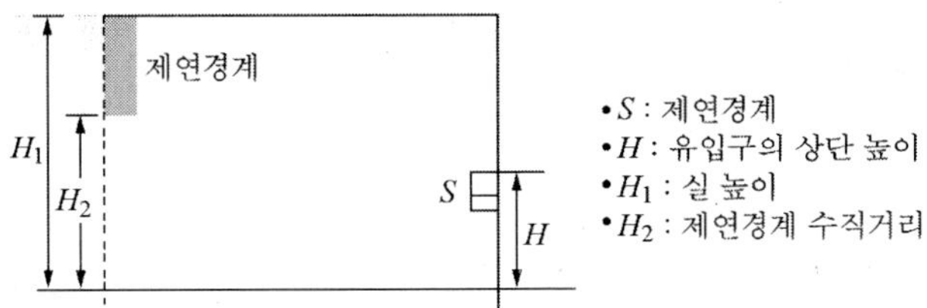

그림 4.50 급기구를 벽 이외에 설치한 경우의 유입구 위치

• 유입구 상단위치 :

- $H < \frac{1}{2}H_1$

- $H < H_2$

③ 공동예상제연구역에 설치되는 공기유입구

ⓐ 공동예상제연구역 안에 설치된 각 예상제연구역이 벽으로 구획되어 있을 때에는 각 예상제연구역의 바닥면적에 따라 ②의 소규모 거실(ⓐ)과 대규모 거실(ⓑ)에 따라 설치하여야 한다.

ⓑ 공동예상제연구역 안에 설치된 각 예상제연구역의 일부 또는 전부가 제연경계로 구획되어 있을 때에는 공동예상제연구역 안의 1개 이상의 장소에 다음 기준에 따라 설치하여야 한다.

㉮ 유입구를 벽에 설치할 경우는 바닥에서 1.5 m 이하의 위치에 설치하고 그 주변은 공기의 유입에 장애가 없도록 하여야 한다.

㉯ 유입구를 벽 외의 장소에 설치할 경우는 유입구 상단이 천장 또는 반자와 바닥 사이의 중간 아랫부분보다 낮게 되도록 하고, 수직거리가 가장 짧은 제연경계 하단보다 낮게 되도록 설치할 것

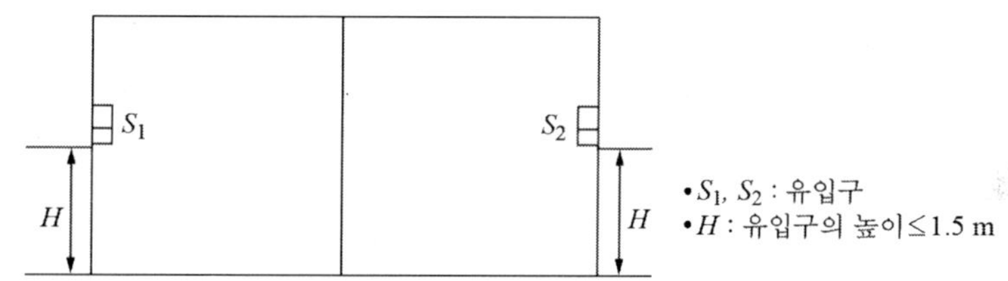

그림 4.51 벽으로 구획된 공동제연의 경우 유입구 위치

④ 인접한 제연구역 또는 통로에 유입되는 공기를 해당 예상제연구역에 공기유입을 하는 경우

ⓐ 제연구역의 조건

공기유입구가 제연경계 하단보다 높은 경우에는 그 인접한 제연구역 또는 통로의 화재 시 각 유입구 및 해당 구역 내에 설치된 유입풍도의 댐퍼는 자동폐쇄되도록 해야 한다.

ⓑ 유입구의 위치

표 4.7 인접한 제연구역 또는 통로의 제연구역의 조건

조건	유입구 위치
① 공기 유입이 인접한 제연구역에서 유입되는 경우 ② 공기 유입이 통로에서 유입되는 경우	① 유입구 위치의 높이 기준은 없음 ② 다만, 인접한 제연구역 또는 통로의 유입구가 제연경계 하단보다 높은 경우 인접한 구역이나 통로 화재 시 그 유입구는 • 각 유입구는 자동폐쇄될 것 • 해당 구역 내에 설치된 유입풍도가 해당 제연구획부분을 지나는 곳에 설치된 댐퍼는 자동폐쇄될 것

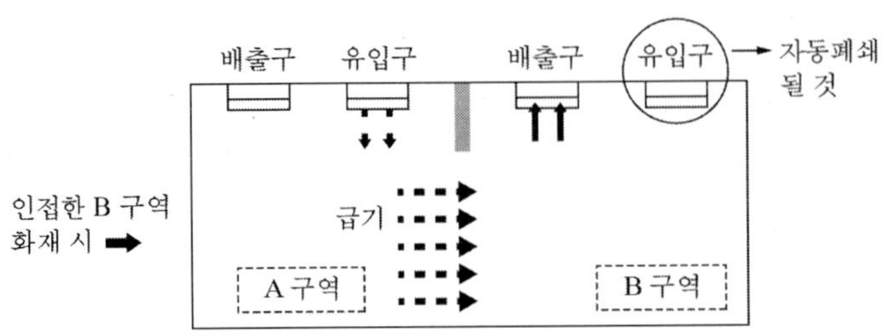

그림 4.52 인접구역 유입방식의 경우(예)

⑤ 예상제연구역의 유입구의 순간풍속 및 급기의 방향

ⓐ 유입구 풍속

㉮ 거실제연은 화재실에서 연기를 배출하고 인접구역에서 신선한 공기를 급기하여 이 공기가 화재실로 유입되도록 하는 시스템이 가장 일반적인 방식이다. 이때 예상제연구역으로 급기되는 순간풍속이 고속일 경우 화재실의 화세(火勢)를 촉진시킬 염려가 있다.

㉯ 따라서 예상제연구역에 급기를 할 경우는 화세에 영향을 주지 않고 연기를 배출시킨 공간에 외부의 신선한 공기를 충전하는 역할만을 수행하도록 해야 한다. 이와 같은 역할은 급기가 체류하는 제연경계 아래쪽 공간을 이용하여 피난 및 소화활동 공간으로 사용하는 것이므로 유입공기는 5 m/s 저속으로 급기하도록 한다. 일반적으로 제연구역에 유입되는 순간의 풍속은 급기구 말단에서 토출되는 급기풍속으로 한다.

㉰ 유입구 단면적 계산

급기구의 최소 풍속 5 m/s를 이용하여 급기구의 그릴 단면적을 계산할 수 있다.

계산 예 :

연속방정식 $Q = AV$

여기서, Q : 풍량(m^3/s)

A : 급기구의 단면적(m^2)

V : 풍속 (m/s)

급기량은 배출량 동등 이상이므로 급기량≧배출량이다. 즉, 예상제연구역 내의 배출량은 1 m^3/min이고, 풍속 V는 5 m/s를 적용하면 급기구 단면적 A(m^2)를 계산할 수 있으며, 급기구의 가로와 세로의 비는 마찰손실을 감안하여 적정한 비율로 적용하도록 한다.

문제

예상제연구역 내에 공기가 유입되는 순간의 풍속은 초당 몇 미터 이하이어야 하는가?

① 3 ② 4 ③ 5 ④ 6

정답 ③

참고

NFPA 204에서 급기구의 풍속 제한 이유

연기 흐름의 교란을 최소화하기 위하여 풍속은 200 ft/min(1.02 m/s) 이하로 제한

① 화재 시 화재플룸(fire plume)의 교란과 과잉 공기가 공급될 수 있으므로 이를 방지하여야 한다.

② 해당 제연구역에 대한 압력의 변화 및 이로 인한 출입문 개폐 시 영향을 최소화 : 해당 제연구역에 대해 고속으로 인한 과잉 급기량으로 인하여 밀폐된 제연구역에 압력의 변화가 발생할 경우 출입문의 개방이 안쪽방향의 출입문은 개방이 곤란해지며 바깥 쪽 방향의 출입문은 쉽게 개방되어 연기가 외부로 유동하게 된다.

③ 높은 속도의 유입공기가 급기될 경우 재실자의 피난을 방해할 수 있다.

ⓑ 급기의 방향

화재 시 뜨거운 연기는 제연경계 상부로 이동하고 외부에서 공급하는 신선한 급기는 제연경계 하부로 이동하여 제연경계를 기준으로 상부는 연기층, 하부는 공기층을 형성하여야 한다. 이러한 기류의 흐름을 만족하기 위해서는 유입구의 구조는 유입공기를 상방향으로 분출하지 않도록 설치해야 한다.

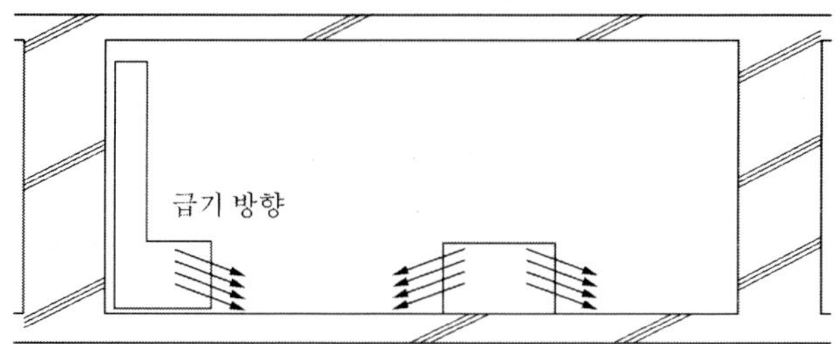

그림 4.53 예상제역구획의 (제연경계로 구획된 장소) 급기의 방향

ⓒ 예상제연구역에 대한 공기유입구의 크기

예상제연구역에 대한 공기유입구의 크기는 해당 예상제연구역 배출량 1 m^3/min에 대하여 35 cm^2 이상으로 하여야 한다.

㉮ 배출량 1 m^3/min에 대한 35 cm^2 이상

㉠ 공기유입구의 크기는 풍속 5 m/s 이하와 같은 의미이다.

$Q = AV$에서

$$V = \frac{Q}{A} = \frac{\frac{1m^3}{\text{min}} \times \frac{\text{min}}{60\text{sec}}}{35\ \text{cm}^2 \times \frac{\text{m}^2}{(100\ \text{cm}^2)}} = 4.76\ \text{m/s}$$

㉠ 유입구의 단면적 크기는 급기 풍속 5 m/s 이용하여 구하며 이 경우 해당 예상제연구역에 설치할 급기구의 총 유효면적에 대해서는 해당 예상제연구역 배출량 1 CMM에 대해서 최소 35 cm^2가 되어야 한다.

문제

400 m^2 이상의 거실로서 직경 40 m 이내의 경우 벽으로 구획될 경우 수직거리는 0이라고 가정하면 표 4.4에 따라 배출량은 40,000 CMM(m^3/min)가 된다. 40,000(m^3/hr)를 단위변환하면 40,000/60(m^3/min) 이므로 (40,000/60 m^3/min) × 35 ≒ 23,334 cm^2가 되며, 이는 약 2.34 m^2의 급기구 면적에 해당한다. 예상제연구역에 공기가 유입되는 풍속과 유입구의 규정에 대하여 쓰시오.

정답 ① 유입되는 공기의 순간풍속은 5 m/s 이하로 한다.

② 유입구의 구조는 유입공기를 하향 60℃ 이내로 분출할 수 있도록 한다.

③ 공기유입구의 크기는 해당 예상제연구역의 1분당 배출량 1 m^3에 대하여 35 cm^2 이상으로 하여야 한다.

ⓓ 예상제연구역에 대한 공기 유입량과 공기유입구 거리기준

㉮ 화재실에서 배출시킨 연기만큼을 외부 공기를 채우지 않으면 화재실은 부(-)압이 되거나 청정층 높이를 유지하기 어렵게 되므로 '급기량 ≧ 배출량'으로 한다.

㉯ 급기량이 배출량보다 적을 경우는 제연경계 위쪽에서 연기가 하강하고, 급기량이 배출량보다 큰 경우는 제연경계 위쪽으로 공기가 유동하거나 벽으로 구획된 공간일 경

우에는 화재실의 압력이 상승하게 될 것이다. 따라서 어떠한 경우에라도 연기가 제연경계 아래 쪽으로 이동하지 않아야 하므로 반드시 급기량은 배출량보다 같거나 그 이상이 되어야 한다. 급기량과 배기량에 따른 제연설비 적용 여부는 다음과 같다.

급기량과 배출량	연기 또는 공기의 이동		제연설비 적용
① 급기량＜배출량	제연경계 하부쪽으로 연기이동	➡	불가함
② 급기량≥배출량	제연경계 상부로 공기이동	➡	가능함

그림 4.54 급기량과 배기량에 따른 제연설비 적용 여부

㉰ 공기유입구 거리 기준

배출구는 예상제연구역 전체에 대해 균등하게 연기를 배출해야 하므로 수평거리의 기준이 있지만, 공기유입구는 배출되는 연기의 양만큼 보충하는 개념이므로 거리 기준이 없다.

㉱ 제연설비가 설치된 장소에 가스계 소화설비의 적용 여부

무창층의 전산실 등에 가스계 소화설비를 설치하고, 같은 장소에 배연창 또는 제연설비를 설치할 경우 다음과 같은 문제점이 있다.

㉠ 일반적으로 감지기 동작에 의하여 제연설비(또는 배연창)가 작동된 후에 가스계소화설비가 작동하게 된다. 이때 급기나 배기설비의 작동으로 인해 연기의 농도가 희석되어 가스계소화설비는 소화불능 또는 다른 실로 가스의 확산을 초래할 수도 있다.

㉡ 배연창 위치를 선정할 때 가스계 소화설비가 설치된 장소를 제외하고 선정하여야 하며 또한 제연설비를 설치할 때는 가스계 소화설비의 소화 유효성이 없게 되므로 감지기 동작(감지기 동작신호에 의한 M.D 이용) 또는 가스 방사 시(가스 방사압을 이용한 피스톤 릴리이스 댐퍼(piston release damper) 이용) 해당 실의 급배기 그릴이 자동적으로 폐쇄되도록 조치해야 한다.

(6) 배출기

배출기는 배출용 송풍기로써 배출풍도 내를 부압으로써 연기를 빨아들이고 외부로 배출하는

것이다. 설치 장소는 옥상에 하는 경우가 많다. 옥상은 화재의 영향을 적게 받고 연기의 배출확산이 용이하다는 이점이 있다.

※ 배출기 종류 및 구조 등의 설명은 송풍기를 참고 바람]

① 배출기의 배출 능력

ⓐ 배출기의 용량은 NFPC 501 제6조 제1항~제4항을 요약한 내용은 다음 표 4.8과 같다. 표 4.8의 값은 배출구 위치에서의 제연량을 나타내고 있으므로 배출풍도의 누기 및 마찰 손실 등을 고려해서 표의 값보다 큰 용량의 배출기가 설치되고 있다.

표 4.8 배출기의 용량

거실의 바닥면적	배출기의 용량
바닥면적이 400 m^2 미만	바닥면적 1 m^2당 1 m^3/min 이상
바닥면적이 400 m^2 초과 (직경 40 m 이내)	40,000 m^3/hr 이상(단, 제연경계의 높이에 따라 다름) - 2 m 이하 : 40,000 m^3/hr - 2.5 m 이하 : 45,000 m^3/hr - 3 m 이하 : 50,000 m^3/hr - 3 m 초과 : 60,000 m^3/hr
바닥면적이 400 m^2 초과 (직경 40 m 초과)	45,000 m^3/hr 이상(단, 제연경계의 높이에 따라 다름) - 2 m 이하 : 45,000 m^3/hr - 2.5 m 이하 : 50,000 m^3/hr - 3 m 이하 : 55,000 m^3/hr - 3 m 초과 : 65,000 m^3/hr

ⓑ 거실의 바닥면적이 400 m^2 미만으로 구획된 예상제연구역이 통로와 인접하고 있는 바닥면적이 50 m^2 미만인 예상제연구역을 통로배출방식으로 하는 경우는 화재 시 그 거실에서 직접 배출하지 아니하고 인접한 통로의 배출로 갈음할 수 있다. 통로보행 중심선의 길이 및 수직거리에 따라 배출 풍량은 다음 표 4.9에서 정하는 기준량 이상으 로 배출기를 설치해야 한다.

표 4.9 배출기의 용량

통로보행 중심선의 길이[m]	수직거리[m]	배출량[m^3/hr]	비고
40 이하	2 이하	25,000 이상	벽으로 구획된 경우 포함
	2 초과 2.5 이하	30,000 이상	
	2.5 초과 3 이하	35,000 이상	
	2 초과	45,000 이상	
40 초과 60 이하	2 이하	30,000 이상	벽으로 구획된 경우 포함
	2 초과 2.5 이하	35,000 이상	
	2.5 초과 3 이하	40,000 이상	
	2 초과	50,000 이상	

ⓒ 바닥면적 400 m^2 이상인 통로인 경우 예상제연구역의 배출량은 45,000 m^3/hr 이상으로 해야 한다. 다만, 예상제연구역이 제연경계로 구획된 경우는 그 수직거리에 따라 배출량은 표 4.5의 직경 40 m 초과의 경우를 따른다.

② 배출기와 배출풍도의 접속부분에 사용하는 캔버스

송풍기의 진동이 덕트로 전달되는 것을 방지하기 위해 송풍기와 덕트를 접속할 때 사용하는 것이 캔버스(Canvas)이다. 캔버스는 화재 시 열과 연기를 배출시켜야 하므로 열에 견디는 내열성이 있어야 한다. 그러나 석면의 경우는 발암물질인 관계로 캔버스 재질에 사용하지 않아야 한다.

③ 전동기와 배풍기 분리

화재 시 배출기에서 배출하는 연기와 열기는 고온이므로 전동기 부분과 배출기 부분은 분리하여 설치하라는 의미이다. 배출기에서 배출되는 연기와 열기를 감안하여 내열성의 기준을 정립하여야 하나 이를 일률적으로 규정할 수는 없으며 이는 주변 온도, 연기층의 온도, 열방출 속도, 연기층 가스의 비열 등에 따라 온도 조건이 달라지기 때문이다.

④ 배출기의 흡입측 풍도 안의 풍속은 15 m/s 이하로 하고 배출 측 풍속은 20 m/s 이하로 할 것

문제

제연설비 중 배출기의 점검, 유지관리 사항을 5가지 이상 쓰시오.

정답 ① 배출기가 가열될 우려가 있는 부분에 설치되어 있지 않은가?
② 배출풍도는 파손, 변형된 부분이 없는가?
③ 배출기와 배출풍도의 캔버스는 내열성이 있는가?
④ 배출기의 전동기부분과 배풍기 부분은 분리, 설치되었는가
⑤ 배출기 부분은 유효한 내열 처리되어 있는가?
⑥ 배출구 및 공기유입구는 비 또는 눈 등이 들어가지 않도록 되어 있는가?
⑦ 배출된 연기가 공기유입구로 순환 유입되지 않도록 되어 있는가?

풍량이 25,000 m³/hr, 풍압이 50 kg/m²인 제연설비용 팬을 설치할 경우 팬을 운전하는 전동기의 용량(kW)은?(단, 팬의 효율은 60%, K는 1.1이다.)

풀이 배연기기의 동력 P는

$$P=\frac{P_T Q}{102\times 60\eta}K=\frac{50\text{ mmAq}\times 416.67\text{ m}^3/\text{min}}{102\times 60\times 0.6}\times 1.1=6\text{ KW}\text{이상}$$

※ ㉮ $Q=25,000\text{ m}^3/\text{h}=25,000\text{ m}^3/60\text{ min}\fallingdotseq 416.67\text{ m}^3/\text{min}$

㉯ $P_T=1.0332\text{ kg/cm}^2=10.332\text{ mAq}$이므로

$50\text{ kg/m}^2=50\text{ kg}/10^4\text{cm}^2=0.005\text{ kg/cm}^2=0.05\text{ mAq}=50\text{ mmAq}$

다음 조건을 참조하여 제연설비에 대한 다음 각 물음에 답하시오.

[조건]

- 거실 바닥면적이 600 m²이고, 예상제연구역은 직경 45 m이다.
- 제연경계벽의 수직거리는 2.7 m이다.
- 덕트의 길이는 150 m이고, 덕트의 저항은 1 m당 0.8 mmAq이다.
- 배출구 저항은 8 mmAq, 그릴저항은 3 mmAq, 관 부속품의 저항은 덕트 저항의 50%로 한다.
- 효율은 60%로 하고 여유율은 10%로 한다.

① 풍량(m³/min)은?
② 소요전압(mmAq)은?
③ 배출기의 이론소요동력(Kw)은?

풀이 바닥면적 400 m² 이상이고 예상제연구역이 직경 40 m를 초과한 경우

수직거리[m]	배출량[m^3/hr]
2 이하	45,000 이상
2 초과 2.5 이하	50,000 이상
2.5 초과 3 이하	55,000 이상
3 초과	65,000 이상

① 풍량 Q = 55,000 m^3/hr/60 min =916.67 m^3/min 이상

② 소요전압 P_T는

P_T = 덕트 저항 + 배출구 저항 + 그릴 저항 + 관 부속품 저항

= (150 m × 0.8 mmAq/m) + 8 mmAq + 3mmAq + (150 m × 0.8 mmAq/m) × 0.5

= 191 mmAq

③ 배출기 소요동력 P는

$$P = \frac{P_T \times Q}{102 \times 60\eta} \times K$$

$$= \frac{191\ \text{mmAq} \times 916.67\ \text{m}^3/\text{min}}{102 \times 60 \times 0.6} \times 1.1$$

≒ 52.45 KW 이상

다음 그림은 제연설비의 배출기(SIROCCO FAN) 및 배출풍도 도면이다. 배출기의 배출 측 최소단면적(m^2)은?

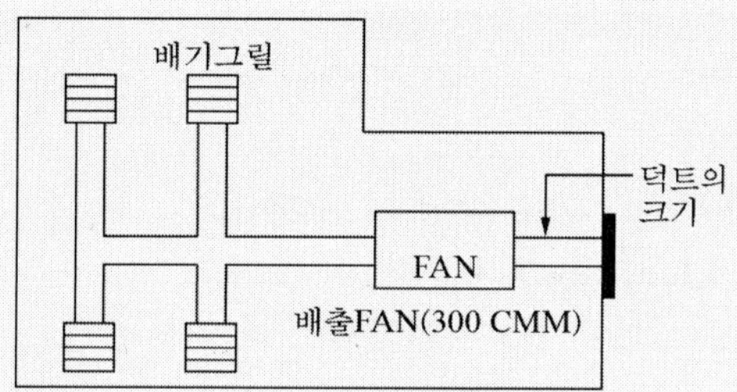

풀이 연속방정식 $Q = AV$에서

덕트 단면적 A는

$$A = \frac{Q}{V} = \frac{300\ \text{CMM}}{20\ \text{m/s}} = \frac{300\ \text{m}^3/\text{min}}{20\ \text{m/s}}$$

$$= \frac{300\ \text{m}^3/60\ \text{s}}{20\ \text{m/s}} = 0.25\ \text{m}^2$$

참고

1. CMM = Cubic Meter per Minute(m^3/min)
2. 제연설비 풍속(NFPC 501 ⑨~⑩)
   ① 배출기 흡입 측 풍속 : 15 m/s 이하
   ② 배출기 배출 측 풍속 : 20 m/s 이하
   ③ 유입풍도 안의 풍속 : 20 m/s 이하
3. 시로코팬(다익팬) : 건물의 환기설비 및 공조설비에 사용하는 팬으로써 소방시설에는 제연설비의 배출기의 용도로 많이 사용된다.
   ① 구조상 특징
      • 깃(blade)이 회전자의 회전방향으로 기울어져 있다 (깃의 설치 각이 90°보다 크다).
      • 익현 장이 짧다.
      • 깃폭이 넓은 깃이 많이 부착되어 있다.
   ② 성능상 특징
      • 다른 팬에 비해 풍량이 가장 크다.

문제

다음 그림은 제연설비에 관한 도면의 일부이다. 조건을 참조하여 다음 각 물음에 답하시오.

[조건]

• 제연구역의 바닥면적은 350 m^2이다.
• 전압 30 mmHg이고, 효율이 60%이다.
• 전압력 손실과 배연량 누수도 고려한 여유율은 10% 증가시킨 것으로 한다.

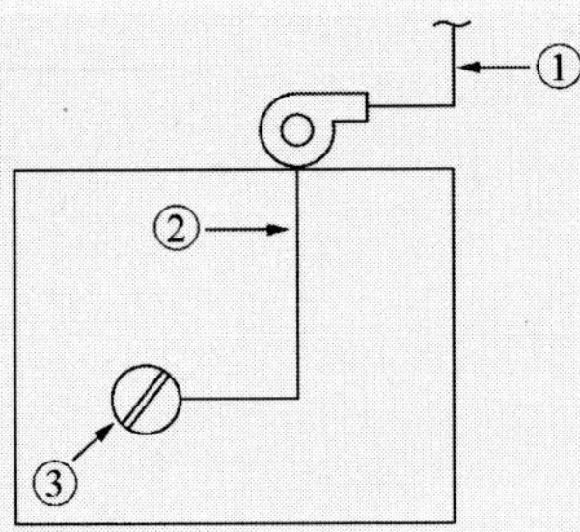

(가) 도면의 제연설비 방식은?
(나) 기호 ①~②의 풍속(m/s)은?
(다) 기호 ③에 MD라고 표시되어 있다면 무엇을 의미하는가?

(라) 공기유입구의 크기(m^2)는?

(마) 제연설비의 풍량을 송풍할 수 있는 배연기의 동력(kW)을 구하시오

풀이 (가) 제3종 기계제연방식

※ 제3종 기계제연방식은 배연기(배풍기)만 설치하여 급기와 배기를 하는 방식으로 가장 많이 사용된다(기계제연방식 종류 참조).

(나) ① 20 m/s 이하 ② 15 m/s 이하 [제연설비 풍속(NFPC 501 ⑨~⑩)]

(다) 모터댐퍼

(라) 배출량(m^3/min) = 바닥면적(m^2)×1($m^3/m^2 \cdot$ min) = 350 m^2 × 1 $m^3/m^2 \cdot$ min = 350 m^3/min

(거실의 바닥면적이 400 m^2 미만일 경우 배출량, 최저 배출량은 5,000 m^3/hr 이상)

350 m^3/min = 350 m^3/min × 60 min/h = 21,000 m^3/hr이므로 최저치를 초과함

따라서 공기유입구의 크기는 ≥ 배출량(m^3/min) × 35(cm^2)이므로

350×35 cm^2 = 12,225 cm^2 =1.225 m^2 ≒1.23 m^2 이상

(마) 배연기동력 P는

$$P = \frac{P_T Q}{102 \times 60\eta} \times K$$

$$= \frac{407.84\ \text{mmH}_2\text{O} \times 350\ \text{m}^3/\text{min}}{102 \times 60 \times 0.6} \times 1.1 = 42.761 ≒ 42.76\ \text{Kw이상}$$

※ 760 mmHg = 10.332 mH_2O이므로 $30\ \text{mmHg} = \frac{30\ \text{mmHg}}{760\ \text{mmHg}} \times 10.332\ \text{mH}_2\text{O}$

= 0.40784 mH_2O = 407.84 mH_2O

6층 이상의 건축물에 제연설비를 설치하고자 한다. 다음 각 물음에 답하시오.

① 배출구에서 측정한 평균풍속이 300 cm/s, 제연구의 유효면적이 1.25 m^2이고 실내온도가 20℃일 때 풍량(m^3/min)은 얼마인가?

② 전압이 60 mmHg이고 효율이 60%이며 전압력 손실과 누연 제연량도 고려한 여유율을 10% 증가시키 것으로 할 때 배출기의 동력(kW)은 얼마인가?

정답 ① 225 m^3/min

② 54.98 kW

풀이 ① 연속방정식에서 $Q = A \cdot V$ =1.25 m^2 × 3 m/s × 60 s = 225 m^3/min

② 전압 : $P_T = \frac{60\ \text{mmHg}}{760\ \text{mmHg}} \times 10.332\ \text{mAq} = 0.81568\ \text{mAq} = 815.68\ \text{mmAq}$

배출기 동력(P) $P = \frac{815.68 \times 225}{102 \times 60 \times 0.6} \times 1.1 = 54.98\ \text{kW}$

(7) 제연설비의 비상전원

① 비상전원의 개념

비상전원(emergency power)이란, 정전이나 단선·단락 등의 전기적 사고 등으로 인하여 상용전원의 공급이 중단될 경우 외부전원의 공급 없이 자체 소방대상물에서 소방시설을 일정시간 사용하기 위한 별도의 전원공급장치이다. 화재안전기준에서는 원칙적으로 이를 비상전원이라고 하나 건축 관련 법령에서는 예비전원이라고 표현하고 있다.

② 비상전원의 종류

ⓐ 자가발전설비

건물 내 내연기관을 이용한 자가 발전기를 설치하는 것으로 일반적으로 자가용 발전기는 경유나 LNG를 연료로 하여 정전 시 소방설비에 전원을 공급하는 것으로 주로 소화설비 및 소화활동 설비의 펌프나 제연설비의 송풍기용 비상전원에 사용한다. 일반적으로 소방시설용 비상발전기는 경유를 사용하는 디젤엔진을 가장 많이 사용하고 있다.

그림 4.55 내연기관을 이용한 비상 발전기

ⓑ 축전지 설비

발전기가 주로 펌프와 같은 동력용 부하의 비상전원이라면 이에 반해 축전지는 용량이 적기 때문에 경보설비나 유도등 설비 등과 같은 장치류에 대한 비상전원으로 적용한다. 엔진 펌프는 화재안전기준에서 기동용 축전지를 비상전원으로 적용하게 된다.

축전지를 사용하는 비상전원으로써 UPS(무정전 전원장치(uninterrupted powe supply)가 있으며, 이것이 밀폐형 축전지 설비를 이용한 무정전 타입의 전원장치이다.

그림 4.56 축전지설비 비상전원

ⓒ 비상전원 수전설비

비상용전원을 이용하여 화재 시 안전도를 보강한 다음, 이를 소규모의 특정 건물에 국한하여 비상전원으로 인정하는 설비이다. 즉, 정전 시 비상전원 수전설비는 단전되므로 비상전원으로써 기능을 수행할 수 없지만, 화재 초기에는 정전이 없다고 가정하고 초기화재 시 사용에 지장이 없도록 한 제한적인 기능의 비상전원이다.

③ 비상전원의 면제

ⓐ 2개 이상의 변전소에서 전기를 공급받다가 한 변전소에서 전원 공급이 중단될 경우, 자동으로 다른 변전소에서 전기를 공급받는 경우는 비상전원설비가 면제되며, 이러한 시설은 비상전원 수전설비의 기준과 무관하다. 일본에서는 이러한 시스템을 비상전원 전용수전설비라고 칭하고 있다. 현재 국내 화재안전기준에서는 이러한 표현을 사용하지 않고 있으나 현장에서 수전설비란 용어를 사용하고 있다. 또한 한 변전소의 전원 공급이 중단될 경우, 다른 변전소로부터 자동으로 전원 공급이 전환되어야 이를 인정하고 수동으로 전환될 경우는 이를 인정할 수 없다.

ⓑ 변전소와 변전실의 구별

㉮ 변전소

외부로부터 전송되는 전기를 구 내에 시설한 변압기·전동발전기·회전변류기·정류기 기타의 기계·기구에 의하여 변성(變成)하는 곳으로서 변성한 전기를 다시 구 외로 전송하는 곳을 말한다.

㉯ 변전실

구 외로부터 전송받은 전기를 구 내에서 사용하기 위하여 일반적으로 강압시켜 구내의 부하에 공급하는 장소를 말한다. 따라서 변전소란 한전에서 수용가에 전기를 공급하기 위한 경우가 해당되나 변전실은 대형건축물이나 산업시설 등과 같은 소방대상물에 있는 자체적으로 설치한 변압기가 있는 전기실을 의미한다.

ⓒ 수동기동장치의 작동 여부에 대한 감시기능

수동기동장치의 작동 여부에 대한 감시기능을 둔 이유는 수동조작스위치 작동 후 복구하기 위한 위치 확인과 배출댐퍼와 연동 등이 제대로 이루어지는지 확인하기 위함이다. 제연설비의 제어반의 비상용 축전지는 제어반의 기능을 1시간 이상 유지할 수 있는 용량을 내장하여야 한다.

ⓓ 제연설비의 시험 준비사항 등

건축설비를 포함한 건물의 모든 부분의 제연시스템을 완성하는 시점부터 시험 등(확인, 측정 및 조정 포함)을 TAB를 통하여 시스템의 기능과 성능을 시험하고 조정하며, 정량적으로 균형이 이루어지도록 해야 한다.

TAB[Testing(성능시험), Adjusting(압력, 풍량, 풍속, 개폐력 등의 조정), Balancing(압력, 풍량 등의 균형)]는 거의 모든 설비에서 공통적으로 적용되는 개념으로 제연시스템에서도 필수적이라 할 수 있다. 설계와 계산이 아무리 정확하게 완성되었더라도 관련 장치 등 시설물의 현장설치 및 시공과정에서 제연시스템은 유연성과 탄력성 측면에서 오차가 있게 마련이다.

따라서 시스템의 시공과정에서 필요한 요소마다 부분적 TAB도 실시하고, 시스템이 시공·완료되었을 때 전반적인 시스템의 작동시험을 거쳐 제연시스템의 신뢰성이 확보되도록 해야 한다. 예를 들면, 출입문의 크기, 열리는 방향, 자동폐쇄기능의 확보와 그 기능의 정상적인 상태 여부(문의 닫힘 상태), 옥내와 면하는 제연구역의 출입문 폐쇄력, 쌍여닫이 출입문의 닫힘 순서, 모든 출입문마다 하단부의 틈새 편차, 비상 승강로의 환기구의 크기, 비상승강기 출입문의 크기 등을 확인해야 한다.

④ 비상전원의 설치

ⓐ 설치 위치

㉮ 비상전원을 설치한 장소인 발전실이나 축전지실 등이 관계인이 출입하여 비상전원 시설에 대한 유지관리, 보수, 점검 등이 용이한 위치, 설치조건 및 구조이어야 한다.

㉯ 화재 및 침수 등의 재해로부터 피해를 받을 우려가 없어야 하므로 비상전원을 설치한 장소는 장마철에 상시 침수되는 장소에 설치해서는 안 되며, 또한 보일러 등 화기시설

과 일정한 거리를 이격시켜 화재 시 피해의 우려가 없도록 하여야 한다.

ⓑ 유효작동시간

제연설비를 유효하게 20분 이상 작동할 수 있도록 해야 한다. 이것은 정전 시 자체에서 비상전원을 사용하여 제연설비 등 소방시설을 가동할 경우 최소 20분의 작동시간을 요구한 것이다. 제연설비의 비상전원에 대한 시간은 다음 표와 같다.

표 4.10 제연설비의 비상전원에 따른 용량

소방시설	비상전원 대상구분	비상전원			용량
		발전기	축전지	수전설비	
제연설비	대상 건물 전체	○	○		20분

ⓒ 비상전원 자동전환

상용전원으로부터 전력의 공급이 중단된 때에는 자동으로 비상전원으로부터 전력을 공급받을 수 있도록 해야 한다. 발전기의 경우는 정전이 되면 변전실의 저전압계전기(under voltage relay)가 이를 감지하여 무전압을 확인하면 A.T.S(Auto Transfer Switch)가 자동으로 전환되어 발전기 측으로 접속되고 발전기는 자동으로 동작을 개시하여 전기를 공급하게 된다.

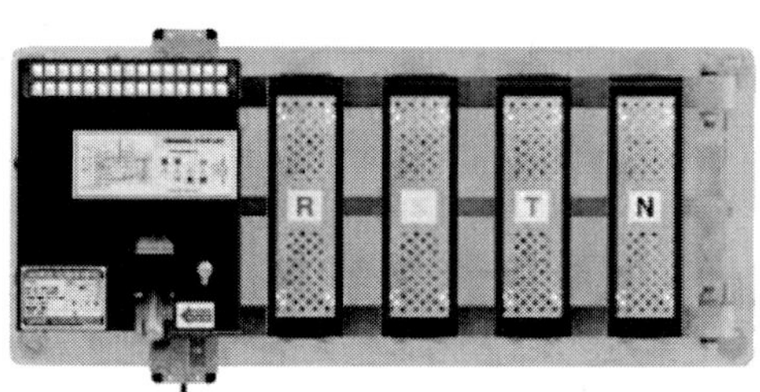

그림 4.57 자동전환스위치(A.T.S)

그림에서 R, S, T, N는 저압 3상 4선의 전원선 4가닥을 R, S, T, N이라 하고 ATS 뒤로 한전 상용전원, 부하, 비상 발전기 전원 부스바가 있다.

ⓓ 비상전원의 설치장소(제4호 관련)

㉮ 화재안전기준상 방화구획

• 발전실 등과 같은 비상전원이 설치된 장소는 타 부분과 방화구획을 하여야 한다. 이는 비상전원의 경우, 화재 시 정전이 된 경우에 작동이 되어야 하는 전원부이므로

화재로부터 최소 20분 이상은 화열로부터 보호하여 작동에 지장이 없어야 한다.

- 발전기 및 축전지를 비상전원으로 하는 경우는 별도로 방화구획을 필요로 하지만 엔진펌프와 같이 내연기관을 사용하는 경우는 내연기관의 기동용 축전지가 비상전원인 관계로 방화구획을 제외하고 있다. 아울러 비상전원 이외에도 화재안전성능기준에서는 건축법과 관련 없이 감시제어반에 대해서도 방화구획을 요구한다.

㈏ 방화구획의 구획 기준

방화구획에 대한 구획방법은 건축법상 방화구획 기준을 준용하여야 한다. 방화구획은 내화구조로 된 바닥·벽으로 구획하고 개구부는 갑종방화문(자동방화셔터 포함)으로 구획하도록 하고 있다. 따라서 산업현장 등에서 공장 내부에 비상전원용 발전기를 설치할 경우 일반 칸막이를 사용하여 구획해서는 안 되며 반드시 내화구조의 벽 등으로 구획하고 출입문에는 갑종방화문을 설치하도록 한다.

㈐ 비상전원 설치장소의 기준

비상전원이 설치된 장소는 공급에 필요한 기구나 설비를 제외하고 다른 시설물을 설치해서는 안 된다. 예를 들면 발전실의 경우 발전을 하기 위한 수배전반이나 발전용연료 및 부대설비를 설치할 수는 있으나 이와 무관한 다른 장비나 시설물을 설치해서는 안 된다.

ⓔ 실내에 비상조명등 설치

㈎ 정전 시에는 즉시 비상전원이 기동되므로 이를 확인 및 감시하기 위하여 비상전원을 설치한 장소에는 비상조명등이 설치되어야 한다. 정전 시 축전지설비가 비상전원일 경우는 축전지에 의한 조명등은 즉시 점등이 가능하나, 발전설비의 경우는 축전지와 달리 발전기용 디젤엔진이 기동하여 정격 회전수에 도달하여야 정격전류와 정격전압이 발생하게 된다. 따라서 발전실의 경우는 정전 후 발전기에 의한 전원공급으로 전등이 점등까지는 몇십 초의 시간이 소요하게 된다.

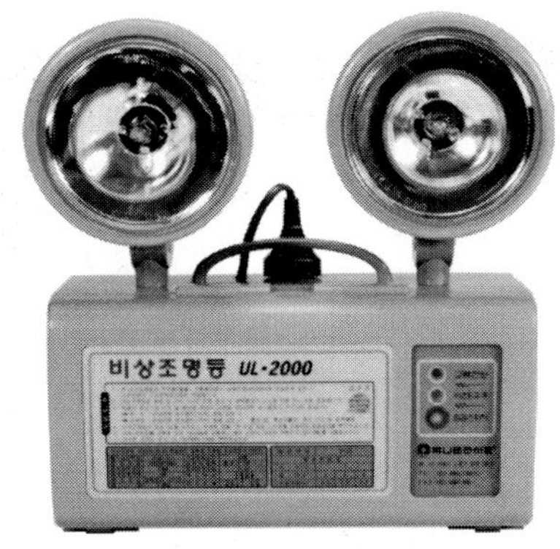

그림 4.58 축전지 내장형 비상조명등

㈏ 비상전원용 발전실의 경우에는 축전지 내장형의 비상조명등을 설치하는 것이 원칙이며 정전 시 자동으로 절환되고 즉시 점등되도록 하여야 한다.

ⓕ 거실제연설비와 감지기 연동과 제어반에서 수동기동

㉮ 거실제연설비와 자동화재탐지설비 감지기 연동

거실에서 화재가 발생할 경우 즉시 거실제연설비가 작동되어야 하므로 이와 연관된 가동식의 벽, 제연경계벽, 댐퍼 및 배출기는 화재를 감지한 직후 바로 가동을 시작해야 한다. 따라서 화재감지기가 화재를 감지하면 바로 수신기가 있는 제어반에서 화재신호를 발생하여 거실제연설비에 전송하여 설비가 작동하게 하여야 한다.

㉯ 제연설비의 제어반에서 수동기동

수신기는 화재감지 신호를 받고 자동으로 제연설비 가동신호를 전송해야 함은 물론, 수동으로도 제연설비를 가동할 수 있도록 기능이 갖춰져야 한다.

⑤ 비상전원 설치기준(NFPC 501A 제24조)

ⓐ 점검에 편리하고 화재 및 침수 등의 재해로 인한 피해를 받을 우려가 없는 곳에 설치하여야 한다.

ⓑ 제연설비를 유효하게 20분(층수가 30층 이상 49층 이하는 40분, 50층 이상은 60분) 이상 작동할 수 있도록 하여야 한다.

ⓒ 상용전원으로부터 전력의 공급이 중단된 때에는 자동으로 비상전원으로부터 전력을 공급받을 수 있도록 하여야 한다.

ⓓ 비상전원의 설치장소는 다른 장소와 방화구획 할 것. 이 경우 그 장소에는 비상전원의 공급에 필요한 기구나 설비외의 것(열병합발전설비에 필요한 기구나 설비는 제외)을 두어서는 아니 된다.

ⓔ 비상전원을 실내에 설치하는 때는 그 실내에 비상조명등을 설치하여야 한다.

문제

제연설비의 비상전원 용량은 몇 분 이상 작동시킬 수 있어야 하는가?

① 15분 ② 20분 ③ 25분 ④ 30분

정답 ②

제연설비에서 자동화재감지기와 연동하도록 설치하여야 하는 것 4가지를 쓰시오.

정답 ① 가동식의 벽 ②제연경계벽 ③ 댐퍼 ④ 배출기

(8) 배출풍도

① 배출풍도의 개념

배출풍도는 배출구에서 흡입된 연기를 배출기까지 유도하는 풍도로 천장 뒤나 벽 골조 내에 설치되고 있다. 배출풍도는 배출기 용량만큼 최대로 배출하기 때문에 높은 기밀성이 요구된다.

일반적으로 배출풍도의 재질은 아연강판 등이 주로 사용하고 있고, 수직 주풍도에 콘크리트 구조의 벽 골조를 사용하는 경우도 내부에 아연강판의 풍도를 설치하고 있다. 배출풍도로 유입되는 연기는 상당히 고온이므로 인접한 곳에 가연물이 있으면 그 가연물이 타버리게 된다. 이것을 막기 위해 배출풍도는 가연물로부터 일정 간격을 두고 설치하거나 그 부분을 암면(rock wool)이나 유리솜(glass wool) 등과 같은 불연성 단열재료로 피복되어 있다.

배출풍도가 방화구획을 관통하는 부분에는 방화댐퍼가 설치되어 있다. 화재가 확대되어 배출구로 들어온 화염이 풍도를 통과하는 경우는 화재실의 제연이 무의미할 뿐만 아니라 배출풍도를 연소경로로 해서 다른 방화구획으로 화재를 확대시키게 된다. 따라서 배출풍도 내의 연기 온도가 연소 방지상 위험하게 되었을 때 그 경우에 제연을 자동적으로 정지시킬 필요가 있다. 이 자동정지장치로서 방화댐퍼가 있다. 방화댐퍼는 온도퓨즈가 용해됨에 따라 날개가 유로를 폐쇄하는 구조로 되어 있다.

배출기를 운전하게 되면 상당히 큰 진폭의 진동이 발생하게 되며, 이 진동이 배출풍도로 전달되면 여러 가지 장해가 발생한다. 이 진동이 배출풍도로 전달되지 않도록 배출풍도와 배출기를 내열성이 있는 플랙시블 조인트(flexible joint)로 풍도를 접속한다. 또한 배출기에 근접한 위치의 배출풍도를 구부려 설치하면 와류를 일으켜 배출기의 성능이 현저하게 떨어지므로 굽은 부분의 내부에 가이드 베인(guide vane)을 설치해서 이를 방지하고 있다.

※ 설치 및 유지관리

- 설치는 견고하고 단열재의 파손이 없어야 한다.
- 풍도가 가연물과 접촉되지 않도록 한다.
- 방화구획 관통부는 방화성능이 있는 sealant 등으로 완전히 밀폐하여야 한다.
- 공기누설이 없어야 한다.

② 배출풍도의 재질

㉮ 배출풍도는 아연도금강판 또는 이와 동등 이상의 내식성·내열성이 있는 것으로 하며, 내열성(석면재료를 제외한다)의 단열재로 유효한 단열 처리를 하고, 강판의 두께는

배출풍도의 크기에 따라 다음 표 4.11에 따른 기준 이상으로 하여야 한다.

표 4.11 풍도 단면의 긴 변 또는 직경의 크기에 따른 강판 두께

풍도단면의 긴 변 또는 직경의 크기[mm]	450 이하	450 초과 750 이하	750 초과 1,500 이하	1,500 초과 2,250 이하	2,250 초과
강판 두께[mm]	0.5 이상	0.6 이상	0.8 이상	1.0 이상	1.2 이상

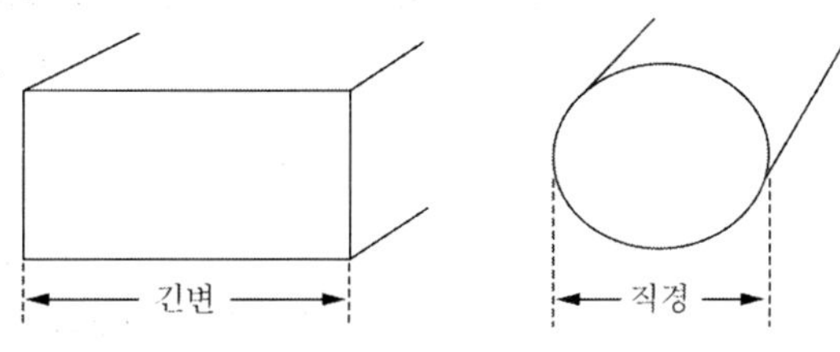

그림 4.59 단면의 긴 변

여기서, 단면의 긴 변이란 직사각형의 풍도에서 긴 변을 말하며, 직경의 크기란 원형풍도에서의 직경을 말한다.

㉯ 배출풍도는 배연 중 변형이나 탈락 등이 되지 않도록 견고하고 유독가스나 유해물질 등을 발생하지 않도록 불연재로 제작한다.

㉰ 제연설비용 풍도(덕트)에 사용하는 아연도강판은 일반적으로 내식성(耐蝕性)이 우수한 작업에 용융아연도금강판(GI)을 주로 사용한다. 흔히 함석이라고 말하는 용융아연도금강판으로써 냉간압연강판(CR)을 연속용융 도금라인에서 열처리하여 소정의 재질을 확보한 후 용융 도금한 제품이다.

문제

다음 ( )안에 알맞은 용어를 넣어 문장을 완성하시오

> 배출기와 배출풍도의 접속 부분에 사용하는 캔버스는 (　　)이 있는 것으로 한다.
> 풍도는 내식성, (　　)이 있는 것으로 하고, (　　)의 단열재료로 단열 처리한다.

정답 내열성

배출용도 단면의 긴 면 또는 직경의 크기가 450 mm 초과 750 mm의 이하일 경우의 강판 두께는 최소 몇 mm 이상이어야 하는가?

① 0.5 ② 0.6 ③ 0.8 ④ 1.0

정답 ②

제연설비 배출풍도에 사용되는 강판은 두께가 몇 mm부터 사용할 수 있는가?

① 0.2 ② 0.5 ③ 0.8 ④ 1.0

정답 ②

배출풍도에 따른 강판의 두께를 나타낸 기준 표이다. ( )안에 알맞은 답을 쓰시오.

풍도단면의 긴 변 또는 직경의 크기[mm]	450 이하	450 초과 750 이하	750 초과 1,500 이하	1,500 초과 2,250 이하	2,250 초과
강판 두께[mm]	(①) 이상	(②) 이상	(③) 이상	(④) 이상	(⑤) 이상

정답 ① 0.5 mm ② 0.6 mm ③ 0.8 mm ④ 1.0 mm ⑤ 1.2 mm

③ 제연풍도의 설계

ⓐ 풍도의 형태

㉮ 풍도가 직사각형인 경우는 긴 변으로 하고, 원형 풍도인 경우는 직경으로 한다.

㉯ 풍도의 경우 단면에 대해 가로 대 세로의 비를 종횡비(aspect ratio)라 하며 이는 마찰 손실을 최소화하기 위하여 1 : 1.5~2 정도가 바람직하다(최대 1 : 4 이하일 것).

㉰ 마찰손실은 원형 풍도에 대한 것으로 제연설비와 같은 직사각형 풍도일 경우에는 이를 환산하여 적용하여야 한다.

ⓑ 배출풍도의 풍량 결정

배연풍도의 통과 풍량은 그 시스템의 임의의 부분보다 덕트 풍량은 말단의 배연구 풍량보다 최대 풍량의 2배의 풍량이 통과할 수 있도록 한다. 그림 4.60에서는 덕트 계통의 각 부분의 통과 풍량을 나타내었다. 풍도의 통과 풍속에 관해서는 각 부위에 대해서 설계자가 임의로 계산하여 결정하는 것이 가능하나 철판 덕트의 경우 풍속 상한값은 20 m/s

정도이다. 풍속이 크게 되면 덕트 저항은 속도의 2승에 비례하여 증가하므로 저항 계산은 충분히 주의해서 계산할 필요가 있다.

제연용 풍도는 공조용, 환기용 덕트와는 다르고 모든 배연구가 일제히 개방되는 것은 아니며 임의의 배연구가 1개 또는 복수 개로 개방된다. 그 때문에 개방상태에 따라 덕트의 풍량은 달라져 일률적으로 설계할 수 없으므로 위에서 설정한 풍량에 기인하여 유속평형조절법 또는 저항조절평형법에 의해 결정하는 것이 일반적이다.

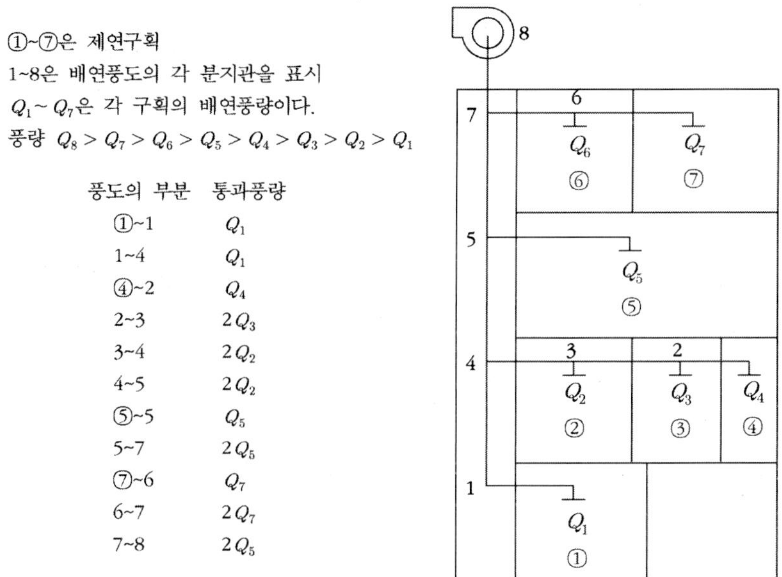

그림 4.60 풍도 각부의 풍량 결정

표 4.12 제연풍도의 판 두께

두께[mm]	풍도의 길이[mm]
0.8	450 이하
1.0	450~1,200
1.2	1,200 이상

참고

유속조절평형법

동일 합류관에서 갈라진 각 지관의 배연구는 소요 송풍량을 흡인하기 위하여 분지관에서 배연구까지 압력손실이 일어난다. 만약 2개 이상의 압력손실이 있다면 모든 분지관의 압력손실이 일치되게 보정을 하면서 전체 압력의 손실을 계산하여야 한다. 어떤 한 개의 분지관의 압력손실이 작다면 이 분지관을 통한 공급풍량이 많아져서 전체균형이 맞지 않게 된다. 이렇게 평형을 유지하면서 계산하는 방법을 유속조절평형법이라고 한다.

저항조절평형법

각 분지관에 풍량조절용 댐퍼 등을 설치하여 분지관의 압력손실을 조정하여 배연구 설계에서 얻어진 소요송풍량을 각 배연구에 분배하는 방식이며 댐퍼조절평형법이라고도 한다.

④ 제연풍도 압력손실

풍도의 압력손실은 직관의 압력손실과 부차적 압력손실로 나눌 수 있는데 부차적 손실은 곡관, 단면 변화부(확대관, 축소관), 합류관, 배출구, 부속품류 등이 있다.

ⓐ 원형직관의 압력손실

직관부분의 마찰저항 ΔP_f는 Darcy-Weishbar 식에서 계산된다.

$$\Delta P_f = \lambda \frac{\gamma V^2}{2g} \frac{L}{D} \quad \cdots\cdots (4.7)$$

여기서, λ : 관마찰계수(Darcy 마찰계수)

L : 덕트 길이(m)

D : 덕트 직경(m)

γ : 공기의 비중량(kg/m^3)

V : 풍속(m/s

여기서 관 마찰계수 λ와 레이놀드수 Re_N, 상대조도 $\frac{\epsilon}{D}$의 관계는 차원해석에 의하면 $\lambda = f(Re_{N,} \frac{\epsilon}{D})$이다.

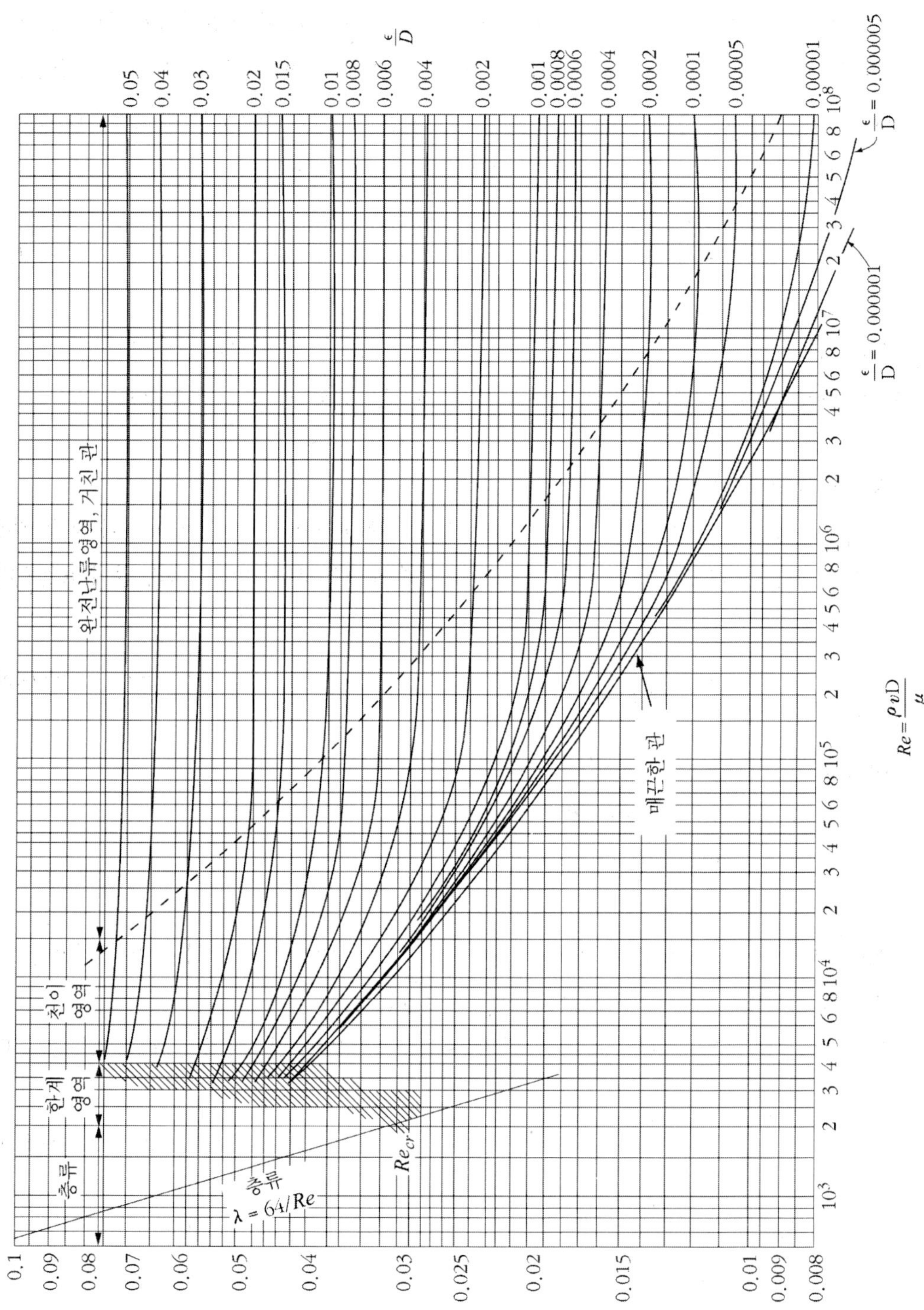

그림 4.61 λ 와 Re_N와의 관계(무디선도)

즉, Nikuradse는 실험을 통해 층류영역에서는 λ가 ϵ/D에 관계없이 Re_N의 함수이고, 천이영역에서는 Re_N와 ϵ/D의 함수, 난류영역에서는 ϵ/D만의 함수라는 것을 알아내었다. 층류영역에서는 관마찰계수 λ는 하겐-포아젤 방정식과 Darcy 방정식을 비교 유도하면(2편 유체의 유동이론 참조) λ는 다음 식으로 구해진다.

$$\lambda = \frac{64}{Re_N} \quad \cdots\cdots (4.8)$$

이 식은 층류영역에서는 λ와 Re_N는 서로 반비례하며 직선으로 표시됨을 나타낸다.
난류영역에서는 관마찰계수 γ는 그림 4.61의 Moody 선도에 의해 구해진다.

ⓑ 장방형 직관의 압력손실

직사각형 풍도에서 긴 변과 짧은 변의 길이를 각각 a, b라면, 동일한 풍량이 흐를 경우 단위 길이당 동일한 마찰손실을 갖는 원형 풍도의 상당직경(d_{eq})은 다음과 같이 표현된다.

$$d_{eq} = 1.3 \times \left[\frac{(ab)^5}{(a+b)^2} \right]^{1/8} \quad \cdots\cdots (4.9)$$

여기서, a : 사각풍도의 긴 변
b : 사각풍도의 짧은 변
d_{eq} : 동일저항인 원형풍도의 등가직경

이때 a와 b의 비를 종횡비라고 한다. 위의 식을 이용하여 원형풍도와 동일한 저항손실을 갖는 직사각형 풍도의 상당직경을 구할 수 있다.
각 관의 압력손실은 원형관의 압력손실에서 직경을 상당직경으로 구하여 대입하면 된다.

$$\Delta P_f = \lambda \frac{\gamma V^2}{2g} \frac{L}{D_{eq}} \quad \cdots\cdots (4.10)$$

으로 계산하면 된다.

ⓒ 원형곡관의 압력손실

원형곡관의 압력손실은 곡관을 통하여 기류가 흐를 때는 방향 전환에 에너지가 필요하며 이것이 곡관의 압력손실로 나타난다. 곡관의 압력손실은 곡관의 크기, 모양, 반경비(r/d).

기류속도, 곡관에 연결된 송풍관의 상태 등에 좌우된다. 곡관의 압력손실은 동일한 손실을 가지는 등가길이로 표시하기도 하지만 일반적으로 속도압으로 나타낸다.

곡관의 명칭은 새우등처럼 생긴 것을 새우등연결곡관 또는 엘보(Elbow)라고도 한다. 압력 손실의 산정은 압력손실계수(ξ)와 속도압(P_v)을 곱한 값으로 하며 손실계수는 반경비(R/D) 값에 의해 정해진다. R/D값은 꺾임정도를 의미하고 R/D값이 작으면 꺾임이 가파르고 압력손실계수가 커지며 R/D값이 크면 꺾임이 완만하면서 압력손실계수는 작아진다.

표 4.13에서는 원형곡관의 반경비에 따른 압력손실계수를 나타내었고, 그림 4.62에서는 성형곡관, 새우등연결곡관, 청소구 곡관의 종류를 보여주었다. 새우등연결곡관은 직경이 $d \leq 15$ cm인 경우는 새우등 3개 이상을, $d > 15$ cm인 경우는 새우등 5개 이상을 사용한다. 그리고 덕트를 오랫동안 사용하면 덕트 내부에 연기에서 발생한 유해물질이 퇴적되어 청소를 위한 청소구를 설치하는 것이 좋다.

$$\Delta P = \xi P_v = \xi \frac{\gamma v^2}{2g} \quad \cdots\cdots (4.11)$$

여기서, ΔP : 압력손실(mmH_2O)

ξ : 압력손실계수

P_v : 속도압

γ : 비중량

v : 속도

표 4.13 원형곡관에 대한 압력손실계수

반경비[r/d]	압력손실계수[ξ]
1.25	0.55
1.50	0.39
1.75	0.32
2.00	0.27
2.25	0.26
2.50	0.22
2.75	0.26

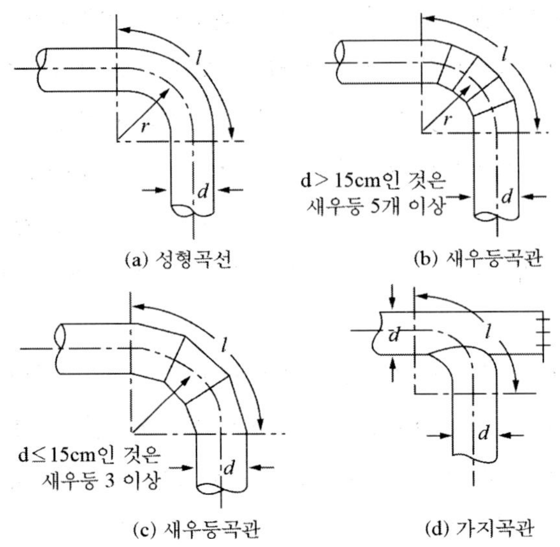

그림 4.62 곡관의 종류

ⓓ 장방형 곡관의 압력손실

장방형 곡관의 압력손실은 반경비 r/d 외에 관의 형상비 w/d에 의해 변화한다. 반경비가 1.0 이상일 때 손실이 적어지고 형상비도 그 값이 1.0보다 클 때 기류의 방향전환이 손쉬워지며 고형상비일수록 낮은 손실을 갖는다. 표 4.14에서 압력손실계수를 구하여 다음 식에 의해 방형곡관의 압력손실을 계산한다.

$$\Delta P = \xi P_v = \xi \frac{\gamma v^2}{2g} \quad \cdots\cdots (4.12)$$

표 4.14 방형곡관의 압력손실계수(ξ)

반경비[r/d]	형상비[W/D]					
	0.25	0.5	1.0	2.0	3.0	4.0
0.0	1.50	1.32	1.15	1.04	0.92	0.86
0.5	1.36	1.21	1.05	0.95	0.84	0.79
1.0	0.45	0.28	0.21	0.21	0.20	0.19
1.5	0.28	0.18	0.13	0.13	0.12	0.12
2.0	0.24	0.15	0.11	0.11	0.10	0.10
3.0	0.24	0.15	0.11	0.11	0.10	0.10

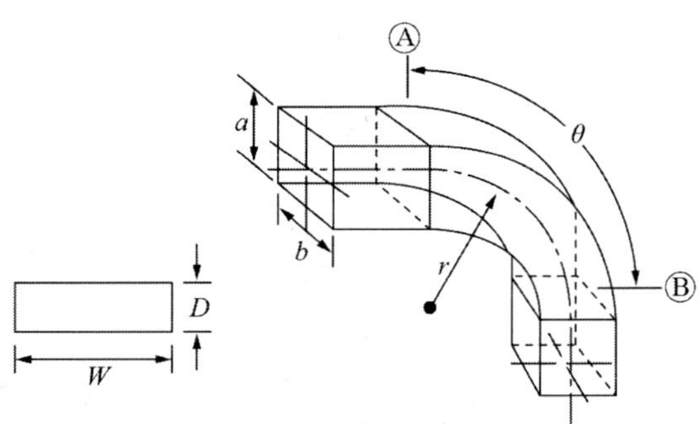

그림 4.63 방형곡관

그림 4.63에서 곡관 각 θ가 90^o보다 클 때 압력손실은 기댓값보다 더 작은 값을 나타내지만 90^o보다 작을 때에는 근사적으로 다음 식에 의해 구할 수 있다.

$$\Delta P = \Delta P_{90} \times \frac{\theta}{90} = (\xi \times \frac{\theta}{90}) \times P_V \quad \cdots\cdots (4.13)$$

ⓔ 합류관의 압력손실

제연설비에서 여러 개의 주관과 분지관을 연결할 때는 확대관을 이용하여 엇갈리게 연결하고 분지관과 분지관 사이의 거리는 덕트 지름의 6배 이상이 되도록 하는 것이 좋다. 분지관이 연결되는 주관의 확대관은 15° 이내가 적합하며 주 관측의 확대관의 길이는 직경차의 5배 이상 즉, $l \geq 5(d_2 - d_1)$이 되는 것이 좋다. 압력손실은 주관과 분지관의 기류가 합류하는 곳에서 두 관의 기류가 혼합될 때 와류 발생과 운동량의 전달에 의해 일어나며, 합류각 θ가 작을수록 합류부의 굴곡이 완만해져 손실은 적어진다. 일반적으로 합류각은 30° 이하가 적절하며 45^o를 초과하지 않도록 한다.

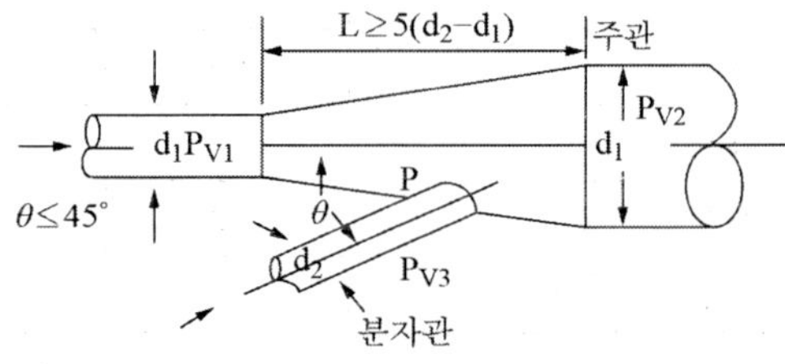

그림 4.64 합류관

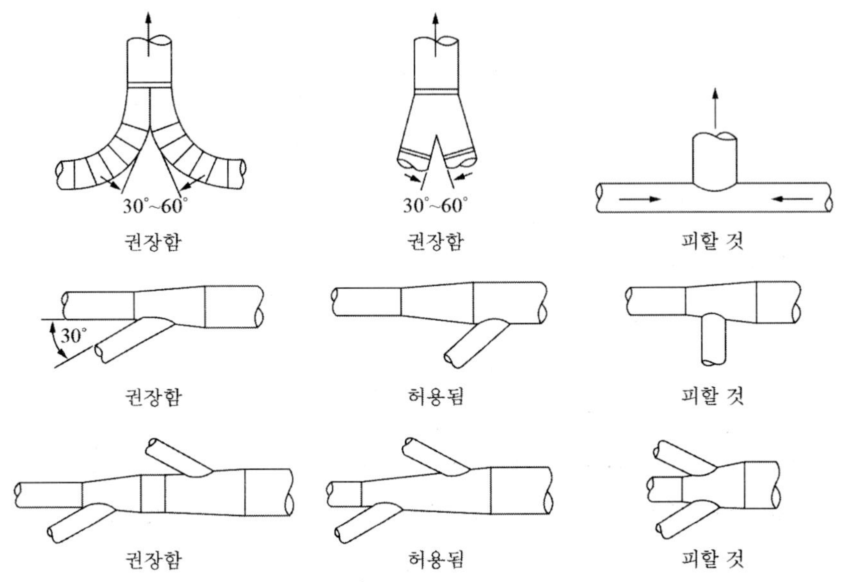

그림 4.65 분지관 연결 방법

합류관 압력손실 ΔP는 주관의 압력손실 ΔP_1과 분지관의 압력손실 ΔP_2를 합한 것이 된다. 원형 합류관의 압력손실은 표 4.15와 같다.

$$\Delta P = \Delta P_1 + \Delta P_2 = \xi_1 P_{V1} + \xi_2 P_{V2} \quad \cdots\cdots (4.14)$$

표 4.15 원형 합류관의 압력손실계수

θ(각도)	덕트	주덕트	θ(각도)	덕트	주덕트
	$\xi = \frac{\Delta P}{p_{v2}}$	$\xi = \frac{\Delta P}{p_{v1}}$		$\xi = \frac{\Delta P}{p_{v2}}$	$\xi = \frac{\Delta P}{p_{v1}}$
10	0.06	0.2	40	0.25	0.2
15	0.09		45	0.28	
20	0.12		50	0.32	
25	0.15		60	0.44	
30	0.18		90	1.00	0.7
35	0.21				

방형 합류관의 주관의 압력손실은 0에 가까우므로 무시하고 분지관의 압력손실만 고려하

면 된다. 분지관의 압력손실은 방형 곡관의 압력손실을 구하는 방법을 적용한다.

ⓕ 확대관의 압력손실

확대관은 점차적 확대관과 돌연 확대관이 있다. 점차적 원형 확대관은 단면이 확대됨에 따라 속도압이 감소한다. 확대가 완만하게 이루어진다면 속도압이 감소한 만큼 완전히 정압으로 회복이 가능할 것이다. 그러나 실제로는 완전한 변환이 어려우며 감소된 속도압 $(P_{V1} - P_{V2})$ 중 정압으로 회복되지 않는 나머지는 압력손실로 나타난다. 따라서 확대관은 관의 단면적이 점차 확대할 경우 확대각 θ가 작으면 유체는 벽면을 따라 흐르나 θ가 크면 박리와 와류를 형성하여 수두손실을 크게 한다. 그림 4.66에서는 점차적 원형 확대관을 보여주고 있다.

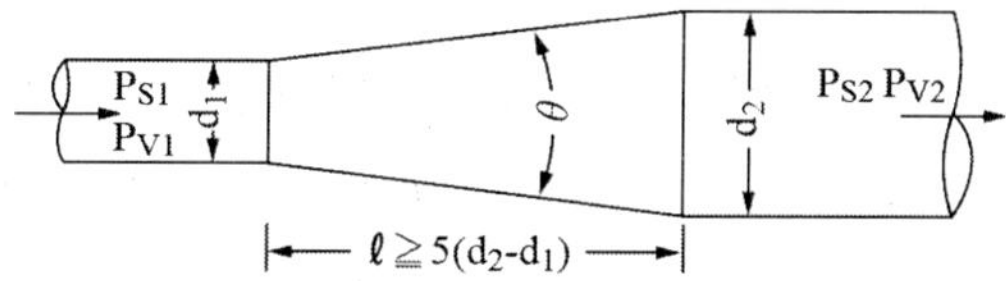

그림 4.66 점차적 원형 확대관

압력손실(ΔP)은 다음 식으로 계산되고

$$\Delta P = \xi(P_{V1} - P_{V2})$$

정압회복량$(P_{s2} - P_{s1})$은

$$\begin{aligned} P_{s2} - P_{s1} &= (P_{V1} - P_{V2}) - \Delta P \\ &= (1-\xi)(P_{V1} - P_{V2}) \\ &= \xi'(P_{V1} - P_{V2}) \quad \cdots\cdots (4.15) \end{aligned}$$

여기서, ξ : 압력손실계수

P_V : 속도압

P_s : 정압

ξ' : 정압회복계수

표 4.16은 원형 확대관의 확대각에 따른 압력손실계수를 나타내었다.

표 4.16 원형 확대관의 압력손실계수와 정압회복계수

확대 각[θ^o]	압력손실계수[ξ]	정압회복계수[ξ']	확대 각[θ^o]	압력손실계수[ξ]	정압회복계수[ξ']
5	0.17	0.83	40	0.72	0.28
7	0.22	0.78	50	0.87	0.13
10	0.28	0.72	60	1.00	0
20	0.44	0.56	60 이상	1.00	0
30	0.58	0.42			

그림 4.67에서는 돌연 확대관을 보여주고 있다. 돌연 확대관에서는 감소한 속도압으로부터 아무런 정압회복도 나타나지 않으므로 압력손실계수는 1.0이다. 표 4.16에 보인 것처럼 확대 각이 점진적일 때는 압력손실계수는 확대 각의 함수이다. 확대 각이 커지면서 60^o를 초과하면 어떠한 정압회복도 일어나지 않아 초기 속도압을 완전히 잃어버리기 때문에 정압회복계수는 0이다. 그러므로 이 확대 각 60^o를 점진확대와 돌연확대의 경계가 된다.

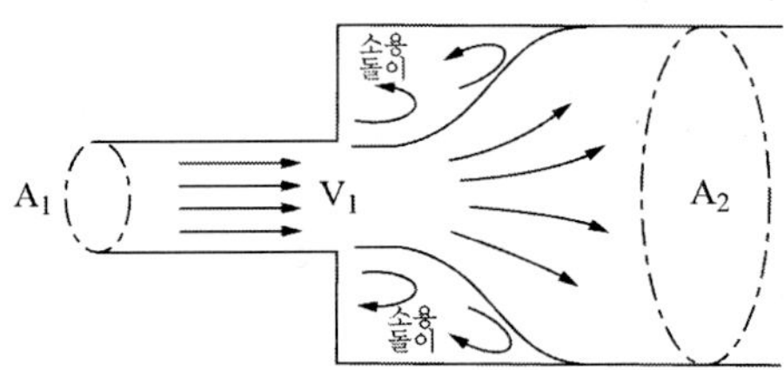

그림 4.67 돌연확대관

확대 각이 작아질수록 난류로 인한 압력손실은 감소하지만 확대관의 길이가 길어지므로 마찰에 의한 압력손실이 증가하게 된다. 따라서 마찰과 난류에 의한 압력손실이 최소가 되기 위하여 확대 각이 약 8°정도 되어야 한다. 8°보다 작을 때에는 마찰이 압력손실을 증가시키고 8°보다 클 때는 난류가 압력손실을 증가시킨다. 일반적으로 확대 각은 8~15° 정도가 적당하며, 확대관의 길이는 $l \geq 5(d_2 - d_1)$을 만족하도록 하여 단면의 변화를 완만하게 하는 것이 좋다.

ⓖ 축소관의 압력손실

단면적이 흐름방향으로 점차 수축하는 수축관(gradual contraction)의 경우는 유속은 점차 증가하고 압력은 저하하므로 흐름에 박리현상은 일어나지 않는다. 배관의 단면이 축소됨에 따라 정압이 속도압으로 변환되어 압력손실과 정압감소가 일어난다. 확대관에서 확대 각과 마찬가지로 축소 각이 작을수록 압력손실은 적어진다. 그래서 축소관은 축소 각이 45° 이하일 때는 그 손실을 무시하는 경우가 많다. 따라서 축소관의 길이도 $l \geq 5(d_2 - d_1)$의 관계를 만족하는 것이 좋다. 원형 축소관에서의 압력손실은 다음 식으로 구한다. 그림 4.68은 원형 축소관을, 표 4.17은 압력손실계수를 보여주고 있다.

$$\Delta P = \xi (P_{V2} - P_{V1}) \quad \cdots\cdots (4.16)$$

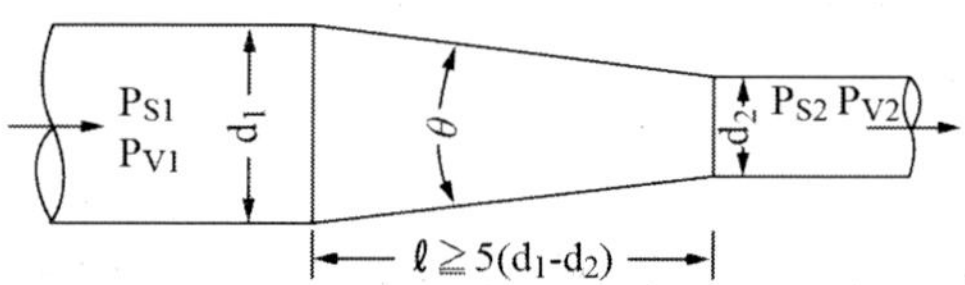

그림 4.68 원형 축소관

표 4.17 원형축소관에 대한 압력손실계수

축소 각[θ^o]	압력손실계수[ξ]	축소 각[θ^o]	압력손실계수[ξ]
10	0.05	50	0.11
20	0.06	60	0.13
30	0.08	90	0.20
40	0.10	120	0.30

정압감소량은

$$P_{S2} - P_{S1} = -(P_{V2} - P_{V1}) - \Delta P$$
$$= -(1+\xi)(P_{V2} - P_{V1}) \quad \cdots\cdots (4.17)$$

ⓗ 유입공기의 배출구 압력손실

유입공기의 배출구는 화재층의 제연구역과 제연구역과 면하는 옥내로부터 옥외로 배출되도록 설치하는 것이다. 유입공기의 배출은 수직풍도에 의한 배출과 배출구에 따른 배출이 있다. 수직풍도에 따른 배출은 개방 시 실제 개구부의 크기는 수직풍도의 내부 단면적과 같도록 설계하고, 배출구에 따른 배출은 개폐기의 개구면적은 다음 식으로 산출한 수치 이상으로 해야 한다.

$$A_O = \frac{Q_N}{2.5} \qquad (4.18)$$

여기서, A_O : 개폐기의 개구면적(m^2)

Q_N : 수직풍도가 담당하는 1개 층의 제연구역의 출입문 1개의 면적(m^2)과 방연풍속을 곱한 값(m/s)

배출구의 압력손실은 배출구를 통과하는 기류의 속도압에 압력손실계수를 곱하여 구한다. 댐퍼의 압력손실은 댐퍼의 종류에 따라 풍속이 2 m/s인 경우 일반적으로 표 4.18의 수치를 사용한다. 정압은 대략 다음 식으로 구한다.

$$\Delta P = \xi P_V \qquad (4.19)$$

$$P_S = (\xi - 1) P_V$$

표 4.18 댐퍼의 압력손실

댐퍼의 종류	압력손실[mmAq]	댐퍼의 종류	압력손실[mmAq]
버터플라이댐퍼	0.5~1.0	양슬라이드댐퍼	2.0~2.5
루바댐퍼	2.0~3.0	국좌댐퍼	2.0~3.0
밴댐퍼	1.0~1.5	편지지댐퍼	1.5~3.0
방화댐퍼	1.0	스트리트댐퍼	0.5
편슬라이드댐퍼	1.5~2.0		

그림 4.69에서는 배출구 형상에 따른 압력손실계수를 나타내었다.

No.	명칭	그림	상태				손실계수[ζ]
1	관출구 (오리피스부착)		A_2/A_1	0.5			7.76
				0.6			4.65
				0.8			1.95
				1.0			1.00
2	관출구 (점진적인 확대)		A_2/A_1	1.43	θ	10°	0.64
						20°	0.72
						30°	0.79
						40°	0.86
				1.67		10°	0.55
						20°	0.64
						30°	0.74
						40°	0.83
				2		10°	0.48
						20°	0.58
						30°	0.70
						40°	0.79
3	관출구 (점진적인 확대)		A_2/A_1	2.5	θ	10°	0.40
						20°	0.53
						30°	0.65
						40°	0.76
				3.3		10°	0.34
						20°	0.48
						30°	0.62
						40°	0.73
4	흡출구 (타발철판)		자유면적비	0.2			30~41
				0.4			6.0~8.6
				0.6			2.3~3.7
5	관출구						1.0

그림 4.69 배출구 형상에 따른 압력손실계수

⑤ 덕트의 조도와 압력손실 관계

표 4.19에서는 덕트 내면의 조도를, 표 4.20에서는 1 atm에 대한 건공기의 성질을 나타낸 것이다. 건공기의 비중량은 온도가 상승하면 감소되고 점성계수는 운동량 수송에 의하므로 온도 상승에 따라 증가되는 것을 보여주고 있다.

표 4.19 덕트 내면의 조도(ϵ)

덕트 내면	조도[ϵ : mm]	사용 예
아주 매끈하다	0.00045	인발강관
매끈하다	0.045	매끈한 강철관
보통	0.15	아연철관
조잡하다	0.9	콘크리트 덕트(0.3～2 mm)
아주 조잡하다	3	리벳트를 타격한 철판(1～7 mm)

표 4.20 1 atm에 대한 건공기의 성질

온도[t℃]	비중량 γ [g/cm^3]	점성계수 μ[g/cm·s]	동점성계수 ν[cm^2/s]
0	1.293×10^3	1.709×10^3	0.132 2
20	1.221×10^3	1.807×10^3	0.150 1
50	1.093×10^3	1.951×10^3	0.178 5
100	0.946×10^3	2.175×10^3	0.229 9
150	0.834×10^3	2.385×10^3	0.286 0
200	0.746×10^3	2.582×10^3	0.346 1
250	0.675×10^3	2.770×10^3	0.410 4
300	0.616×10^3	2.946×10^3	0.478 2
350	0.567×10^3	3.113×10^3	0.549 0
400	0.525×10^3	3.277×10^3	0.624 6
450	0.488×10^3	3.433×10^3	0.703 5
500	0.457×10^3	3.583×10^3	0.784 0

그림 4.70에서는 온도 20℃, 습도 60%, 기압 760 mmHg의 상태에서 관 내면의 조도 $\epsilon = 0.18$ mm의 아연도금 철판제 덕트의 압력손실을 나타낸 그림이다. 또 공기의 비중이 1.2 이외의 경우는 그 비중량을 λ로 할 때 $\lambda/1.2$을 곱한다. 다만, 제연 덕트의 경우는 온도상승에 의한 비중의 변화를 고려한다. 표 4.21에서는 덕트 재료에 따른 보정치를 나타낸 것이다.

표 4.21 덕트 재료에 따른 보정치 k_ϵ(아연도금철판제 덕트)

덕트 내면의 상태	예	풍속[m/s]			
		5	10	15	20
특히 조잡한 면	콘크리트 면	1.7	1.8	1.85	1.9
조잡한 면	모르타르 면	1.3	1.35	1.35	1.37
특히 매끈한 면	인발강관, 비닐관	0.92	0.85	0.82	0.80

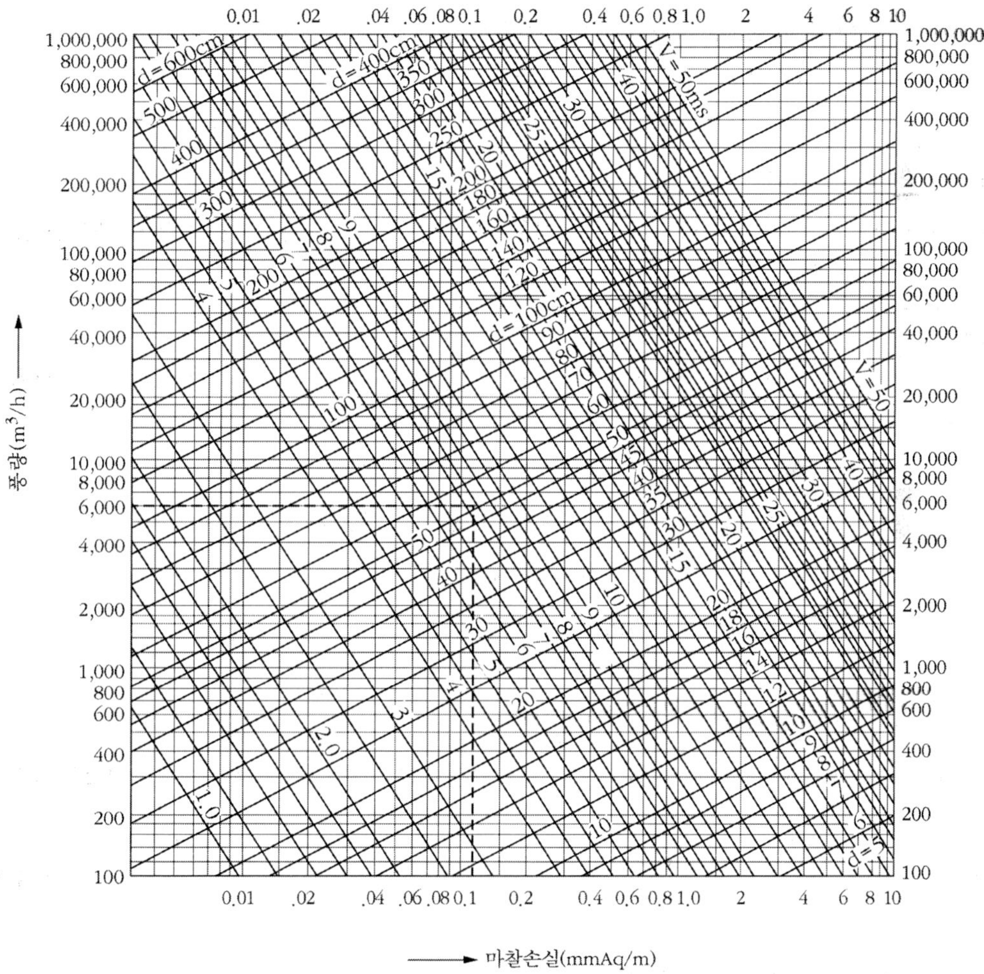

그림 4.70 아연도금철판제 덕트의 압력손실(20℃, 60%, 760 mmHg, ϵ = 0.18 mm)

⑥ 배출풍도 각 변의 길이 또는 직경 계산

ⓐ 정사각형

배출풍도가 정사각형으로 설치되는 경우 한 변의 길이는 다음 식에서 계산된 값 이상으로 한다.

$$L = \sqrt{\frac{Q}{V}} \quad \cdots\cdots (4.20)$$

여기서, L : 배출풍도 한 변의 길이(m)

Q : 배출풍도 내에서의 풍량(m^3/min)

V : 배출풍도 내에서의 풍속(m/s)

ⓑ 직사각형 - 가로(밑변)의 길이계산

배출풍도가 직사각형으로 설치되는 경우 가로(밑변)의 길이는 다음 식에서 계산된 값 이상으로 한다.

$$L = \frac{Q}{V \times h} \quad \cdots\cdots (4.21)$$

여기서, L : 배출풍도 한 변의 길이(m)

Q : 배출풍도 내에서의 풍량(m^3/min)

V : 배출풍도 내에서의 풍속(m/s)

h : 배출풍도의 높이(m)

ⓒ 원형 - 직경계산

배출풍도가 원형으로 설치되는 경우 직경은 다음 식에서 계산된 값 이상으로 한다.

$$d = \sqrt{\frac{4Q}{\pi \times V}} \quad \cdots\cdots (4.22)$$

여기서, d : 배출풍도의 직경(m)

Q : 배출풍도 내에서의 풍량(m^3/min)

V : 배출풍도 내에서의 풍속(m/s)

⑦ 배출기 전후 흡입 및 배출풍속

ⓐ 풍속이 15 m/s 이하를 저속풍도라고 하며, 이는 풍도 크기를 정하는 기준이 되는 중요한 항이다.

ⓑ 풍속은 소음 및 손실과 관련이 있다. 따라서 속도가 낮을수록 좋으나 경제적 측면을 고려하여 선정하여야 한다.

ⓒ 풍속이 크면 정압이 크게 된다.

ⓓ 배출기의 흡입 측 풍도 안의 풍속은 15 m/s 이하로 하고 배출 측 풍속은 20 m/s 이하로 한다.

문제

400 m^2 이상의 거실로서 직경 40 m 이내이며 벽으로 구획되어 있을 때 제연경계 수직거리가 2 m에 해당하면 배출량은 표 4.4에서 40,000 CMH(m^3/hr)이다. 배출풍도의 단면을 구하시오.

풀이 연속방정식 $Q = AV$에서

배출량 Q는 $\left(\dfrac{40000\ m^3/h}{3600\ s}\right) = 11\ m^3/s$

배출풍도 단면적은 $A = \dfrac{Q}{V} = \dfrac{11\ m^3/s}{15\ m/s} \fallingdotseq 0.74\ m^2$

단, 풍도의 가로와 세로의 비(종횡비; aspect ratio)는 마찰손실을 감안하여 4 : 1 이하로 제한하도록 하고, 풍도의 단면은 가능하면 정사각형이 되도록 한다.

배출기의 흡입 측 풍도 안의 풍속과 배출 측 풍속을 쓰시오.

정답 ① 흡입측 풍도안의 풍속 : 15 m/s 이하

② 배출측 풍속 : 20 m/s 이하

제연설비에서 배출기 및 배출풍도에 관한 설명 중 틀린 것은?

① 배출기와 배출풍도의 접속 부분에 사용되는 캔버스는 내열성의 재료로 할 것
② 배출기의 전동기 부분과 배풍기 부분은 분리하여 설치할 것
③ 배출기의 흡입 측 풍도 안의 풍속은 15 m/s 이상으로 할 것
④ 배출기의 배출 측 풍도 안의 접속은 20 m/s 이하로 할 것

정답 ③

풀이 배출풍속

- 배출기 흡입 측 15 m/s 이하로 할 것

다음 조건을 참조하여 제연설비의 배연덕트 단면적(cm^2)은 얼마인가?

[조건]
① 배출풍량은 40 m^3/hr이다.
② 배출풍속은 3 m/s이다.

풀이 연속방정식 $Q=AV$에서

$$A=\frac{Q}{V}=\frac{40\,m^3/h}{3\,m/s}\times\frac{1\,h}{3600\,s}=0.003704\,m^2=37.04\,cm^2$$

제연설비의 공기유입 덕트 내에 풍량 180 m^3/min의 공기가 유입될 때 A, B, C 각 지점의 공기의 풍속은 각각 얼마인가? (단, 덕트 내 마찰손실은 무시한다.)

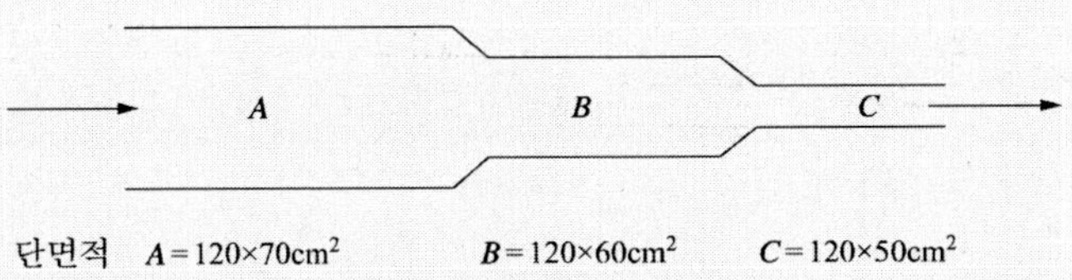

풀이 ① A지점 : $V=\frac{Q}{A}=\frac{180/60\,m^3/s}{(120\times70\times10^{-4})\,m^2}=3.57$ m/s

② B지점 : $V=\frac{Q}{A}=\frac{180/60\,m^3/s}{(120\times60\times10^{-4})\,m^2}=4.17$ m/s

③ C지점 : $V=\frac{Q}{A}=\frac{180/60\,m^3/s}{(120\times50\times10^{-4})\,m^2}=5$ m/s

⑧ 유입풍도 안의 풍속

ⓐ 유입풍도 내의 급기풍속을 20 m/s로 하며, 고속으로 외부공기를 주입하는 것은 화재 시 발생하는 열기류에 의해 화재실의 압력이 상승하게 되므로 고속으로 공기를 주입하여 강제급기를 하라는 의미이다.

ⓑ 풍속이 20 m/s 초과로 너무 빠를 경우 화재실의 화재의 강도를 증가시켜 열기류나 연기를 확산시키게 되므로 유입풍도 내의 풍속을 최대 20 m/s 이하로 규정하고 있고, 유입구에서

의 풍속은 5 m/s 이하가 되어야 한다.

ⓒ 옥외에 면하는 배출구 및 공기유입구

옥외에 면하는 배출구 및 공기유입구는 비 또는 눈 등이 들어가지 아니하도록 하고 배출구와 공기유입구가 근접되어 설치될 경우 배출구에서 배출된 연기가 공기유입구를 통하여 각 실에 재순환되어 재실자의 피난에 방해가 될 수 있으므로 배출구에서 배출되는 연기가 공기유입구로 흡입되지 않도록 충분히 이격시켜야 한다.

⑨ 배출풍도의 구조 및 이음

배출풍도의 구조는 금속 혹은 석면으로 거실면, 천장, 바닥 등에 금속 이외의 불연재로 피복하여야 한다. 일반적으로 배연풍도는 고정압으로 된 경우가 많으므로 덕트 구조는 튼튼히 해야 한다. 배출기나 풍도의 접속은 플랜지 등으로 연결한다. 그림 4.72에서는 플랜지 이음 대신 최근 많이 사용하고 있는 스마크나(SMACNA : Sheet Metal and Air Conditioning contractors National Association)방식에 의한 접속법을 나타내었다. 또한 슬리브 이음은 주로 장변이음 500 mm 이하의 소형 덕트에 이용되는 스마크나 공법에 의한 간이이음을 그림 4.73에 나타내었다.

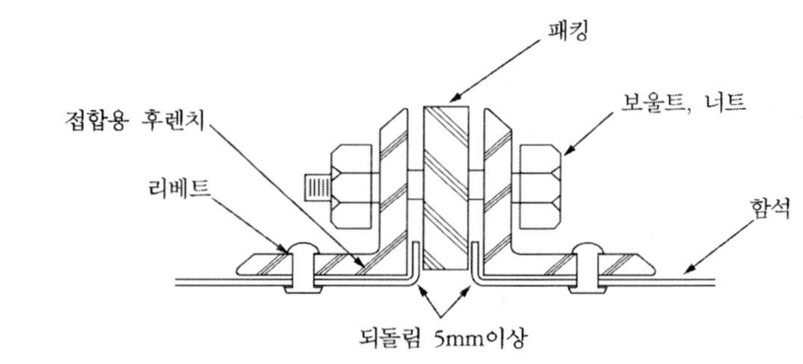

그림 4.71 플랜지 이음

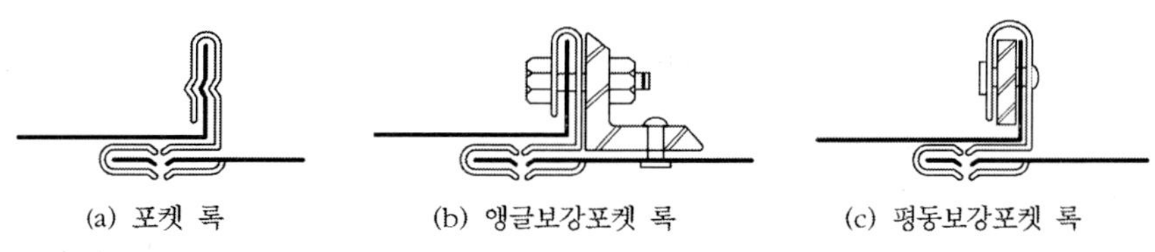

그림 4.72 포켓 록 이음

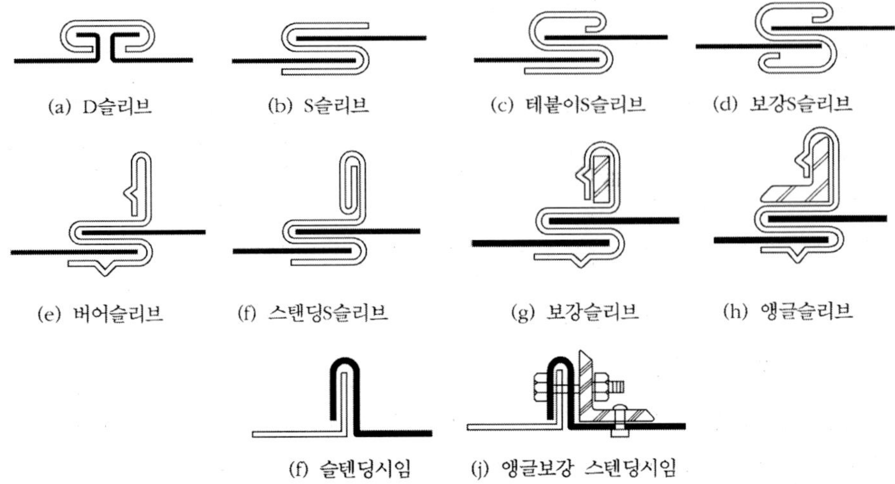

그림 4.73 슬리이브 이음

⑩ 배출풍도의 단열 처리

국토교통부에서 제정한 "건축기계설비공사 표준시방서(2005년)"의 보온공사 편에 따르면 단열을 하기 위한 보온재의 종류는 다음과 같이 구분하지만 소방에서는 난연 성능 이상의 제품을 사용하여야 한다.

ⓐ 보온재의 종류

㉮ 미네랄 울 보온재(KS L 8102)

㉯ 암면 보온재(KS F 4701)

㉰ 유리면 보온재(KS L 9102)

㉱ 발포 폴리스틸렌 보온재(KS M 3808)

㉲ 발포 폴리에틸렌 보온재(KS M 3862)

㉳ 규산칼슘 보온재(KS L 9101)

㉴ 발수성 펄라이트 보온재(KS L 4714)

㉵ 경질우레탄폼 보온재(KS M 3809)

㉶ 고무발포 보온재

ⓑ 보온재 두께

㉮ 보온두께는 보온재만의 두께를 말하며 외장재 및 보조재의 두께는 포함하지 않는다.

㉯ 결로 및 동파방지가 동시에 필요할 경우의 보온두께는 두 가지 중에서 큰 쪽의 시방을 적용한다.

㉰ 기기, 풍도 및 배관의 보온두께는 2.3(기기의 보온두께), 2.4(풍도의 보온두께), 2.5(배관의 보온두께)에 있는 조건과 시공장소의 조건이 현저하게 다른 경우는 그 조건에 따라 KS F 2803(보온·보냉 공사의 시공표준)에 준해서 산정되는 것에 따른다.

㉱ 보온과 보냉이 동시에 필요한 경우의 보온두께는 두 가지 중에서 두께가 큰 쪽의 시방을 적용한다.

㉲ 발포폴리에틸렌, 고무발포 등 기타 재료의 보온, 보냉 두께는 공사 시방서를 참조한다.

ⓒ 풍도의 보온두께

㉮ 노출 장방형 풍도의 보온재 및 보온두께는 다음에 따른다.(조건 : 내부온도 (12~40)℃, 외부온도 (5~33)℃, 상대습도 70%).

표 4.22 노출 장방형 풍도의 보온재 및 보온두께

종별	보온재	보온두께[mm]
1	유리면 보호관 2호 24k, 32k, 40k(40k는 유리직물 마감의 경우에 사용한다)	25
2	암면 보호관 1호, 2호(2호는 유리직물 마감의 경우에 사용한다)	35

㉯ 은폐 장방형 풍도의 보온재 및 보온두께는 다음 표에 따른다.(조건 : 내부온도 (12~40)℃, 외부온도 (5~33)℃, 상대습도 70%).

표 4.23 은폐 장방형 풍도의 보온재 및 보온두께

종별	보온재	보온두께[mm]
1	유리면 보호관 2호 24k, 32k, 40k	25
2	미네랄 울 암면 보호관	25

㉰ 노출 원형 풍도의 보온재 및 보온두께는 다음 표에 따른다.(조건 : 내부온도 (12~40)℃, 외부온도 (5~33)℃, 상대습도 70%).

표 4.24 노출 원형 풍도의 보온재 및 보온두께

종별	보온재	보온두께[mm]
1	유리면 보호관 2호 24k, 32k, 40k	25
2	유리면 보호대 2호 24k, 32k, 40k	25
3	미네랄 울 보온대 1호	25
4	미네랄 울 펠트	25

㉣ 은폐 원형 풍도의 보온재 및 보온두께는 다음 표에 따른다(조건 : 내부온도 12~40℃, 외부온도 5~33℃, 상대습도 70%).

표 4.25 은폐 원형 풍도의 보온재 및 보온두께

종별	보온재	보온두께[mm]
1	유리면 보호관 2호 24k, 32k	25
2	유리면 보호대 2호 24k, 32k	25
3	미네랄 울 보온대 1호	25
4	미네랄 울 펠트	25

㉤ 제연 풍도 보온재 및 보온두께는 다음 표에 따른다.

표 4.26 제연 풍도 보온재 및 보온두께

종별	보온재	보온두께[mm]
1	유리면 보호관 2호 24k, 32k, 40k	25
2	유리면 보호대 2호 24k, 32k, 40k	25
3	미네랄 울 보온대 1호, 2호	25
4	미네랄 울 보온대 1호	25
5	미네랄 울 펠트	25

⑪ 단열재

ⓐ 단열의 목적

㉮ 제연설비의 전용 풍도는 평상시 사용하는 것이 아니기 때문에 소음을 방지하기 위한 목적은 크지 않고, 열전달 방지를 위한 목적은 크다고 할 수 있다.

㉯ 화재 시 뜨거운 연기와 열기를 배출해야 하기 때문에 강판의 두께 및 단열처리를 요구하는 것이며, 이에 비하여 급기의 경우는 신선한 외부의 공기를 주입하므로 단열기준은 없다.

㉰ 화재 시 배출풍도로 연기류를 배출하는 과정에서 배출풍도가 가열되고 이로 인하여 풍도 주위의 가연물로 열이 전달되어 화재가 확산되는 것을 방지하기 위하여 배출풍도를 단열하는 것이다.

ⓑ 천장에서 가스의 온도

㉮ 수직운동부(Impingent area) : 화재플룸(fire plume)이 올라가 천장과 충돌하는 지역

$$T_m = 16.9 \times \frac{Q^{2/3}}{h^{5/3}} + T_\infty \qquad \left(\frac{r}{h} \leq 0.18\right) \quad \cdots\cdots (4.23)$$

여기서, Q : 총발열량(Kw)

h : 천장의 높이(m)

r : 방사상 위치

T_∞ : 주위온도(K)

㉯ 수평운동부(Ceiling jet area) : 화재로부터의 가스가 천장을 따라 수평 운동하는 지역

$$T_m = 5.38 \times \frac{\frac{Q^{2/3}}{h^{5/3}}}{\left(\frac{r}{h}\right)^{2/3}} + T_\infty = 5.38 \times \frac{\left(\frac{Q^{2/3}}{r}\right)}{h} + T_\infty \left(\frac{r}{h} > 0.18\right)$$

※ 천장의 온도 계산 예

총 방출열량(Q) 4,000 kw, 화재실 높이(h) 3 m, 화원중심부로부터 거리(r) 2 m일 때의 기류온도

$$= 5.38 \times \frac{\left(\frac{Q^{2/3}}{r}\right)}{h} + T_\infty = 5.38 \times \frac{\left(\frac{4000}{2}\right)^{2/3}}{3} + 293 \fallingdotseq 578(K)$$

※ 화재 초기에 천장의 플룸(plume) 온도는 285℃ 이상이 되는 경우가 많다.

ⓒ 단열재의 재질

㉮ 화재 시 배출하는 열기류의 온도를 정확히 정하는 것은 매우 곤란하다.

㉯ 배출하는 풍도의 열기류의 온도를 정확히 정하기 위해서는 개구부의 형태, 화재하중, 화재의 위치, 발화원의 종류, 화재크기, 소화설비의 설치유무, 시간, 화재실로부터의 풍도 내 이송거리 등 매우 많다.

㉰ 제연설비는 기준에서 정하는 대로 20분 동안은 정상적으로 작동되어야 한다. 따라서, 단열재의 재질은 건축법상 난연재료, 준불연재료 또는 불연재료로 시공하는 것이 합리적이다.

(9) 제연풍도의 시공법

① 풍도의 설치

제연풍도의 설치는 목재 이외의 가연재료로부터 15 cm 이상 이격시켜 설치한다. 다만 두께가 10 cm 이상 금속 이외의 불연재료에서 피복 부분은 이 제한이 없어도 된다. 또 풍도가 방연벽을 관통하는 부분에 있어서는 풍도와 방연벽과의 틈을 모르타르 그 외의 불연재료로 채워야 한다.

② 관통부의 처리

화재의 최전성기에 있어서 이미 제연이 불필요한 화재에서는 제연덕트가 개방되어 있으면 제연덕트를 매개로 연소할 위험이 증대한다. 그 때문에 제연덕트가 방연벽이나 수직구획을 관통할 경우에는 구획 관통부에 온도 280℃로 작동하는 방화댐퍼를 설치하여야 한다.

방화댐퍼의 설치기준을 다음에 나타내었다.

ⓐ 방화댐퍼는 철판제로 철판의 두께가 1.5 mm 이상인 것

ⓑ 폐쇄한 경우 방화상 지장의 틈이 없도록 할 것

ⓒ 가열에 의한 현저한 변형이 생성되지 않도록 할 것

ⓓ 댐퍼에 사용할 스프링, 축수, 그 외 가동부의 재료는 부식이 어려운 재료를 사용한 것으로 할 것

ⓔ 화재가 발생한 경우는 연기의 발생 또는 온도의 상승에 의하여 자동적으로 닫혀야한다.

ⓕ 화재 시 덕트가 낙하하여 덕트의 무게가 방화벽의 관통부에 가해져 댐퍼가 떨어져 방연, 방화가 불가능하게 될 염려가 있으므로 방화댐퍼를 벽에 견고하게 고정해야 한다.

ⓖ 방화댐퍼의 슬리이브는 1.5 mm 이상의 철판으로 한다.

ⓗ 댐퍼는 검사하기 쉬운 천장, 벽 등에 점검구를 설치하여야 하며, 점검구의 크기는 천장면에서 전체 길이가 30 cm 이상, 벽면의 경우 45 cm 이상으로 하여야 한다.

ⓘ 덕트에 검사구를 설치하여 날개의 개폐 및 작동상태를 확인할 수 있도록 하여야 한다.

ⓙ 방화벽에서 댐퍼까지의 풍도는 latch 모르타르를 10 mm 이상으로 내화 피복하든지 1.5 mm 이상의 철판을 사용하여 열에 의해 쉽게 변형되지 않는 구조로 하여야 한다.

ⓚ 풍도가 방화벽을 관통하는 부분은 틈의 사이를 막도록 하여 연기나 화염이 다른 구획에 누설되지 않도록 한다. 또 관통 샤프트 내에도 각 층에 슬라브를 설치하여 슬라브 관통 주위의 틈을 막도록 한다.

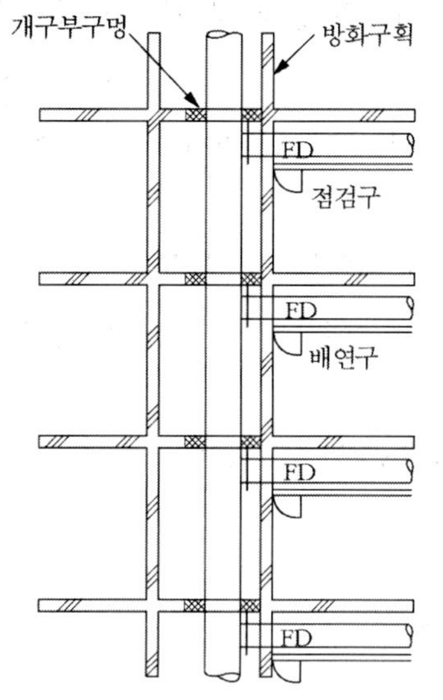

그림 4.74 샤프트 내 제연덕트 설치 예

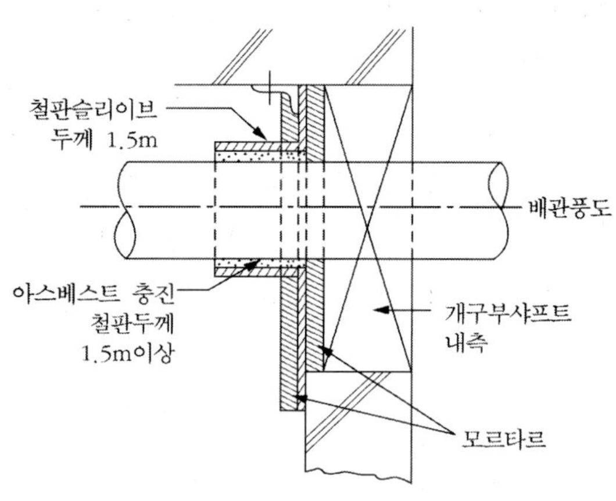

그림 4.75 샤프트 벽(방화구획의 경우)

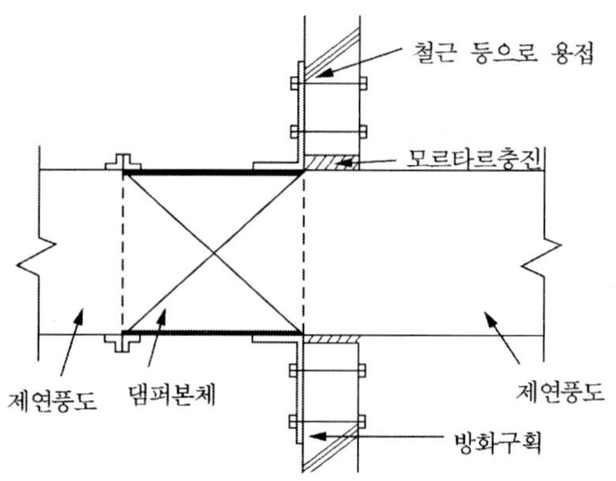

그림 4.76 방화댐퍼 부착 예

(10) 제연설비의 설치제외

① 화장실·목욕실 또는 사람이 상주하지 아니하는 50 m^2 미만의 창고

해당 장소의 경우는 화재 발생의 우려가 낮으며 또한 창고의 경우 50 m^2 미만의 규모는 사람이 상주하지 않는 소규모인 관계로 이를 제연설비 적용에서 제외하도록 한 것이다

② 기계실·전기실·공조실·50 m^2 미만의 창고

사람이 상주하지 아니하는 기계실·전기실·공조실·50 m^2 미만의 창고로 제연설비 적용

제외 부분을 대폭적으로 확대하여 배출구·공기유입구의 설치 및 배출량 산정에서 이를 제외한다.

③ 발코니를 설치한 숙박시설(가족호텔 및 휴양콘도미니엄에 한함)의 객실의 경우 다음의 경우만 해당한다.

ⓐ 발코니가 설치되어야 하며 발코니가 없는 경우는 해당되지 아니한다. 발코니가 있을 경우에는 객실 화재 시 객실에 연기가 체류할 가능성이 줄어들며 또한 발코니를 이용하여 피난이 가능하기 때문이다.

ⓑ 숙박시설 중 가족호텔 및 휴양콘도미니엄에 한하여 제외된다.

참고

건축법상 숙박시설

- 일반숙박시설 : 호텔, 여관 및 여인숙(공중위생관리법의 적용)
- 관광숙박시설 : 관광호텔, 수상관광호텔, 한국전통호텔, 가족호텔 및 휴양콘도미니엄(관광진흥법의 적용)

(11) 제연설비 설치·유지기준의 특례

① 소방본부장 또는 소방서장이 판단할 때 기존 건축물의 증축, 개축, 대수선 또는 용도 변경되는 경우 제연설비 공사의 공정상 풍도, 배관, 배선 등이 곤란한 경우 해당 설비의 기능 및 사용에 지장이 없는 범위 안에서 제연설비의 설치·유지기준의 일부를 적용하지 아니할 수 있다

② 제연설비의 배관·배선 설치공사의 곤란성에 관한 것은 작동 및 기능에 지장이 없는지의 여부를 사전에 전문가의 자문을 받은 후 소방본부 또는 소방서에 질의하여 공사면제에 대한 회신을 받아서 처리해야 한다.

③ 소방본부장 또는 소방서장은 제연설비의 풍도, 배관, 배선 등이 해당 설비의 기능 및 사용에 지장이 없고 화재안전성능기준 및 화재안전기술기준에서 만족하는 각종 성능 값들을 만족한다면 공사면제를 적용할 수 있는 것이다.

CHAPTER

05 제연설비 설계

5.1 거실 제연방식 선택

급·배기 방식과 상호 급·배기 방식 중 하나를 선택한다.

(1) 급·배기 방식

① 급·배기 방식 개요

ⓐ 급·배기 방식은 천장에 설치되거나 천장에 가까운 부분에 설치된 배연구로 연기를 배출하고, 바닥에 가까운 급기구로 보충 공기를 급기하는 방식으로, 가장 일반적인 방식이다.

ⓑ 급기구가 없이 배연창 등을 이용하여 자연스러운 보충 공기를 급기하는 방식이다.

② 급·배기 방식 설계 수행 순서

ⓐ NFPC 501 제6조에 따라 배출량을 계산한다. 연기는 상승하면서 주변 공기를 유입하여 연기의 양이 많아지기 때문에 제연경계의 수직거리가 높을수록 연기의 양이 더 많아지고, 따라서 배출량도 많아져야 한다.

ⓑ 댐퍼와 덕트 부속의 규격 및 위치와 수량을 확인한다.

ⓒ 가장 먼 제연구역의 덕트 관로와 송풍량을 확인한다.

ⓓ 가장 송풍량이 큰 제연구역과 관로를 확인한다.

ⓔ 직관 덕트의 전체 길이와 그 경로 전체에 풍량이 흐를 때의 마찰손실을 구한다.

ⓕ 댐퍼와 덕트 부속의 저항 손실을 구한다.

ⓖ 덕트 시스템의 전체 저항 손실을 구한다.

ⓗ 송풍기 전·후방의 부속과 송풍기 설치 방법에 따른 시스템 손실을 감안한다.

ⓘ 가장 큰 마찰손실에 20%를 할증하여 송풍기 정압을 구하고, 가장 많은 송풍량으로 송풍기를 선정한다.

(2) 상호 급·배기 방식

① 상호 급·배기 방식 개요

상호 급·배기 방식은 대규모 판매시설 등 매우 넓은 개방형 평면에 벽체가 없어서 보충 급기구를 낮은 곳에 설치하기 어려운 경우에 적용하는 방식으로써 천장에서 일정 폭으로 내려오는 제연경계를 사이에 두고 화재가 발생한 구획에서는 배연을 하고 주변 인접 구역에서 급기를 하여 연기를 화재가 발생한 구역에 한정시키는 방식이다

② 상호 급·배기 방식 설계 수행순서

ⓐ 급·배기 방식의 순서에 따른다.

ⓑ 상호 급·배기 방식의 제연은 화재구역에서 배출하고 인접구역에서 급기하는 방식이다. 따라서 공조 겸용으로 사용하는 경우, 급·배기 덕트가 모두 천장 속에 있고, 수많은 댐퍼에 의존하게 되므로 댐퍼 ON/OFF 스케줄이 매우 중요하다.

ⓒ 상호 급·배기 방식은 제연경계로 제연구획을 하기 때문에 제연경계의 폭과 높이에 대해 신중하게 검토해야 한다.

5.2 거실 아트리움 제연설비 설계

(1) 제연방식을 선택

① 자연배출방식

천장에 배연창을 설치하고, 배연창은 화재감지기와 연동하여 자동으로 열리게 함으로써 연기의 부력에 의해 연기를 배출하는 방식이다.

② 기계배출방식

배출기를 이용하여 연기를 강제로 배출하는 방식이다.

(2) 자연배출방식

① 아트리움은 일반적으로 넓고 천장이 높다. 연기가 상승할수록 유입되는 공기가 많아지기 때문에 천장이 높을수록 연기량이 많아진다. 따라서 배출량은 NFSC 501 제6조 제2항제2호의 최대 배출량인 65,000 m^3/hr(18 m^3/s)를 기준으로 한다.

② 자연 배연구의 표준 배출 유속은 NFSC 501 A 제14조 제4호 가목에 따라 2 m/s로 한다. 따라서 배출구 면적은 다음 식에 의해 9 m^2이 된다.

$$AP = \frac{Q_N}{2} \quad \cdots\cdots (5.1)$$

$$AP = \frac{18(\mathrm{m}^3/\mathrm{s})}{2(\mathrm{m}/\mathrm{s})} = 9(\mathrm{m}^2)$$

참고

수직풍도의 내부단면적(NFSC 501 A 제14조 제4호 가목)

① 자연배출식의 경우 다음 식에 따라 산출하는 수치 이상으로 할 것. 다만, 수직풍도의 길이가 100 m를 초과하는 경우에는 산출수치의 1.2배 이상의 수치로 하여야 한다.

$$AP = \frac{Q_N}{2}$$

여기서, AP : 수직풍도의 내부단면적 (m^2)

Q_N : 수직풍도가 담당하는 1개층의 제연구역의 출입문(옥내와 면하는 출입문) 1개의 면적(m^2)과 방연풍속(m/s)을 곱한 값(m^3/s)

② 송풍기를 이용한 기계배출식의 경우 풍속 15 m/s 이하로 할 것

③ 일반적으로 아트리움은 피난 장애 요소가 적고, 천장이 높아 연기층 하강시간이 많이 걸리며, 굴뚝효과에 의해 배출되므로 천장에 설치한 자연 배연구에 의한 배출 효과가 크다. 다만, 천장이 아닌 부분에 배연구를 설치한 경우에 배연구의 설치 위치보다 높은 곳에는 연기가 채워지게 되므로 배연구보다 높은 위치에 연결된 층은 모두 연기에 오염이 된다. 아트리움 로비의 출입문이 배출구 크기만큼 열릴 수 있을 때에는 자연 배연이 기계 배연보다 효과가 좋다. 아트리움은 연기 하강 시간이 길기 때문에 로비 출입문을 수동으로 열어도 된다. 다만, 출입문의 개방 면적이 배출구 면적 이상이 되도록 건축적 배려가 있어야 한다.

(3) 기계배출방식

① 자연배출식과 마찬가지로 아트리움의 표준 최대 배연량은 65,000 m^3/hr(18 m^3/s)를 기준으로 한다.

② 기계식 배연구의 표준 배출유속은 15 m/s로 이하로 하므로, 10 m/s로 정하면 배출구면적은 다음과 같다.

$$A = \frac{18\ \mathrm{m^3/s}}{10\ \mathrm{m/s}} = 1.8\ \mathrm{m^2}$$

(4) 거실 제연 설계의 예제

문제

거실의 크기가 가로 32 m × 세로 30 m, 수직거리가 3 m인 면적 960 m^2의 거실 제연구역 천장에 배연구(연기 배출구)를 배치할 때 배연구의 위치, 수량 및 크기를 계산하시오. 수직거리는 3 m로 한다.

풀이 ① 배연구의 수량 및 배치

화재안전성능기준 NFPC 501 제7조 제2항에 따라 제연구역 각 부분으로부터 배출구까지의 수평거리는 10 m 이내이어야 한다. 거실 내의 배연구는 다음 그림의 점선과 같이 제연구획을 6등분하고, 각 구간의 중앙에 배연구를 배치하면 가장 먼 곳까지의 수평거리는 1구획의 대각선 길이의 1/2이므로 $x = \sqrt{10.7^2 + 15^2} = 18.4$ m의 1/2인 9.2 m가 된다. 따라서 제연구역 각 부분으로부터 배출구까지의 수평거리는 10 m 거리 제한을 만족할 수 있다.

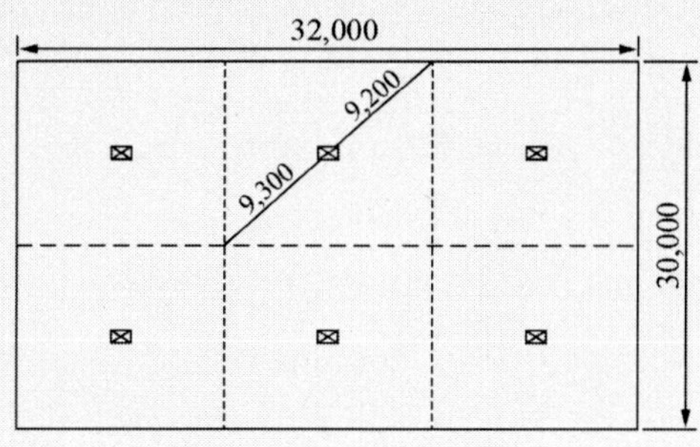

그림 5.1 배연구 수량 및 배치(예제)

② 배연구의 크기

제연구역은 가로 32 m × 세로 30 m이므로 대각선 길이는 43.86 m가 된다.

대각선길이 $= \sqrt{30^2 + 32^2} = 43.86$ m

따라서 국가화재안전기준 NFPC 501 제6조 제2항 제2호의 지름 40 m인 원의 범위를 초과하는 경우에 해당하므로, 제연경계하단의 높이(수직거리)가 3 m일 경우 배출량은 표 4.5에서 55,000 m^3/hr 이상이 된다.

ⓐ 배출구 1개당의 배출량(q)
배출구의 수는 6개이므로

$$q = \frac{55,000}{6} \simeq 9,200\ \text{m}^3/\text{h} \fallingdotseq 2.55\ \text{m}^3/\text{s}$$

ⓑ 배출구 하나의 면적
배출구의 면 풍속을 5 m/s 이내로 제한한다면

$$a = \frac{2.55\ \text{m}^3/\text{s}}{5\ \text{m/s}} = 0.51\ \text{m}^2$$

ⓒ 배출구의 유효 개구율을 70%로 본다면, 약 0.73 m^2 대형 배출구가 된다.

5.3 특별피난계단의 계단실 및 부속실 제연설비 설계

(1) 용어정리

① 제연구역 : 내화구조의 벽으로 구획된 공간 내에 외부의 신선한 공기를 주입하여 옥내(화재 실)에서 발생한 연기가 구획된 공간(제연구역)으로 침입하는 것을 방지하여 거주자의 피난 및 소방대의 소화활동을 목적으로 나눈 공간으로 제연하고자 하는 계단실 및 부속실을 말한다.

② 방연풍속 : 옥내로부터 제연구획 내로 연기의 유입을 유효하게 방지할 수 있는 풍속

③ 급기량 : 제연구역에 공급하여야 할 공기의 양을 말한다.

④ 누설량 : 틈새를 통하여 제연구역으로부터 흘러나오는 공기량을 말한다.

⑤ 보충량 : 방연풍속을 유지하기 위하여 제연구역에 보충하여야 할 공기량을 말한다.

⑥ 플랩댐퍼 : 부속실의 설정압력을 초과하는 경우 압력을 배출하여 설정압 범위를 유지하게 하는 과압방지장치를 말한다.

※ 플랩댐퍼는 출입문의 개방에 필요한 힘이 110 N 초과 시에 개방하는 구조로 할 것

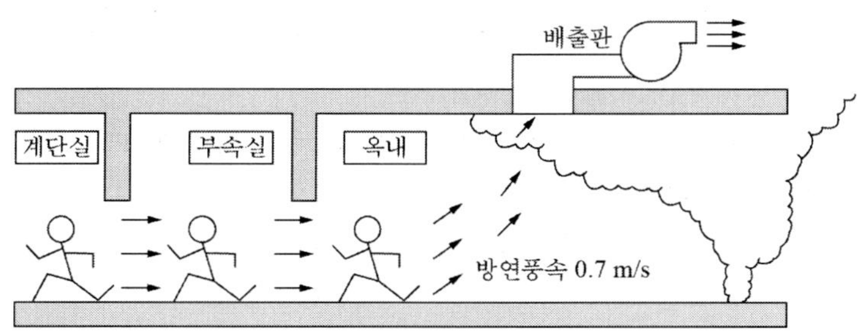

그림 5.2 방연풍속

⑦ 유입공기 : 제연구역으로부터 옥내로 유입되는 공기로서 차압에 따라 누설하는 것과 출입문의 일시적인 개방에 따라 유입하는 것을 말한다.

⑧ 거실제연설비 : 제연설비의 화재안전기준(NFSC 501)에 따른 옥내의 제연설비를 말한다.

⑨ <u>자동차압 과압조절형 급배기댐퍼</u> : 제연구역과 옥내 사이의 차압을 압력센서 등으로 감지하여 제연구역에 공급되는 풍량의 조절로 제연구역의 차압유지 및 과압방지를 자동으로 제어할 수 있는 댐퍼를 말한다.

⑩ 자동폐쇄장치 : 제연구역의 출입문 등에 설치하는 것으로서 화재 발생 시 옥내에 설치된 감지기 작동과 연동하여 출입문을 자동으로 닫게 하는 장치를 말한다.

(2) 차압 등

① 제연구역과 옥내와의 사이에 유지하여야 하는 <u>최소 차압 40 Pa</u>(옥내에 스프링클러설비가 설치된 경우에는 12.5 Pa) 이상으로 하여야 한다.

② 제연설비가 가동되었을 때 제연구역 <u>출입문의 개방에 필요한 힘을 110 N 이하</u>로 하여야 한다.

③ 출입문이 일시적으로 개방되는 경우 개방되지 아니하는 제연구역과 옥내와의 차압은 70% 미만이 되어서는 아니 된다.

④ 계단실과 부속실을 동시에 제연 하는 경우 계단실과 부속실의 차압은 계단실과 같게 하거나 계단실의 기압보다 낮게 할 경우는 <u>부속실과 계단실의 압력차이는 5 Pa 이하</u>가 되도록 하여야 한다.

참고

■ 차압

화재 시 화재실과 제연구역 간의 압력차를 말하며, 다음의 그림과 같이 화재실보다 제연구역의 압력을 높게 가압·유지시킴으로써 차압을 형성시킬 수 있다.

이때 차압은 화재안전기준 501A 제6조(차압 등)의 최소차압 40 Pa (옥내 스프링클러설비가 설치된 경우에는 12.5 Pa) 이상, 제연설비가 가동되었을 때 제연구역 출입문의 개방에 필요한 힘을 110 N 이하로 유지하는 것을 의미한다.

최소차압은 화재 시 발생할 수 있는 굴뚝효과, 바람, 부력으로부터 발생할 수 있는 복합압력을 극복할 수 있는 최소 허용 차압을 말한다.

∴ 차압 = 제연구역의 압력 P_1 − 화재실의 압력 P_2

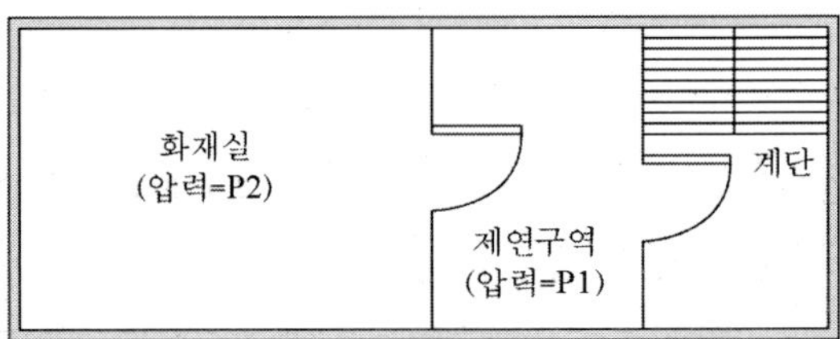

그림 5.3 차압의 원리 예

■ 과압방지장치(플랩댐퍼)

① 출입문의 원활한 개폐와 차압에 대항할 수 있도록 최고 허용 차압을 출입문의 개방력(100~133 N)로 규정하고 있다. 제연공간에서 정상적으로 제연이 이루어지고 있다면, 출입문이 닫혀 있을 때는 차압이 정상적으로 형성되고 출입문이 일시 개방될 때는 기준풍속이상의 방연풍속을 가진 공기가 옥내로 유입될 수 있어야 한다. 이와 같은 제연성능을 발휘하기 위해서는
첫째, 출입문이 닫혀 있을 때는 차압형성을 위한 공기량만 급기되어야 하고,
둘째, 출입문이 일시 개방될 때는 보충량만큼만 급기량이 증가하여야 한다. 이렇게 되더라도 일시적으로 열렸던 출입문은 자동폐쇄장치에 의해 곧바로 닫히게 되어 제연공간은 처음과 같은 폐공간이 되므로, 이때는 당연히 처음 상태의 차압만 형성되어야 한다.

② 제연공간에는 사람이 출입할 때마다 이와 같은 방연풍속 및 차압 형성의 현상도 반복되어야 한다. 따라서 출입문의 개방에 따라 방연풍속 유지를 위한 보충량으로 인하여 상승된 차압을 정상상태로 회복시키기 위해 보충량을 곧바로 제연공간으로부터 배출시켜 줄 수 있는 릴리프 밸브의 기능을 가진 과압방지장치(과압배출밸브), 플랩댐퍼(flap damper) 또는 송풍기 회전수 제어방식 시스템을 설치해야 한다.

■ **출입문의 개방에 필요한 힘**

① 출입문의 개방에 필요한 힘 110 N은 화재 시 제연구역에 가압되는 최대 허용 차압을 의미한다. 실무에서의 최대 차압 크기는 방화문 크기와 시중에서 구입할 수 있는 도어클로져의 장력을 계산하여 힘 110 N에 해당하는 부속실의 차압을 설정하여야 한다.

② 힘 110 N에 상당하는 최대 차압의 크기는 다음의 식을 이용하면 계산할 수 있다.

$$F = F_r + \frac{K_d \, W A \, \Delta P}{2(W - d)} \tag{5.2}$$

여기서, F : 문을 개방하는데 필요한 전체 힘(N)

F_r : 자동폐쇄장치와 마찰을 이겨내는 힘(N)

W : 문의 폭(m)

A : 문의 면적(m^2)

ΔP : 문에 작용하는 차압(Pa)

d : 문의 손잡이에서 문의 모서리까지의 거리(m)

K_d : 상수(1.0)

문제

출입문의 개방력 F=110 N이고 출입문의 크기가 W 0.9 m × H 2.1 m일 경우, 이 문에 작용할 수 있는 최대 차압을 구하시오. 이때 F_r =50 N, d=0.076 m, K_d ==1.0이라고 가정한다.

풀이 제연시스템에 의해 출입문에 작용하는 힘은 다음 그림과 같다.

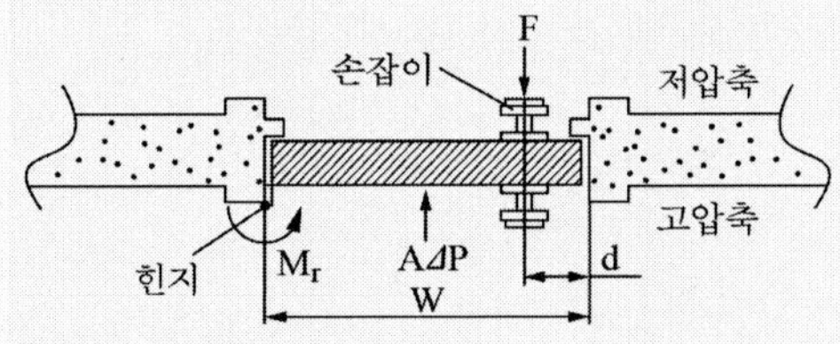

그림에서 차압 ΔP는

$$\Delta P = \frac{2(F - F_r)(W - d)}{AW} = \frac{2 \times (110 - 50)(0.9 - 0.0076)}{(0.9 \times 2.1) \times 0.9} \fallingdotseq 58.13 \text{ Pa}$$

출입문의 형상과 자동폐쇄장치와 마찰을 이겨내는 힘(N)을 정확히 알아야 계산할 수 있다.

출입문의 크기가 W 0.9 m × H 2.1 m, 부속실의 차압이 60 Pa, 자동폐쇄장치와 마찰을 이겨내는 힘(N)이 30 N, 문의 손잡이에서 문의 모서리까지의 거리는 0.1 m일 때 출입구의 개방력과 차압극복을 위한 폐쇄력을 구하시오.

풀이 ① 개방력 $F = F_r + \dfrac{K_d\, WA\, \Delta P}{2(W-d)} = 30\ N + \dfrac{1 \times 0.9\ \text{m} \times (2.1 \times 0.9) \times 60\ \text{Pa}}{2 \times (0.9 - 0.1)} = 100\ \text{N}$

② 차압극복을 위한 폐쇄력

$$F = F_r + \frac{K_d\, WA\, \Delta P}{2(W-d)} = \frac{1 \times 0.9\ \text{m} \times (2.1 \times 0.9) \times 60\text{Pa}}{2 \times (0.9 - 0.1)} = 63.79\ \text{N}$$

제연설비가 가동되었을 때 출입문 개방에 필요한 힘(N)은 얼마 이하인가?

정답 110 N

계단실과 부속실을 동시에 제연 하는 경우 계단실과 부속실의 차압에 대하여 쓰시오.

정답 계단실과 부속실의 차압은 계단실과 같게 하거나 계단실의 기압보다 낮게 할 경우는 부속실과 계단실의 압력차이는 5 Pa 이하가 되도록 하여야 한다.

(3) 급기량, 누설량, 보충량

① 급기량

ⓐ 제연구역과 거실 사이에 차압을 형성하기 위해서는 제연구역으로 공급하여야 할 공기의 양

ⓑ 피난을 위하여 제연구역의 출입문이 일시적으로 개방되는 경우 방연풍속을 유지하도록 옥외의 공기를 제연구역 내로 공급하는 보충량

급기량 ≧ 누설량 + 보충량

$$\text{급기량}\ Q = (Q_l \times f + n \times Q_c) \times a \qquad (5.3)$$

여기서, Q : 급기량(m^3/s, m^3/min, m^3/hr)

Q_l : 누설량(m^3/s, m^3/min, m^3/hr)

Q_c : 보충량(m^3/s, m^3/min, m^3/hr)

f : 부속실이 있는 층수 또는 $f - n$

a : 여유율

참고

■ **누설량**

① 차압을 유지하기 위하여 제연구역에 공급하여야 할 공기량
② 출입문이 개방되지 않은 상태에서 누설틈새를 통한 누설되는 공기량

■ **보충량**

방연풍속을 유지하기 위하여 제연구역에 보충하는 공기량

② 누설량

ⓐ 제연구역 틈새를 통하여 흘러나가는 누설량은 제연구역의 누설량을 합한 것으로 한다. 이 경우 출입문이 2개소 이상인 경우는 각 출입문의 누설틈새면적을 합한 것으로 한다.

ⓑ 제연구역의 누설량은 누설경로가 되는 개구부나 틈새의 면적에 비례하고, 차압과는 지수 함수 관계가 있다. 누설량은 다음 식을 이용하여 구할 수 있다.

$$Q = K_f A_e \Delta P^{1/n} \quad \cdots\cdots (5.4)$$

여기서, Q : 누설량 (m^3/s)

A_e : 유효누설면적(m^2)

ΔP : 유동경로 사이의 차압(Pa)

K_f : 누설계수(0.827)

n : 2(출입문), 1.6(창문)

ⓒ 총 누설량

A_e(유효누설면적)은 공기의 누설경로 배치 형태에 따른 유효유동면적으로 계산하거나 표 5.1~표 5.3에서 제시하는 문, 창문, 벽의 누설면적 데이터를 이용하면 된다.

전체 층의 누설면적이 같다면 위의 식에 층수 N을 곱하고 열린 출입문을 제외한 누설률 등을 감안하여 1.15배를 한다.

따라서 총 누설량은 다음 식과 같이 된다.

$$Q = 0.827 A_e \Delta P^{1/n} \times 1.15 \times N \quad \cdots\cdots (5.5)$$

표 5.1 문에 대한 공기누설 데이터

문의 형태	누설면적[m^2]	차압[Pa]	공기누설[m^3/s]
가압공간으로 열리는 단문	0.01	8 15 20 25 50	0.02 0.03 0.04 0.04 0.06
가압공간에서 외부로 열리는 단문	0.02	8 15 20 25 50	0.05 0.06 0.07 0.08 0.12
쌍 문	0.03	8 15 20 25 50	0.07 0.10 0.11 0.12 0.18
승강기 문	0.06	8 15 20 25 50	0.14 0.19 0.22 0.25 0.35

표 5.2 창문의 공기누설 데이터

창문 형태	단위길이[mm]당 새 면적[m^2]	차압[Pa]	공기누설[m/s]
여닫이, 날씨에 관계 없이 해제	2.5×10^{-4}	8 15 20 25 50	0.77×10^{-3} 11×10^{-3} 14×10^{-3} 16×10^{-3} 24×10^{-3}
여닫이와 날씨에 따라 해제	3.6×10^{-5}	8 15 20 25 50	0.11×10^{-3} 0.16×10^{-3} 0.19×10^{-3} 0.22×10^{-3} 0.34×10^{-3}
미닫이	100×10^{-4}	8 15 20 25 50	0.30×10^{-3} 0.45×10^{-3} 0.54×10^{-3} 0.62×10^{-3} 0.95×10^{-3}

표 5.3 벽의 공기누설 데이터

구조 요소	벽의 기밀성	누설면적 비율[A/A_W]
건물 외벽 (시공 균열, 문과 창문 주위 균열 포함)	Tight Average Loose Very loose	0.70×10^{-4} 0.21×10^{-3} 0.42×10^{-3} 0.13×10^{-2}
건물 내벽과 계단실 (시공 균열 포함, 문과 창문 주위 균열은 제외)	Tight Average Loose	0.14×10^{-4} 0.11×10^{-3} 0.35×10^{-3}
승강로 벽 (시공 균열 포함, 문과 창문 주위 균열은 제외)	Tight Averag Loose	0.18×10^{-3} 0.84×10^{-3} 0.18×10^{-2}

A : 누설면적 A_W : 벽 면적 A_F : 바닥면적

③ 보충량

ⓐ 출입문의 일시적인 개방될 때 제연구역의 압력이 순간적으로 떨어지게 되어 연기가 유입이 되므로 방연풍속을 유지하기 위하여 제연구역에 보충하는 공기량을 말한다.
제연구역에 대한 보충량은 다음 식으로 계산한다.

$$Q = 0.827 \times A \times \Delta P^{1/n} \quad \cdots (5.6)$$

여기서, n : 출입문 2, 창문 1.6

ⓑ 보충량은 부속실(또는 승강장)의 수가 20 이하는 1개층 이상, 20을 초과하는 경우는 2개층 이상의 보충량으로 한다.

ⓒ 보충량 계산 시 고려사항

㉮ 모든 부속실(또는 승강장)의 출입문 중 동시에 몇 개 층에서 개방이 일어날 수 있는가를 예상해야 한다.

㉯ 동일 부속실에 대해서도 계단실과 면하는 출입문까지 동시에 개방되는 상황도 설정해야 한다.

㉰ 출입문이 쌍여닫이문일 경우 한 개의 출입문만 열리는 것이 원칙이지만 두 개의 문이 모두 열리는 조건이 필요한 경우에는 송풍량의 제어가 가능한 제어시스템이 시중에

적용할 수 있는지 검토하여야 한다.

④ 출입문이 개방된 1개의 층(부속실)에 급기하여야 할 급기량

$$Q = \left(\frac{\text{누설량}}{\text{층수}}\right) + \left(\frac{\text{보충량}}{n}\right) \quad \cdots\cdots (5.7)$$

여기서, n : 연결된 부속실 수 20개 이상일 때는 2, 연결된 부속실 수 20개 이하일 때는 1로 한다.

(4) 방연풍속

출입문의 개방에 따른 연기의 유입을 옥내로부터 제연구역 내로 유입을 막기 위해 추가적인 보충 공기를 공급하는 풍속을 말한다.

① 계단실 및 부속실을 동시에 제연하거나 계단실만 단독 제연하는 경우 : 0.5 m/s 이상

② 부속실만 단독 제연하거나 비상용승강기의 승강장만 단독 제연하는 경우

ⓐ 부속실 또는 승강장이 면하는 옥내가 거실인 경우 : 0.7 m/s 이상

ⓑ 부속실 또는 승강장이 면하는 옥내가 복도로 그 구조가 방화구조(내화시간이 30분 이상인 구조를 포함) : 0.5 m/s 이상

③ 방연풍속 측정 : 방연풍속은 옥내와 제연구역 사이의 출입문에서 측정한다.

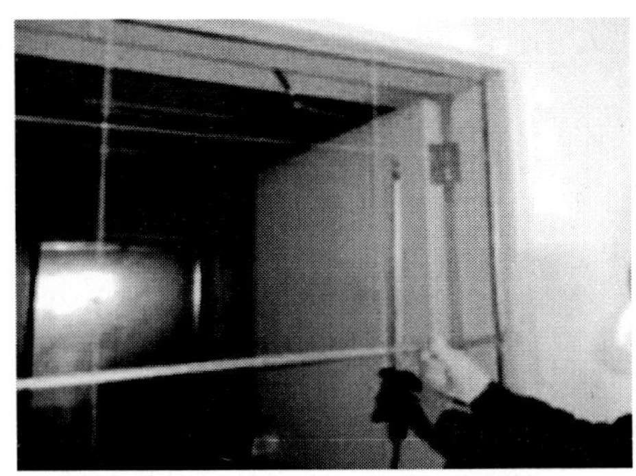

그림 5.4 방연풍속 측정 예

문제

다음은 출입문의 개방에 따른 연기의 유입을 옥내로부터 제연구역 내로 유입되는 것을 막기 위한 방연풍속이다. ( ) 안에 알맞은 풍속을 쓰시오.

<table>
<tr><th colspan="2">제연구역</th><th>방연풍속</th></tr>
<tr><td colspan="2">• 계단실 및 부속실을 동시에 제연
• 계단실만 단독 제연하는 경우</td><td>(①) m/s 이상</td></tr>
<tr><td rowspan="2">• 부속민 단독으로 제연하는 것
• 비상용승강기의 승강장만 단독 제연하는 것</td><td>부속실 또는 승강장이 면하는 옥내가 거실인 경우</td><td>(②) m/s 이상</td></tr>
<tr><td>부속실 또는 승강장이 면하는 옥내가 복도로 그 구조가 방화구조인 경우</td><td>(③) m/s 이상</td></tr>
</table>

정답 ① 0.5 ② 0.7 ③ 0.5

(5) 과압방지조치

제연구역에 과압의 우려가 있는 경우 제연구역의 압력을 자동적으로 조절하는 장치를 말한다. 출입문은 자동폐쇄장치에 의해 곧 바로 닫히게 되더라도 제연구역은 항상 기준 차압(최소 차압 40 Pa과 출입문 개방에 필요한 힘 110 N)이 유지되도록 하는 장치를 설치해야 한다.

① 과압조절

제연구역이 안정된 성능을 발휘하기 위해서는

ⓐ 출입문이 닫혀 있을 때는 차압 형성에 필요한 공기량만 급기되어야 하고

ⓑ 출입문이 일시 개방될 때는 보충량 만큼 급기량이 증가되어야 한다.

제연구역에는 사람이 출입할 때마다 방연풍속과 차압 형성이 반복되어야 한다. 하지만 재실자(또는 거주자)의 피난에 의해 제연구역 출입문의 일시적인 개방으로 제연구역에는 방연풍속을 가진 보충량 공기가 공급되고, 이 공기에 의해 제연구역에는 최대 차압인 110 N을 초과하는 과압이 형성되어 피난 시 출입문을 개방할 수 없게 만드는 상황이 발생할 수 도 있다. 따라서 제연구역에는 과압이 형성되지 않도록 해야 하며 110 N을 초과할 경우, 과압 과잉공기를 배출할 수 있는 조절이 필요하다.

② 과압조절방식

과압조절방식에는 압력조절방식과 풍량조절방식이 있다.

ⓐ 압력조절방식(과압배출구방식)

㉮ 문에 작용하는 차압

압력조절방식은 다음 식에서 구한 최대 차압을 초과하여 출입문에 가하지 않도록 설계해야 한다.

$$\Delta P = \frac{2(F - F_r)(W - d)}{AW} \quad \cdots\cdots (5.8)$$

여기서, F : 문을 개방하는데 필요한 전체 힘(N)

F_r : 자동폐쇄장치와 마찰을 이겨내는 힘(N)

W : 문의 폭(m), A : 문의 면적(m^2)

ΔP : 문에 작용하는 차압(Pa)

d : 문의 손잡이에서 문의 모서리까지의 거리(m)

보충량으로 인해 상승된 차압을 정상상태로 회복시키기 위해 보충량을 곧 바로 제연구역으로부터 배출시켜 줄 수 있는 릴리프 밸브의 기능을 가진 장치인 과압방지장치 또는 과압배출장치가 설치되어야 한다. 이 장치를 플랩밸브(flap valve) 또는 플랩댐퍼(flap damper)라고 한다.

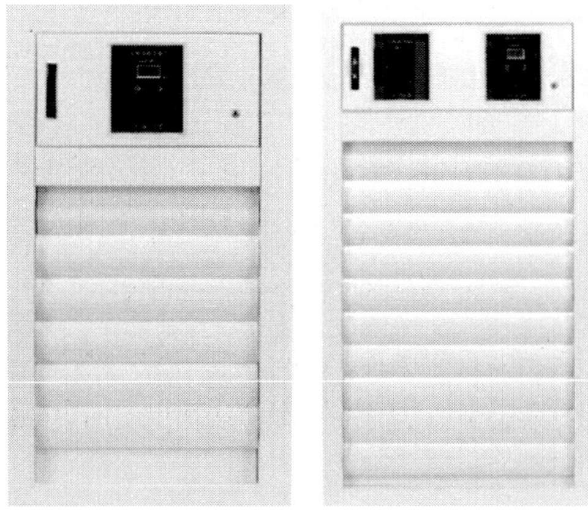

그림 5.5 과압방지장치

㉯ 플랩댐퍼 작동원리

플랩댐퍼의 원리는 그림 5.6에 보인 것처럼 제연구역에 설치된 댐퍼의 날개에 과압이 작용할 때 댐퍼날개의 중앙에 작용하는 힘(F = 과압(ΔP) × 댐퍼의 면적(A))과 초기에 기준 차압의 크기에 맞추어 놓은 조정 추의 힘이 불균형을 이루면 댐퍼가 열려 보충량 공기를 제연구역 밖으로 배출하는 것이다. 이때 조정 추는 무게중심의 이동을 통하여 제연구역 또는 급기가압 제연설비에 설치할 때 실제 기준 차압의 크기에 따라 개방상태를 조정한다.

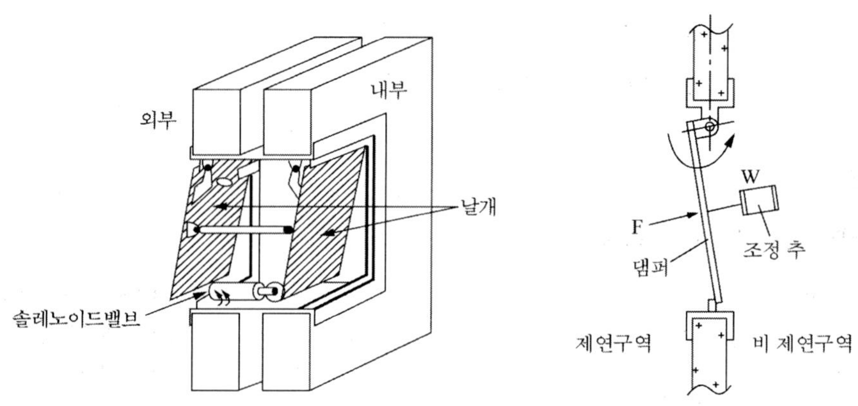

그림 5.6 플랩댐퍼와 작동원리

㉰ 플랩댐퍼 설치기준

플랩댐퍼는 소방청장이 고시하는 성능인증 및 제품검사의 기술기준에 적합한 것으로 설치하여야 한다.

플랩댐퍼에 사용하는 철판은 두께 1.5 mm 이상의 열간압연 연강판(KS D 3501) 또는 이와 동등 이상의 내식성 및 내열성이 있는 것으로 설치해야 한다.

㉱ 플랩댐퍼 날개 면적 계산

플랩댐퍼는 설치 시 댐퍼의 크기를 결정하는 것이 매우 중요하다. 댐퍼 날개의 크기에 따라 개구부의 크기가 결정되고, 개구부의 크기는 보충량의 크기에 의해 결정된다. 그리고 댐퍼의 작동 설계압력(기준 설계 차압)은 50 Pa로 하는 것이 합리적이다. 플랩댐퍼의 설계기준은 50 Pa로 하는 것이 현실적으로도 차압 범위의 조정을 위해 안정적일 수 있다.

제연구역에 대한 보충량 Q는

$$Q = 0.827 \times A \times \Delta P^{1/n} \cdots\cdots (5.9)$$

이 식에서 플랩댐퍼 날개 면적은

$$A_f = \frac{q}{0{,}827\sqrt{50}} = \frac{q}{5.85} \cdots\cdots (5.10)$$

여기서, n : 개구부 2, 출입문 1.6

A_f : 플랩댐퍼의 날개면적 (m^2)

q : 제연구역의 보충량 (m^3/s)이다.

문제

플랩댐퍼의 작동원리에 대하여 간단히 설명하여 보시오.

풀이 플랩댐퍼 중간에 개방압력을 조절할 수 있는 추가 설치되어 있어 추 무게중심 이동을 통하여 110 N에 열릴 수 있다. 그 원리는 댐퍼 날개의 중앙에 작용하는 힘과 초기에 기준차압의 크기에 맞추어 놓은 조정 추의 힘이 불균형을 이루면 댐퍼가 열려 보충량 공기를 제연구역 밖으로 배출하는 것이다.

ⓑ 풍량조절방식

풍량조절방식을 압력센서에 의한 조절방식이라고 한다. 풍량조절방식은 차압과 보충량을 필요상황에 따라 급기구의 개구율을 조절하여 급기량을 조절하는 방식이다. 따라서 급기댐퍼가 개구율의 조절기능을 가져야 하며, 그 기능 또한 완전 자동으로 이루어져야 한다. 풍량조절방식은 급기구 개구율의 자동 조절 기능뿐만 아니라 출입문 개방 이후의 닫히는 과정에서 급기량을 사전에 조절할 수 있는 기능을 병행할 수 있어야 하고, 이 같은 정량적인 조절을 위하여 반드시 압력센서에 의해 차압을 자동 감지할 수 있는 기능도 가지고 있어야 한다. 따라서 이와 같은 기능이 모두 갖추어지면 풍량조절방식에서는 압력조절방식에서 필수적으로 갖추어야 하는 과압배출장치(플랩댐퍼)를 설치하지 않아도 된다.

급기댐퍼는 다음과 같은 기능을 가져야 한다.

㉮ 차압이 기준 차압 범위 내에 있도록 개구율을 조절할 수 있어야 하고,

㉯ 출입문이 개방되면 댐퍼의 날개가 완전히 개방되어 보충량을 공급할 수 있도록 하여

야 하며,

㉰ 출입문이 다시 닫히기 시작하면 완전히 개방되었던 댐퍼의 날개는 곧바로 닫혀져 급기량이 감소되도록 해야 한다.

문제

특별피난계단의 계단실 및 부속실 제연설비에서 다음 ( )을 완성하시오.

① 제연구역과 옥내와의 사이에 유지하여야 하는 최소차압은 (㉮) Pa(옥내에 스프링클러 설비가 설치된 경우는 (㉯) Pa 이상으로 해야 한다.

② 제연설비가 가동되었을 경우 출입문의 개방에 필요한 힘은 (㉰) N 이하로 하여야 한다.

③ 계단실과 부속실을 동시에 제연하는 경우 부속실의 기압은 계단실과 같게 하거나 계단실의 기압보다 낮게 할 경우는 부속실과 계단실의 압력차이는 (㉱) Pa 이하가 되도록 하여야 한다.

정답

㉮	㉯	㉰	㉱
40	12.5	110	5

어떤 제연구역의 계단실을 급기가압하여 제연하려고 한다. 보충량은 500 m^3/min이며 플랩댐퍼의 최고 허용차압은 60 Pa이다. 다음 물음에 답하시오.

① 플랩댐퍼의 용도를 쓰시오.

② 플랩댐퍼의 날개 면적은?

풀이 ① 용도

ⓐ 부속실의 설정압력범위를 초과하는 경우 압력을 배출하여 설정압 범위를 유지하게 하는 과압방지장치

ⓑ 출입문의 개방에 필요한 힘이 110 N 초과 시에 개방하는 구조로 할 것

② 플랩댐퍼 날개 면적

$$A_f = \frac{q}{5.85} = \frac{500/60}{5.85} \fallingdotseq 1.42\ \text{m}^2$$ 이상

과압방지조치에 따른 과압배출장치의 설치기준 5가지를 쓰시오.

풀이 ① 과압배출장치는 제연구역의 보충량 등을 자동으로 배출하는 성능의 것으로 한다.

② 과압방지를 위한 감압은 제연구역으로부터 옥내(옥내에 반자가 있는 경우에는 반자 하부의 옥내) 또는 옥외로 보충량을 유효하게 배출해야 한다.

③ 플랩댐퍼를 설치하는 경우의 날개 면적은 다음 식에 따라 산출한 수치 이상이어야 한다.

$$A_f = \frac{q}{5.85} \qquad (5.11)$$

여기서, A_f : 플랩댐퍼의 날개면적(m^2)

q : 제연구역의 보충량(m^3/s)

④ 플랩댐퍼는 출입문의 개방에 필요한 힘이 110 N 초과 시에 개방하는 구조로 한다.

⑤ 플랩댐퍼에 사용하는 철판은 두께 1.5 mm 이상의 열간압연 연강판(KS D 3501) 또는 이와 동등 이상의 내식성 및 내열성이 있는 것으로 한다.

밀폐실 내부의 압력을 외부보다 60 Pa 높게 유지하기 위한 급기량[m^3/s]을 계산하시오. 단, 밀폐실의 총누설틈새면적은 0.025 m^2라고 한다.

풀이 밀폐실의 차압 유지를 위한 급기량 계산식

$$Q = K \times A \times \Delta P^{1/n} \times 1.25 = 0.827 \times A \times \Delta P^{1/n} \times 1.25$$

급기량은 누설량과 같아야 하므로 급기량도 같은 식으로 계산한다.

$$Q = 0.827 \times 0.025 \times \sqrt{60} \times 1.25 = 0.2 \ [m^3/s]$$

(6) 유효유동면적(effective flow areas)

① 개념

전기저항계를 흐르는 전류와 유사하게 전체 유동경로에 동일한 압력차로 가해질 때 동일한 유량을 발생시키는 면적을 말한다.

② 건물에서의 연기 이동경로

연기는 연기가 가지고 있는 고유 부력으로 건물의 계단실, 승강기, 승강로 등의 여러 가지 이동(누설)경로를 통하여 빠르게 상승하고 가시성을 줄이며 패닉현상과 같이 보다 위험한 화재 상황을 만든다. 일반적으로 건축물에서 연기의 이동 경로는 다음과 같다.

ⓐ 층을 연결하는 공기덕트

ⓑ 주방, 화장실, 다방 등의 배출덕트

ⓒ 승강기 승강로

ⓓ 계단실

ⓔ 서비스 덕트

ⓕ 유리벽 커튼과 바닥 사이의 틈새, 균열 등

건물에서 연기의 이동경로는 하나 이상의 병렬, 직렬 또는 병렬과 직렬경로가 혼합되어 구성될 수 있다.

③ 누설경로에 따른 누설틈새면적 합산

ⓐ 병렬누설경로

하나의 출입 공간에 출입문이 다수가 존재하는 경우가 병렬누설경로에 해당한다. 계단실형 아파트에서 부속실과 승강장을 겸용하는 공간에 부속실(전실) 제연설비를 설치하는 경우 볼 수 있다. 아래 그림과 같이 3개의 병렬누설경로가 있는 가압공간에 대한 유효유동면적 A_e는 각 개구부를 통과하는 유량을 구하고, 각 개구부의 유동 면적에 대한 식으로 정리하면 다음 식과 같이 된다.

$$A_e = A_1 + A_2 + A_3 \quad \cdots\cdots (5.12)$$

병렬누설경로가 n개인 유효면적은 각 유동 면적을 합한 것과 같게 된다.

$$A_e = \sum_{i=1}^{n} A_i \quad \cdots\cdots (5.13)$$

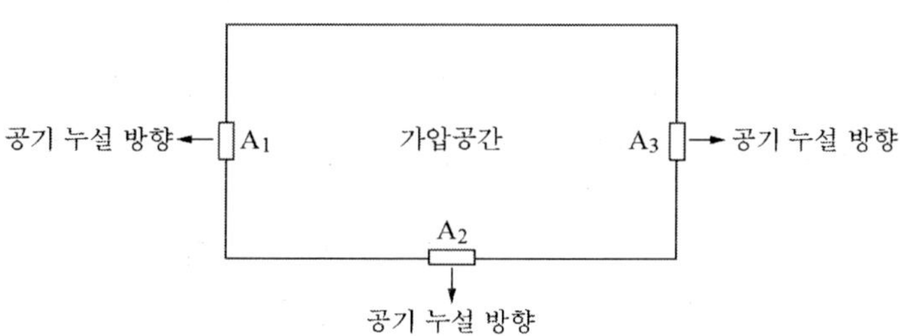

그림 5.7 병렬누설경로 누설틈새면적 합산의 예

ⓑ 직렬누설경로

하나의 가압공간에서 한쪽 방향으로만 실이 연결되어 있고 그 방향으로만 출입문이 열리는 경우를 직렬경로라고 한다. 제연구역에 해당하는 가압공간이 승강기의 승강로인 경우 부속실을 통해 계단실로 이어질 수 있는데 이때 직열경로에 의한 누설틈새면적 계산이 필요하다. 직렬누설경로의 틈새면적은 다음 식으로 계산한다.

$$A_e = \left(\frac{1}{A_1^2} + \frac{1}{A_2^2} + \frac{1}{A_3^2} \right)^{-1/2} \quad \cdots\cdots (5.14)$$

n개의 수만큼의 개구부를 갖는 직렬누설경로에 대한 누설틈새면적은 다음 식과 같다.

$$A_e = \left(\sum_{i=1}^{n} \frac{1}{A_i^2} \right)^{-1/2}$$

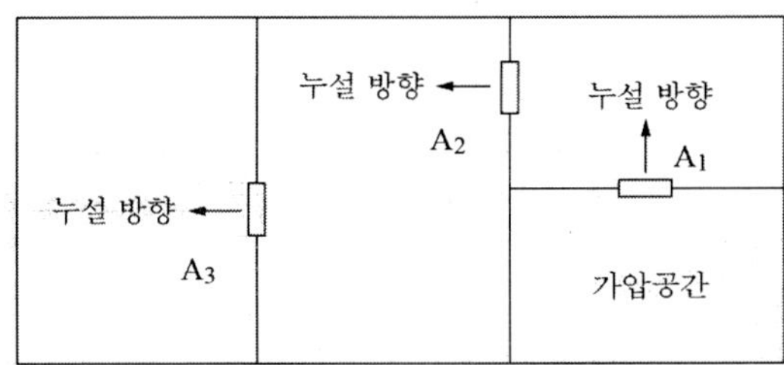

그림 5.8 직렬누설경로 누설틈새면적 합산의 예

ⓒ 직렬·병렬이 혼합된 경로

아래의 그림과 같이 직렬과 병렬경로가 혼합된 총누설틈새면적은 각 경로를 단순 그룹으로 묶고 연속적으로 결합하면 유효 단일경로에 대한 값으로 구할 수 있다.

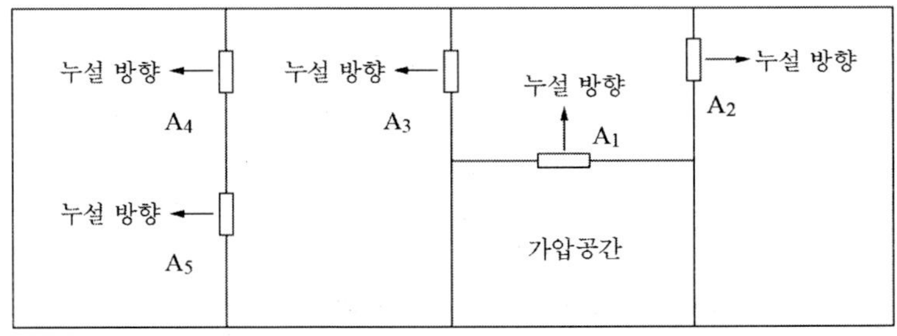

그림 5.9 직렬·병렬경로 누설틈새면적 합산의 예

㉮ 병렬경로인 것부터 계산한다.(A_{45}계산)

그림에서 가장 마지막 부분인 A_4와 A_5는 병렬경로이므로 $A_4 + A_5$를 합산하여 편의상 A_{45}로 명명한다.

$$A_4 + A_5 = A_{45}$$

㉯ 직렬경로화 한 후 계산(A_{345}계산)

A_{45}는 하나의 문으로 처리되었으므로 A_3와 직렬경로로 계산한 결과를 A_{345}라 한다.

$$\left(\frac{1}{A_{45}^2} + \frac{1}{A_3^2}\right)^{-1/2} = A_{345}$$

㉰ 새로운 병렬경로 계산

A_{345}와 A_2가 다시 병렬경로이므로 이를 합산한다. 합산한 값을 A_{2345}로 명명한다.

$$A_{345} + A_2 = A_{2345}$$

㉱ 마지막 직렬경로이므로 이를 계산하여 최종 답을 선정한다.

$$\left(\frac{1}{A_{2345}^2} + \frac{1}{A_1^2}\right)^{-1/2} = A \quad \cdots\cdots (5.15)$$

문제

급기가압방식으로 실내를 가압할 때 출입문의 누설틈새면적이 0.02 mm^2과 0.02 mm^2인 부분이 직렬로 연결되어 있을 경우 합성틈새면적(mm^2)은 얼마인가?

① 0.012 ② 0.014 ③ 0.016 ④ 0.018

정답 ②

풀이 $A_e = \left(\frac{1}{A_1^2} + \frac{1}{A_2^2}\right)^{-1/2} = \left(\frac{1}{0.02^2} + \frac{1}{0.02^2}\right)^{-1/2} = 0.014[\text{mm}^2]$

한 개의 실에 누설틈새가 0.01 m^2인 출입문이 직렬로 2개가 설치된 경우의 실내외 기압차가 50 Pa인 경우 누설량(m^3/s)을 구하시오.

풀이 $A = 0.01 + 0.01 = 0.02\ m^2$

$Q = 0.827\ A\ P^{1/2} = 0.827 \times 0.02 \times 50^{1/2} = 0.1169\ m^3/s$

다음 그림에서 각 실의 출입문 틈새면적은 각각 A_1, A_2, A_3, $= 0.02\ m^2$, A_4, A_5, $A_6 = 0.03\ m^2$일 때 합성 등가 누설면적을 구하시오.

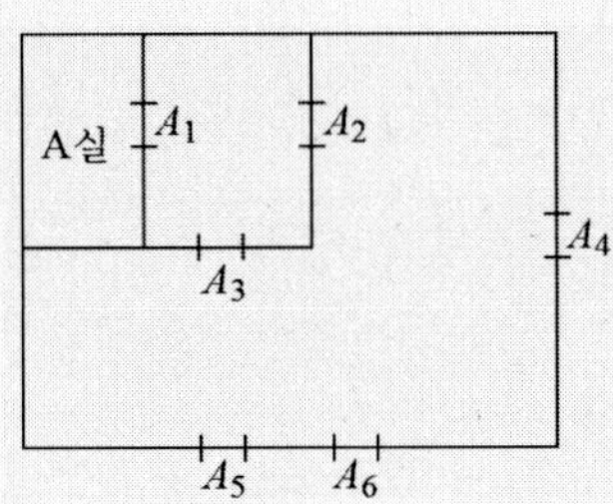

풀이 ① A_{2-3}는 병렬상태이므로 $A_{2-3} = A_2 + A_3 = 0.02 + 0.02 = 0.04\,m^2$

② A_{4-6}는 병렬상태이므로 $A_{4-6} = A_4 + A_5 + A_6 = 0.03 + 0.03 + 0.03 = 0.09\,m^2$

③ A_{1-6}는 직렬상태이므로

$$A_{1-6} = \frac{1}{\sqrt{\frac{1}{A_1^2} + \frac{1}{(A_{2-3})^2} + \frac{1}{(A_{4-6})^2}}} = \frac{1}{\sqrt{\frac{1}{0.02^2} + \frac{1}{0.04^2} + \frac{1}{0.09^2}}} = 0.017 \fallingdotseq 0.02\ m^2$$

제연 덕트를 다음 조건에 따라 설계를 할 때 물음에 답하시오.

[조건]

- 이론풍량 : 600 m^3/min
- 이론풍압 : 2.5 mmHg
- 누설풍량 : 0.5 m^3/s
- 누설압력 : 0.02 mmHg
- 펌프효율 : 60%
- 여유율 : 10%

① 총풍량(m^3/min)은 얼마인가?

② 총풍압(mmAq)은 얼마인가?

③ 팬 전동기 동력(kW)은 얼마인가?

풀이 ① 총풍량(m^3/min) = 이론풍량 + 누설풍량

총풍량(m^3/min) = 600 m^3/min + 0.5 m^3/s × 60 s/min = 630 m^3/min

② 총풍전압(mmAq) = 이론풍압 + 누설풍압

P_T = (2.5 mmHg + 0.02 mmHg) × 13.6 mmAq/mmHg = 34.272 mmAq

③ 전동기 동력$[L(kW)] = \frac{Q_T \times P_T \times K}{102 \times 60 \times E} = \frac{630 \times 34.27 \times 1.1}{102 \times 60 \times 0.6} = 6.47$ kW

다음 그림은 서로 직결로 연결된 실 I, II의 평면도로서 A_1, A_2는 출입문이고, 각 실은 출입문 이외의 틈새가 없다고 한다. 출입문이 닫힌 상태에서 실 I을 급기가압하여 실 I과 외부 간에 50 Pa의 기압 차를 얻고자 한다면 실 I에 급기시켜야 할 풍량은 몇 m^3/min가 되겠는가?(단, 닫힌 문 A_1, A_2에 의해 공기가 유통될 수 있는 있는 틈새의 면적은 각각 0.02 m^2이며, 임의의 어느 실에 대한 급기량 Q[m^3/s]과 얻고자 하는 기압차 Pa의 관계식은 $Q = 0.827 \times A \times A \times P^{1/2}$ 이다.)

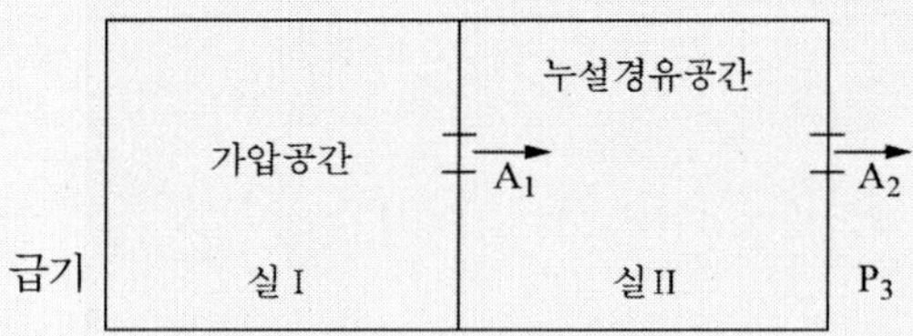

풀이 ① 닫힌 두 직렬연결 문의 틈새면적은

$$A = \frac{1}{\sqrt{\frac{1}{A_1^2} + \frac{1}{A_2^2}}} = \frac{1}{\sqrt{\frac{1}{(0.02)^2} + \frac{1}{(0.02)^2}}} = \frac{1}{\sqrt{5000}} = 0.01414 \text{ m}^2$$

② 급기량(Q)은 기압차가 $P = 50$ Pa이므로

$$Q = 0.827 \times A \times P^{1/2} = 0.827 \times 0.01414 \times \sqrt{50} = 0.0827 \text{ m}^3$$

다음 제연설비 관련 도면을 보고 각 물음에 답하시오.

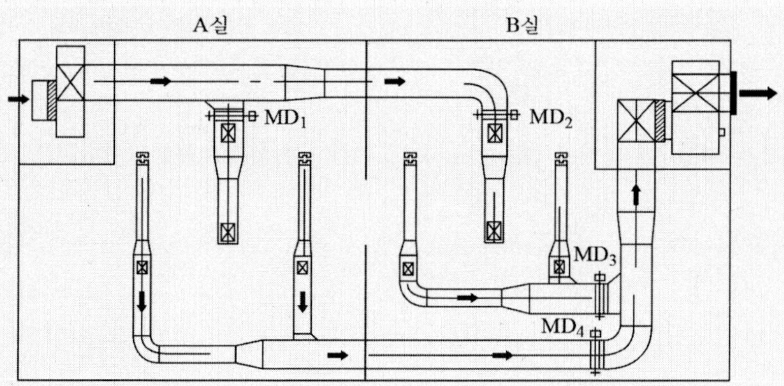

① 위 그림의 제연방식은 무엇인가?
② 상호제연방식이란 무엇인가?
③ 댐퍼의 상태를 보았을 때 open, close로 표시하시오.

ⓐ 동일실로 본 경우

구분	급기	배기
A실 화재 시	MD_1 :	MD_4 :
	MD_2 :	MD_3 :
B실 화재 시	MD_2 :	MD_3 :
	MD_1 :	MD_4 :

ⓑ 인접 상호 제연으로 본 경우

구분	급기	배기
A실 화재 시	MD_1 :	MD_4 :
	MD_2 :	MD_3 :
B실 화재 시	MD_2 :	MD_3 :
	MD_1 :	MD_4 :

정답 ① 제1종 기계제연방식

② 화재구역에서 배기하고 인접구역에서 급기, 가압하는 방식

③ ⓐ 동일실로 볼 경우

구분	급기	배기
A실 화재 시	MD_1 : open	MD_4 : open
	MD_2 : close	MD_3 : close
B실 화재 시	MD_2 : open	MD_3 : open
	MD_1 : close	MD_4 : close

ⓑ 인접 상호 제연으로 본 경우

구분	급기	배기
A실 화재 시	MD_2 : open	MD_4 : open
	MD_1 : close	MD_3 : close
B실 화재 시	MD_1 : open	MD_3 : open
	MD_2 : close	MD_4 : close

평상시에는 공조설비의 급기로 사용하고 화재 시에만 제연에 이용되는 배출기가 답안지의 도면과 같이 설치되어 있다. 화재 시 유효하게 제연할 수 있도록 도면의 필요한 곳에 절환댐퍼를 표시하고 평상 시와 화재 시를 구분하여 각 절환댐퍼의 상태를 기술하시오(단, 절환댐퍼는 4개로 설치하고 댐퍼 심벌은 D1, D2, D3, D4로 표시할 것).

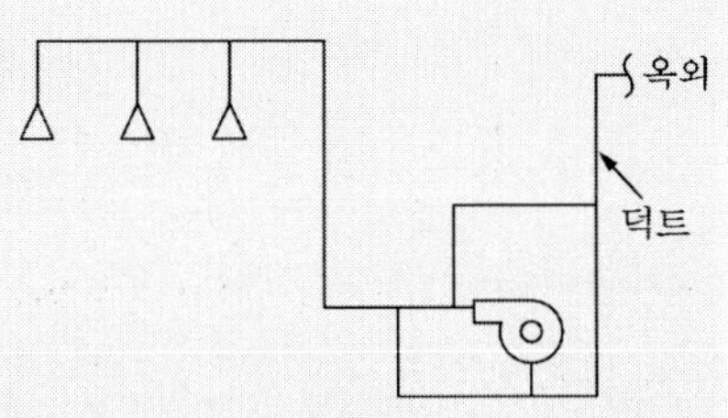

정답 ① 절환댐퍼 표시

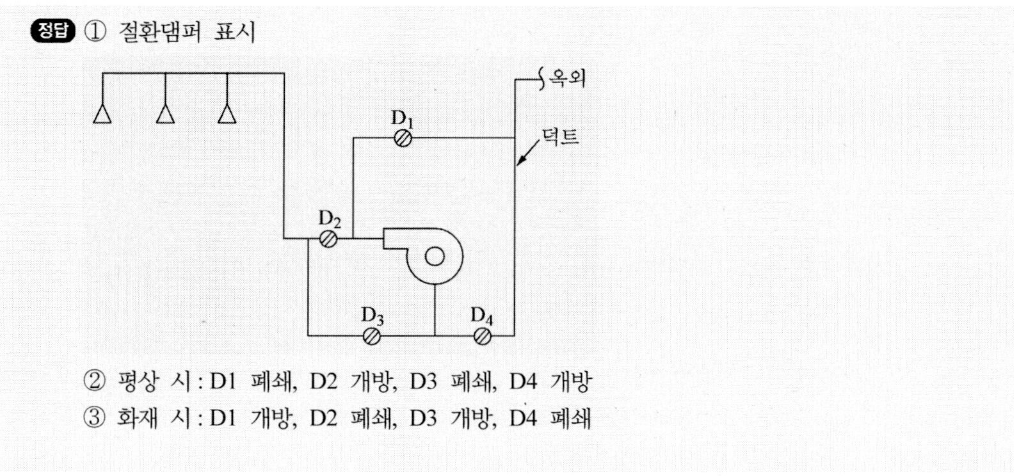

② 평상 시 : D1 폐쇄, D2 개방, D3 폐쇄, D4 개방

③ 화재 시 : D1 개방, D2 폐쇄, D3 개방, D4 폐쇄

(7) 제연구역으로부터 공기가 누설하는 틈새면적 등

① 차압을 이용한 제연시스템의 설계

차압을 이용한 제연시스템의 설계에는 건물의 내부와 외부로 흐르는 기류의 균형과 제연경계 사이의 압력차 분석이 포함된다. 이들은 모두 공기의 유동 경로와 관계가 있고, 이들 유동경로의 유효유동면적을 정확하게 계산해야만 제연구역의 균형과 기준 차압을 잘 유지할 수 있다. 건물 내에 있는 전형적인 누설경로는 개방 문, 닫힌 문 주변의 틈새, 엘리베이터 문, 창문 등이 있고, 벽, 바닥, 구획에 있는 구조체의 균열 등과 고유의 틈새들이 있다. 구조물 재료의 형태나 작업자의 기능도가 이들 틈새면적에 상당한 영향을 준다. 차압 시스템에서 요구되는 급기량은 공기의 누설면적에 의해 결정된다. 요구 급기량은 두 가지 상황에서 고려해야 한다. 모든 문이 닫혔거나 열린 경우를 시스템의 종류에 따라 적합하게 해야 한다.

② 출입문의 틈새면적

제연구역의 출입문, 창문, 승강기의 승강로로부터 공기가 누설하는 틈새면적은 다음과 같이 계산한다.

ⓐ 출입문의 틈새면적 계산식

출입문의 틈새면적은 다음의 식에 따라 산출하는 수치를 기준으로 할 것. 다만, 방화문의 경우에는 「한국산업표준기준」에서 정하는 「문세트(KS F 3109)」에 따른 기준을 고려하여 산출할 수 있다.

$$A = \left(\frac{L}{l}\right) \times A_d \quad \cdots\cdots (5.16)$$

여기서, A : 출입문의 틈새면적(m^2)

L : 출입문의 틈새길이(m), 다만, L의 수치가 L의 수치 이하인 경우는 L의 수치로 할 것)

l : 표준 출입문의 틈새길이(m)

A_d : 표준 출입문의 틈새면적(m^2)

ⓑ 출입문 유형에 따른 틈새길이와 틈새면적의 적용

각종 출입문의 유형에 따른 틈새길이와 틈새면적은 다음 표 5.4를 적용하고 크기가 다를 경우 비례식으로 누설면적을 구한다. 출입문의 틈새의 길이가 다음 표의 표준 틈새길이보다 작을 경우, 표준 틈새길이를 이용하여 계산한다.「한국산업표준」에서 정하는「문세트(KS F 3109)」에 따른 기준을 고려하여 산출할 수 있다. 출입문의 틈새면적이 KS F 3109 차연량 환산면적을 초과하는 경우는 결국 불량 방화문을 설계 에 적용하는 것이 되므로 이를 참고하여 틈새면적을 적용하여야 한다.

표 5.4 출입문의 유형에 따른 표준 틈새길이 및 틈새면적 예

출입문의 유형		틈새길이[m]	틈새면적[m^2]
외여닫이문 설치	제연구역의 실내 쪽으로 열리도록 설치하는 경우	5.6	0.01
	제연구역의 실외 쪽으로 열리도록 설치하는 경우		0.02
쌍여닫이문 설치		9.2	0.03
승강기의 출입문 설치		8.0	0.06

③ 창문의 틈새면적

ⓐ 창문의 누설틈새면적은 단위 길이(m)당의 값으로 다음 식에 따라 산출하는 수치를 기준으로 한다.

㉮ 여닫이식 창문으로서 창틀에 방수 패킹이 없는 경우

틈새면적 $(m^2) = 2.55 \times 10^{-4} \times$ 틈새의 길이 (m)

㉯ 여닫이식 창문으로서 창틀에 방수패킹이 있는 경우

틈새면적 $(m^2) = 3.61 \times 10^{-5} \times$ 틈새의 길이 (m)

㉰ 미닫이식 창문이 설치되어 있는 경우

틈새면적 $(m^2) = 1.00 \times 10^{-4} \times$ 틈새의 길이 (m)

ⓑ 계단실의 창문이 개방되어 있을 시 굴뚝효과가 발생되어 피난루트(안전공간)로서의 역할이 상실될 수 있다. 또 붙박이창의 경우에는 틈새면적이 없는 것으로 보는 것이 바람직하다.

ⓒ 계단실에 설치되는 창이 붙박이가 아닌 경우로서 평상시 필요에 따라 개방하는 경우를 대비하여 옥내의 화재감지기와 연동하여 닫힐 수 있도록 하고, 누설틈새면적 적용 시 별도 실험을 실시하여 얻어진 값과 비교하여 설계할 때 적용 검토하는 것도 바람직하다.

④ 제연구역으로부터 누설하는 공기가 승강기의 승강로를 경유하여 승강로의 외부로 유출하는 유출면적은 승강로 상부의 승강로와 기계실 사이의 개구부 면적을 합한 것을 기준으로 한다.

⑤ 제연구역 벽체

ⓐ 구성

제연구역을 구성하는 벽체(반자 속의 벽체를 포함한다)가 벽돌 또는 시멘트블록 등의 조적구조이거나 석고판 등의 조립구조인 경우에는 불연재료를 사용하여 틈새를 조정할 것. 다만, 제연구역의 내부 또는 외부 면을 시멘트 모르타르로 마감하거나 철근콘크리트 구조의 벽체로 하는 경우는 그 벽체의 공기누설은 무시할 수 있다.

ⓑ 조적 부분의 틈새

조적 부분의 틈새는 조적을 쌓아 올리면서 조적과 조적 사이의 줄눈 부분과 조적과 천장 슬래브가 맞닿는 부분, 조적과 콘크리트 벽이 맞닿는 부분에서 많은 틈새가 발생한다.

반자를 기준으로 반자 하부는 조적 벽체에 미장을 하기 때문에 틈새가 없지만 반자 속에는 미장 시공을 하지 않아 많은 틈새가 발생한다. 이러한 틈새는 정확한 시공관리와 설계도서 관리를 통해 해결해야 한다.

그림 5.10 반자 상부 조적시공 사례

ⓒ 석고보드 틈새와 벽의 틈새 내화구조 처리

석고보드의 틈새 또한 벽체 및 천장과 맞닿는 부분에서 주로 발생한다. 또 발생 된 틈새는 내화용 충전재로 정확하게 충전하여야 한다. 그러나 내화용 충전재가 아닌 우레탄폼 등으로 충전하는 사례도 많다. 제연구역은 내화구조의 벽으로 구성되어야 하는 공간으로써 틈새 마감 또한 내화성능을 확보하여야 한다. 또한 석고보드가 벽체 또는 천장과 맞닿는 부분에 충전재를 처리하지 않아 틈새가 그대로 발생 되는 사례도 많다. 따라서 정확한 시공과 관리가 필요하다

(a) (b)

그림 5.11 틈새 우레탄 마감(a) 및 반자 내부 틈새 마감이 안 되어 있는 상태 (b)

⑥ 제연구역의 출입문

제연구역에 설치되는 출입문의 구조는 설계도서와 시공내용이 일치하여야 한다. 출입문의 크기, 열리는 방향, 상시 폐쇄 또는 상시 개방 여부, 방화문 씰, 출입문 틈새 등이 설계와 달라졌을 경우 누설틈새면적 등이 달라져 정상적인 성능이 확보되지 않을 수 있다. 이러한 문제는 설계도면과 일치되는 자재를 선정할 수 있도록 건축부분과 협조가 필요한 부분이다.

(거실 → 부속실 → 계단실로 향하는 출입문의 설치)

그림 5.12 제연구역 출입문 설치 예

(8) 유입공기의 배출

① 유입공기 의의

유입공기란 제연구역으로부터 옥내(화재구역)로 유입되는 공기 즉, 차압에 의한 급기량과 출입문의 개방에 따라 화재실로 유입되는 보충량 공기를 유입공기라 한다.

② 유입공기 배출

ⓐ 유입공기는 제연구역과 옥내 사이에 방연풍속을 지속적으로 유지하기 위해 개방된 출입문을 통해 옥내로 유입되는 공기로서 화재 층의 제연구역과 면하는 옥내에서 옥외로 배출되도록 해야 한다. 단, 직통계단식 공동주택의 경우에는 그렇지 않다. 이때 사용되는 장치를 유입공기 배출장치라고 한다. 유입공기의 배출은 수직풍도, 배출구, 제연설비 중 한 가지 이상의 방식으로 해야 한다.

ⓑ 소방대원의 소방활동을 위한 비상용승강기의 승강장 및 특별피난계단 부속실의 출입문을

열린 상태로 설계를 하기 때문에 화재층 부속실의 모든 방화문이 개방되는 경우도 방연풍속의 성능이 유지되어야 비상용승강기 승강장 및 특별피난계단 피난로의 안전성을 확보할 수 있다. 따라서 유입공기 배출설비는 반드시 설치되어야 하는 것이다. 다만, 직통계단식 공동주택의 경우에는 배출설비 설치가 현실적으로 어려움이 있으며, 단시간 내에 피난이 이루어지므로 배출설비가 없더라도 차압 유지가 일반 건축물보다 비교적 안정적이므로 설치를 제외한 것이다. 그러나 외기가 면하는 부분에 샷시 등을 설치하여 구획한 복도식 아파트의 경우에는 유입공기 배출장치를 설치하여야 한다.

ⓒ 지하주차장 등 진출입경사로가 상시 개방되어 외기와 면하여 유입공기가 외부로 자연 배출되는 구조가 있는 층의 경우에도 방화셔터가 작동하여 유입공기가 외부로 배출이 어려우므로 유입공기의 배출설비를 설치하여야 한다. 수직풍도에 의한 옥내 유입공기의 배출은 자연배출방식이든 강제배출방식이든 공기의 흡입원리에 의한 배출이므로 수직풍도의 내부는 대기압 이하의 부압(음압)이 형성되므로 수직덕트가 축소되어 배출성능이 감소하지 않도록 덕트 설계를 하여야 한다.

ⓓ 유입공기의 배출은 방화구획별로 이루어져야 한다.

③ 유입공기의 배출 방식

ⓐ 수직풍도에 따른 배출

옥상으로 직통하는 전용의 배출용 수직풍도를 설치하여 배출하는 것으로, 제연 대상건물의 경우 거의 이 방식을 이용하여 유입공기를 옥외로 배출하고 있다. 정량적으로 신뢰도가 높은 방식이라 할 수 있다. 급기에서 전용 수직급기풍도를 설치하는 것처럼 유입공기의 배출도 수직풍도를 설치하여 전용케 하는 방식이다. 외관상 급기용 수직풍도와 같으며 통기에 대처해야 하는 기밀성 확보 또한 중요하다. 급기풍도는 전 층의 급기를 담당하지만, 유입공기 배출용 수직풍도는 반드시 화재 층의 유입공기만을 선택적으로 배출하므로 급기용과는 다르다.

㉮ 자연배출방식

자연배출방식은 굴뚝효과(stack effect)에 의해 유입공기를 배출하는 방식이기 때문에 기계배출방식보다 풍도의 단면적이 커질 수 있다.

㉯ 기계배출방식

기계배출방식은 전용 배출기에 의해 강제적으로 배출하는 방식이다. 유입공기 배출용 송풍기는 수직풍도 상부에 전용으로 설치하여 강제로 배출하는 방식이다. 다만, 지하층만을 제연하는 경우 배출용 송풍기의 설치 위치는 배출된 공기로 인하여 피난 및 소화활동에 지장을 주지 아니하는 곳에 설치할 수 있다.

송풍기에서 가장 먼 배출댐퍼에서 보충량(방연풍량)이 배출되는 조건으로 설계를 하기 때문에 배출댐퍼는 닫힌 상태에서 덕트 내부의 부압에 따른 누설량이 설계에 반영이 되어야 한다.

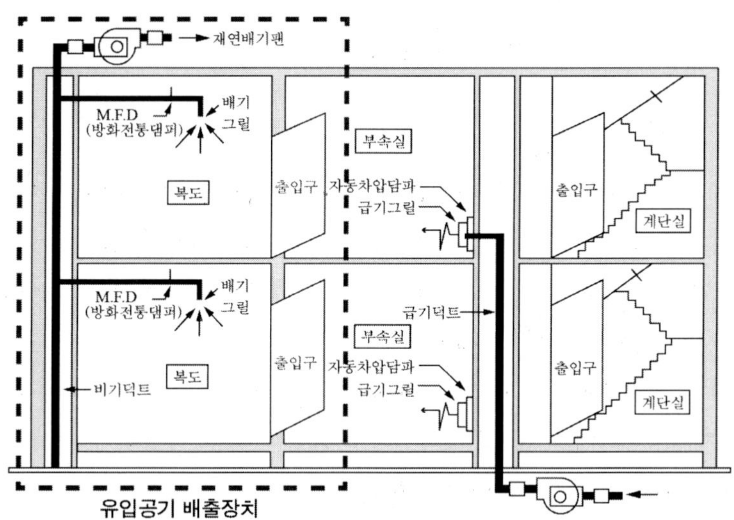

그림 5.13 기계식 유입공기 배출장치 예

ⓑ 배출구에 따른 배출

㉮ 배출구 방식은 건물의 옥내와 면하는 외벽마다 옥외와 통하도록 설치된 배출구를 통해 옥외로 배출하는 것으로써 감지기와 연동하도록 해야 하며, 모터나 솔레노이드(solenoid)에 의해 자동으로 댐퍼가 개방되도록 해야 한다.

㉯ 옥외 풍압에 의해 배출구가 자동으로 닫혀야 하므로 배연창은 배출구로 인정할 수 없다.

㉰ 외부에서 벽을 향하여 불어오는 바람의 영향을 고려할 때 다음의 예시도와 같은 경우 4개 벽면 중 2개 벽면만 유효한 배출구의 역할을 할 수 있다

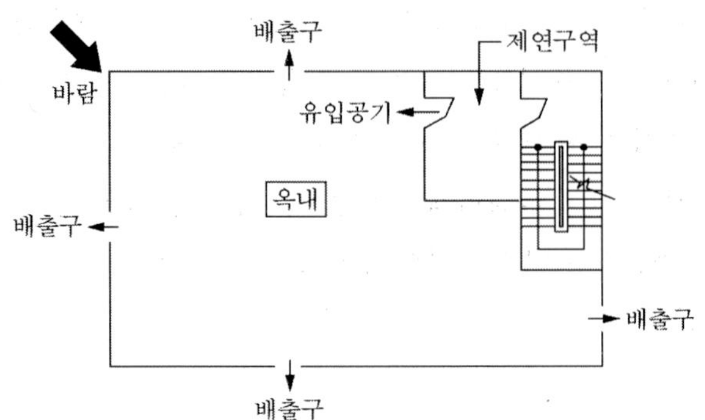

그림 5.14 배출구에 의한 배출방식 예시도

㉣ 배출구에 의한 배출 기준

배출구에는 다음의 기준에 적합한 장치(개폐기)를 설치해야 한다.

- 빗물과 이물질이 유입하지 아니하는 구조로 하여야 한다.
- 옥외 쪽으로만 열리도록 하고 옥외의 풍압에 따라 자동으로 닫혀야 하므로 배연창은 배출구로서 인정할 수 없다.
- 실제 건축물에서 복도 또는 내부 칸막이 등에 의하여 배출구에 의한 배출이 곤란한 구조의 경우에는 제연구역으로부터 유입된 공기가 옥외로 정상적으로 배출되어 방연풍속을 유지할 수 있어야 한다.
- 제연구역이 옥내와의 최적 차압을 형성하기 위해서는 될 수 있는 한 옥내의 기압을 대기압에 가깝게 유지하는 것이 좋다.
- 그 밖의 설치기준은 수직풍도에 설치하는 배출댐퍼 기준을 준용하여 설치한다.

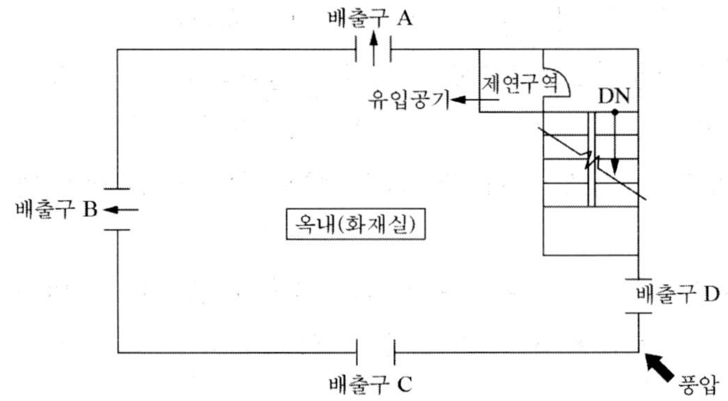

그림 5.15 옥외의 풍압에 의한 배출구의 작용 예

• 그림 5.15에서 옥외의 풍압에 의하여 배출구 A 및 배출구 B는 유입공기를 배출할 수 있도록 옥외로 열려야 하고, 배출구 C 및 배출구 D는 옥외의 풍압에 의하여 자동으로 닫혀야 한다.

㉤ 개폐기의 개구면적은 다음 식에 따라 산출한 수치 이상으로 해야 한다.

$$AO = \frac{QN}{2,5} \quad \cdots\cdots (5.17)$$

여기서, AO : 개폐기의 개구면적(m^2)

QN : 수직풍도가 담당하는 1개 층의 제연구역의 출입문(옥내와 면하는 출입문) 1개의 면적(m^2)과 방연풍속(m/s)을 곱한 값(m^3/s)

ⓒ 제연설비에 의한 배출

거실제연설비가 설치되어 있고 해당 옥내로부터 옥외로 배출하여야 하는 유입공기의 양을 거실제연설비의 배출량에 합하여 배출하는 경우 유입공기의 배출은 해당 거실제연설비에 따른 배출로 갈음할 수 있다. 즉, 거실제연설비 배기 용량에 유입공기 배출용량을 더해서 배출하는 방식을 말한다. 하지만 이 방식은 적용하기에는 다소 문제가 있다. 해당 방식을 적용하기 위해서는 전 층에 거실제연설비가 설치된 장소에 적용하여야 가장 효율적인 기능을 할 수 있기 때문이다.

문제

특별피난계단의 계단실 및 부속실 제연설비의 유입공기 배출방식을 3가지만 쓰시오.

정답 ① 수직풍도에 따른 배출
② 배출구에 따른 배출
③ 제연설비에 따른 배출

(9) 수직풍도에 따른 배출 기준

① 수직풍도 및 풍도 내부면 내화기준

ⓐ 수직풍도는 내화구조로 하되 「건축물의 피난·방화구조 등의 기준에 관한 규칙」 제3조제1호 또는 제2호의 기준 이상의 성능으로 설치해야 한다.

ⓑ 수직풍도의 내부면은 두께 0.5 mm 이상의 아연도금강판 또는 동등이상의 내식성·내열성

이 있는 것으로 마감되는 접합부에 대하여는 통기성이 없도록 시공해야 한다.

ⓒ 유입공기 배출장치의 크기(면적)는 [보충량(방연풍량 + 유입공기 배출용 수직덕트에 설치된 모든 배출댐퍼 누설량 성능에 따른 누설량)] × 여유량을 근거로 계산한다.

② 각층의 옥내와 면하는 수직풍도 관통부의 배출댐퍼 설치 기준

ⓐ 배출댐퍼는 두께 1.5 mm 이상의 강판 또는 이와 동등 이상의 성능이 있는 것으로 설치하여 하며 비내식성 재료의 경우에는 부식방지 조치를 하여야 한다.

ⓑ 배출댐퍼는 화재층에서만 개방되며 평상시 닫힌 구조로 기밀상태를 유지하여야 한다. 또한 배출댐퍼는 방화성능이 요구된다.

ⓒ 개폐 여부를 해당 장치 및 제어반에서 확인할 수 있는 감지기능을 내장하고 있어야 한다.

ⓓ 구동부의 작동상태와 닫혀 있을 때의 기밀상태를 수시로 점검할 수 있는 구조이어야 한다.

ⓔ 풍도의 내부 마감상태에 대한 점검 및 댐퍼의 정비가 가능한 이·탈착구조로 하여야 한다.

ⓕ 화재층의 옥내에 설치된 화재감지기의 동작에 따라 해당 층의 댐퍼가 개방되어야 한다.

ⓖ 개방 시의 실제 개구부(개구율을 감안한 것)의 크기는 수직풍도의 내부 단면적과 같도록 하여야 한다.

ⓗ 댐퍼는 풍도 내의 공기흐름에 지장을 주지 않도록 수직풍도의 내부로 돌출하지 않게 설치하여야 한다. 댐퍼가 돌출 설치 시 유입공기를 배출하는 덕트에서 마찰손실 때문에 압력저하가 발생하여 성능저하가 될 수 있거나, 덕트를 연결하면서 연결부위가 풍도 내부로 돌출될 경우 많은 마찰손실이 발생하여 규정된 차압과 방연풍속이 형성되지 않을 수 있다.

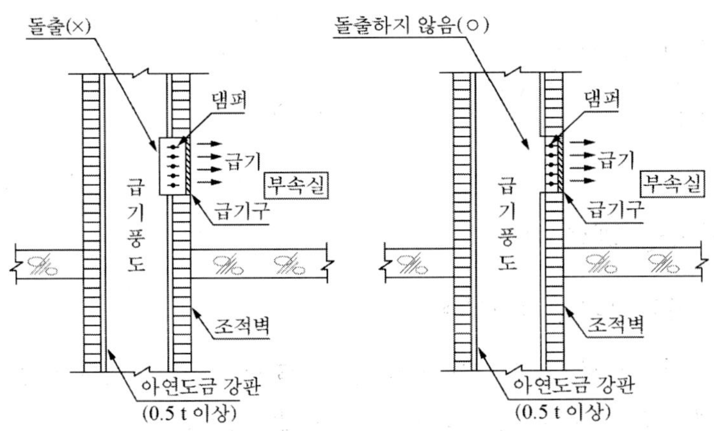

그림 5.16 수직풍도 내 댐퍼의 설치 예

③ 수직풍도 내부 단면적 기준

ⓐ 자연배출방식의 경우 다음 식에 따라 산출하는 수치 이상으로 할 것. 다만, 수직풍도의 길이가 100 m를 초과하는 경우는 산출수치 의 1.2배 이상의 수치를 기준으로 하여야 한다.

$$Ap = \frac{QN}{2} \quad \cdots\cdots (5.18)$$

여기서, Ap : 수직풍도의 내부 단면적(m^2)

QN : 수직풍도가 담당하는 1개층의 제연구역의 출입문(옥내와 면하는 출입문) 1개의 면적(m^2)과 방연풍속(m/s)를 곱한 값(m^3/s) 이상

ⓑ 송풍기를 이용한 기계배출방식의 경우 풍속 15 m/s 이하로 하여야 한다.

④ 기계배출방식의 배출용 송풍기 기준

ⓐ 열기류에 노출되는 송풍기 및 그 부품들은 250℃의 온도에서 1시간 이상 가동상태를 유지하여야 한다.

ⓑ 송풍기의 풍량은 다음 식의 풍량 QN에 여유량을 더한 양을 기준으로 해야 한다.

$$QN(m^3/s) = (\text{출입문 1개의 면적}(m^2) \times \text{방연풍속}(m/s) + \text{수직덕트 내 배출댐퍼 누설량 합계}) \times \text{여유율}$$

ⓒ 송풍기는 옥내의 화재감지기의 동작에 따라 연동되어야 한다.

⑤ 수직풍도의 상부의 말단부

수직풍도의 상부의 말단(기계배출식의 송풍기도 포함한다)은 빗물이 흘러들지 아니하는 구조로 하고, 옥외의 풍압에 따라 배출성능이 감소하지 아니하도록 유효한 조치를 할 것

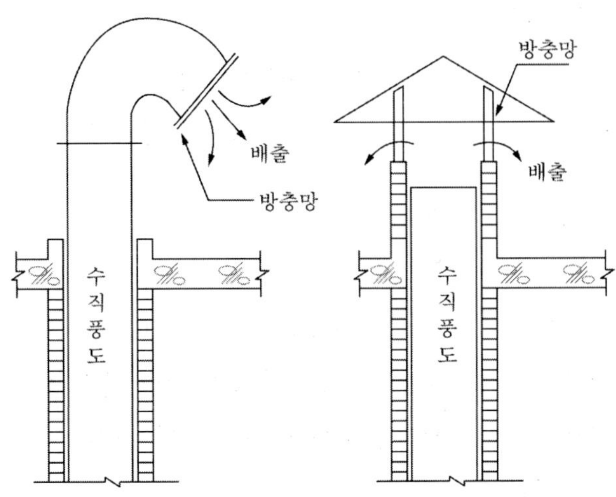

그림 5.17 수직풍도 상부 말단부 빗물방지장치

(10) 급기 및 급기구

① 제연구역에 대한 급기

ⓐ 부속실을 제연하는 경우 동일수직선상의 모든 부속실은 하나의 전용수직풍도에 따라 동시에 급기할 것. 다만, 동일수직선상에 2대 이상의 급기 송풍기가 설치되는 경우는 수직풍도를 분리하여 설치할 수 있다.

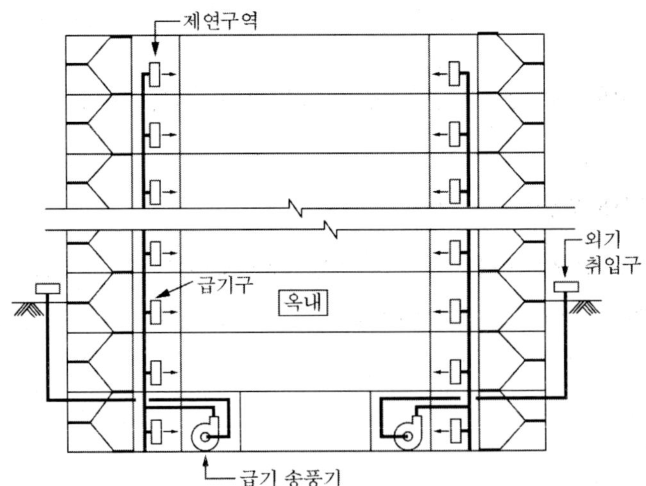

그림 5.18 전용수직풍도에 의한 전층 급기의 예

ⓑ 계단실 및 부속실을 동시에 제연하는 경우 계단실에 대하여는 그 부속실의 수직풍도를 통해 급기할 수 있다.

ⓒ 계단실만 제연하는 경우에는 전용수직풍도를 설치하거나 계단실에 급기풍도 또는 급기 송풍기를 직접 연결하여 급기하는 방식으로 해야 한다.

ⓓ 하나의 수직풍도마다 전용의 송풍기로 급기해야 한다.

ⓔ 비상용승강기의 승강장을 제연하는 경우에는 비상용승강기의 승강로를 급기풍도로 사용할 수 있다.

참고

제연구역에 대한 급기

① 하나의 전용수직풍도에 따라 동시 급기 의미
연기가 부력 등의 연기구동력에 의해 상층부로 확산, 이동하기 때문에 화재층만 급기하지 않고 동일 수직선상의 부속실에 전층 급기를 하는 것이다.

② 하나의 수직풍도마다 전용의 송풍기로 급기 의미
부속실이 한 층에 여러 곳이 있을 경우는 각 부속실마다 전용의 수직풍도를 설치하고 수직풍도마다 전용의 송풍기를 설치하여 급기가 이루어지도록 하는 것이다.

③ 비상용승강기의 승강로를 급기풍도로 사용의 의미
수직풍도로 비상용승강기 승강로를 활용하여 급기가압을 할 수 있도록 함으로써 수직덕트 가압방식과 승강로 가압방식 등 두 가지 방식을 모두 적용할 수 있도록 한 것이다.

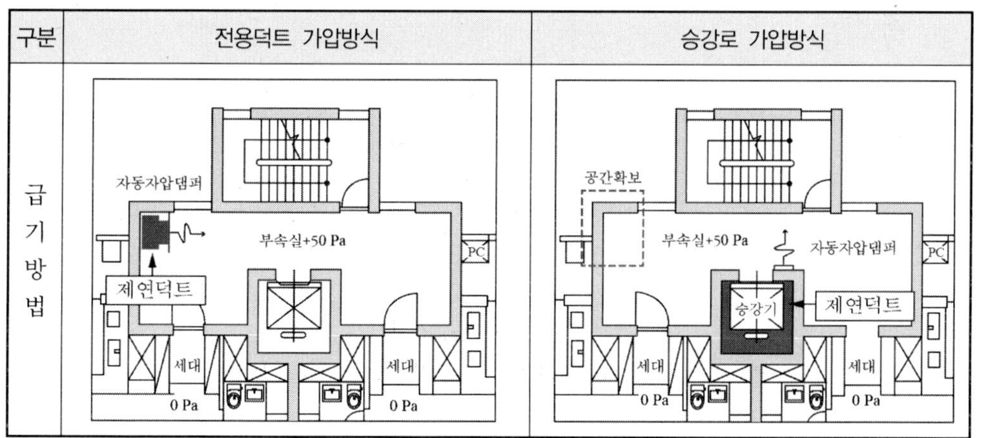

그림 5.19 승강로 가압방법

승강로 가압방식

급기 송풍기에서 공급되는 외기를 승강로의 측면이나 후면에 수평 덕트를 연결하여 외기를 승강로에 공급한다. 즉, 외부의 공기를 공급하는 수직공기통로로써 승강기 승강로를 이용하는 것이다. 승강기 승강로 하부 측에 연통된 급기팬을 구동시켜 설정된 풍량을 승강기 승강로 내로 이동할 때 풍속이 극히 적어 마찰손실을 무시할 수 있을 정도로 줄어들어 승강기 승강로 내 상하층 간 균압통 개념의 정압이 유지되므로 건물 전층의 제연구역에 설정 풍량을 정확하게 공급이 가능하여 설정된 차압을 유지할 수 있도록 한 방식이다.

② 제연구역에 설치하는 급기구 기준

ⓐ 급기구 설치 위치

급기용 수직풍도와 직접 면하는 벽체 또는 천장(해당 수직풍도와 천장 급기구 사이의 풍도를 포함)에 고정하되, 급기되는 기류 흐름이 출입문으로 인하여 차단되거나 방해받지 아니하도록 옥내와 면하는 출입문으로부터 가능한 먼 위치에 설치할 것

ⓑ 계단실과 그 부속실을 동시에 제연하거나 또는 계단실만을 제연하는 경우 급기구는 계단실 매 <u>3개층 이하의 높이마다 설치</u>할 것. 다만, 계단실의 높이가 31 m 이하로서 계단실만을 제연하는 경우에는 하나의 계단실에 하나의 급기구만을 설치할 수 있다.

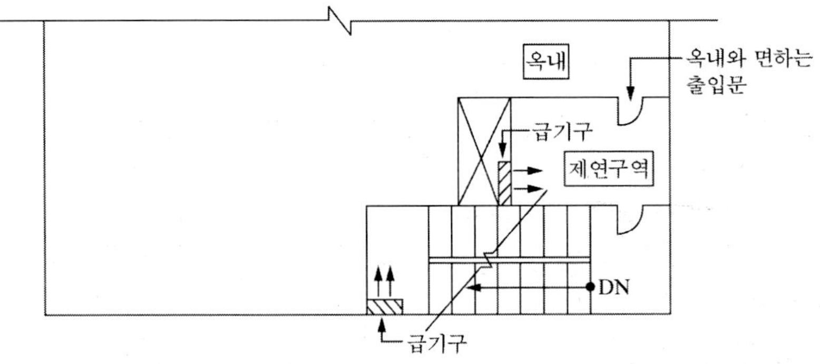

그림 5.20 급기구 설치 위치의 예

(옥내와 면하는 출입문으로부터 가능한 먼 위치에 급기구를 설치)

ⓒ 급기구 댐퍼 설치기준

㉮ 급기댐퍼는 두께 1.5 mm 이상의 강판 또는 이와 동등 이상의 강도가 있는 것으로 설치하여야 하며, 비내식성 재료의 경우에는 부식방지 조치를 해야 한다.

㉯ 자동차압·과압조절형 댐퍼를 설치하는 경우 차압 범위의 수동설정기능과 설정범위의 차압이 유지되도록 개구율을 자동조절하는 기능이 있어야 한다.

㉰ 자동차압·과압조절형 댐퍼는 옥내와 면하는 개방된 출입문이 완전히 닫히기 전에 개구율을 자동감소시켜 과압을 방지하는 기능이 있어야 한다.

㉱ 자동차압·과압조절형 댐퍼는 주위온도 및 습도의 변화에 의해 기능이 영향을 받지 아니하는 구조이어야 한다.

㉲ 자동차압·과압조절형댐퍼는 「자동차압·과압조절형댐퍼의 성능인증및 제품검사의 기술기준」에 적합한 것으로 설치하여야 한다.

㉳ 자동차압·과압조절형이 아닌 댐퍼는 개구율을 수동으로 조절할 수 있는 구조로 하여야 한다.

㉴ 옥내에 설치된 화재감지기에 따라 모든 제연구역의 댐퍼가 개방되도록 해야 한다. 다만, 둘 이상의 특정소방대상물이 지하에 설치된 주차장으로 연결되어 있는 경우에는 주차장에서 하나의 특정소방대상물의 제연구역으로 들어가는 입구에 설치된 제연용 연기감지기의 작동에 따라 특정소방대상물의 해당 수직풍도에 연결된 모든 제연구역의 댐퍼가 개방되도록 해야 한다.

㉵ 그 밖의 급기구 댐퍼 설치기준은 수직풍도의 관통부의 배출댐퍼 기준을 적용한다.

(11) 급기풍도 및 급기 송풍기

① 급기풍도 설치기준

ⓐ 수직풍도는 내화구조로 하고, 수직풍도의 내부면은 <u>두께 0.5 mm 이상의 아연도금강판</u> 또는 동등 이상의 내식성·내열성이 있는 것으로 마감되는 접합부에 대하여는 통기성이 없도록 시공해야 한다(수직풍도의 제1호 및 제2호 기준 준용).

ⓑ 수직풍도 이외의 풍도로서 금속판으로 설치하는 풍도 기준

㉮ 풍도는 아연도금강판 또는 이와 동등 이상의 내식성·내열성이 있는 것으로 하며, 불연재료(석면재료를 제외한다)의 단열재로 유효한 단열 처리를 하고, 강판의 두께는 풍도의 크기에 따라 다음 표에 따른 기준 이상으로 할 것. 다만, 방화구획이 되는 전용실에 급기 송풍기와 연결되는 덕트는 단열이 필요 없다.

표 5.5 금속판으로 설치하는 풍도의 강판의 두께

풍도단면의 긴 변 또는 직경의 크기[mm]	450 이하	450 초과 750 이하	750 초과 1,500 이하	1,500 초과 2,250 이하	2,250 초과
강판 두께[mm]	0.5 이상	0.6 이상	0.8 이상	1.0 이상	1.2 이상

㉯ 풍도에서의 누설량은 급기량의 10%를 초과하지 아니할 것

ⓒ 풍도는 정기적으로 풍도 내부를 청소할 수 있는 구조로 설치하여야 한다.

② 급기 송풍기 설치기준

ⓐ 송풍기의 송풍능력은 송풍기가 담당하는 제연구역에 대한 급기량의 1.15배 이상으로 할 것. 다만, 풍도에서의 누설을 실측하여 조정하는 경우는 그러하지 아니한다.

ⓑ 송풍기에는 풍량조절장치를 설치하여 풍량조절을 할 수 있도록 하여야 한다.

㉮ 송풍기의 배출 측에는 풍량조절댐퍼, 즉 볼륨댐퍼(volume damper)를 설치하고, 풍량과 풍압을 계측할 수 있는 유효한 조치를 하도록 정하고 있다.

㉯ 볼륨댐퍼를 설치하는 것은 송풍기 및 풍도의 설치과정에서 제연에 대한 차압 및 보충량의 균형을 맞추기 위한 조치로써 송풍량을 조정하게 하는 것이다.

참고

볼륨댐퍼

- 화재신호에 의해 송풍기가 동작하면 차압에 필요한 누설량만큼의 풍량을 즉시 공급하고, 제연구역의 닫혀 있던 출입문이 개방되면 자동조절댐퍼가 개방되어 방연풍속과 비개방층의 차압을 유지해 주는 기능을 가진 댐퍼

복합댐퍼

- 제연설비의 송풍량을 조절하며 차압, 방연풍속, 비개방층 차압을 조절하는 시스템
- 댐퍼를 둘로 분류하여 한쪽은 수동조절에 따라 조정된 상태로 상시 개방된 상태를 유지하고 있으며, 다른 한쪽은 풍량 변화에 따라 자동조절되는 자동조절댐퍼

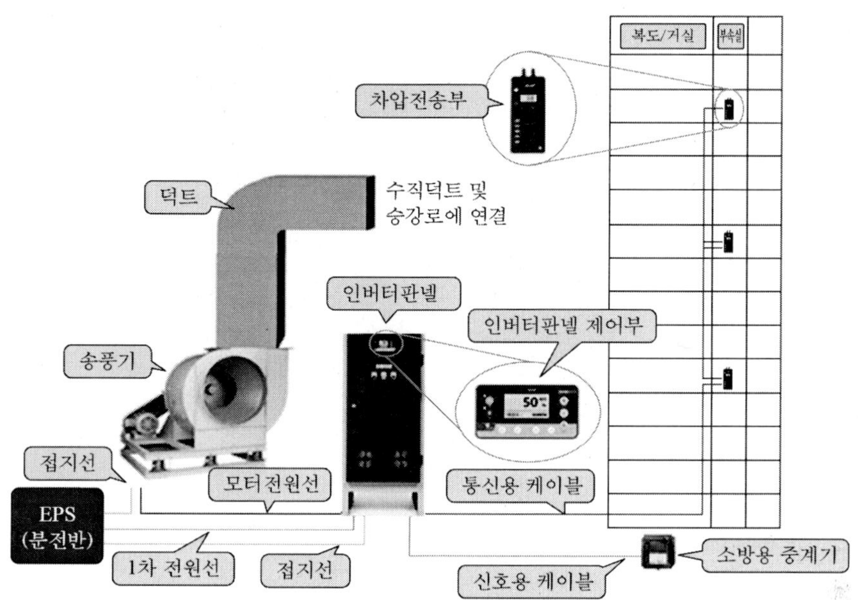

그림 5.21 복합댐퍼방식의 시스템

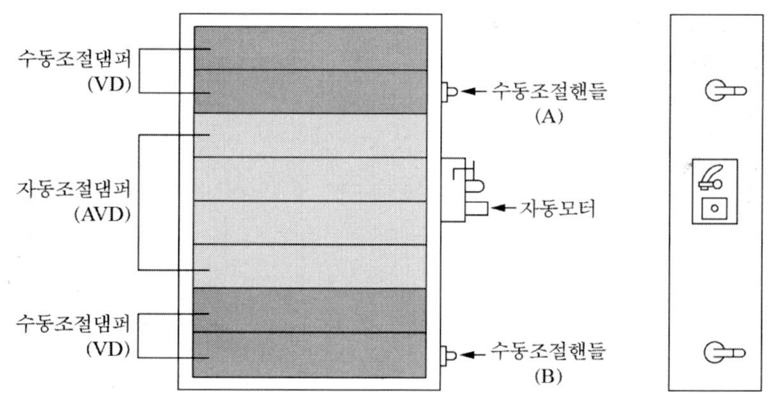

그림 5.22 복합댐퍼의 구성 예시

ⓒ 송풍기에는 풍량을 실측할 수 있는 유효한 조치를 하여야 한다.

⇒ 측정기를 배출 측 풍도 내로 삽입하여 측정한 다음 용이하게 원상태로 풍도를 폐쇄할 수 있는 적절한 구조를 갖추라는 의미이다

ⓓ 송풍기는 인접장소의 화재로부터 영향을 받지 아니하고 접근 및 점검이 용이한 곳에 설치하여야 한다.

ⓔ 송풍기는 옥내의 화재감지기의 동작에 따라 작동하도록 하여야 한다.

ⓕ 송풍기와 연결되는 캔버스는 내열성(석면재료를 제외)이 있는 것으로 하여야 한다.

그림 5.23 급기 송풍기설치(복합댐퍼) 사례

(12) 외기취입구 설치기준

① 외기취입구 역할

부속실 제연설비에서 외부의 신선한 공기를 실내로 공급하는 설비이다.

② 외기취입구 설치 위치

ⓐ 외기를 옥외로부터 취입하는 경우 취입구는 연기 또는 공해물질 등으로 오염된 공기를 취입하지 아니하는 위치에 설치하여야 한다.

ⓑ 배기구 등(유입공기, 주방의 조리대의 배출공기 또는 화장실의 배출공기 등을 배출하는 배기구를 말함)으로부터 수평거리 5 m, 직선거리 1 m 이상 낮은 위치에 설치하여야 한다.

ⓒ 취입구를 옥상에 설치하는 경우 옥상의 외곽면으로부터 수평거리 5 m 이상, 외곽면의 상단으로부터 하부로 수직거리 1 m 이하의 위치에 설치하여야 한다.

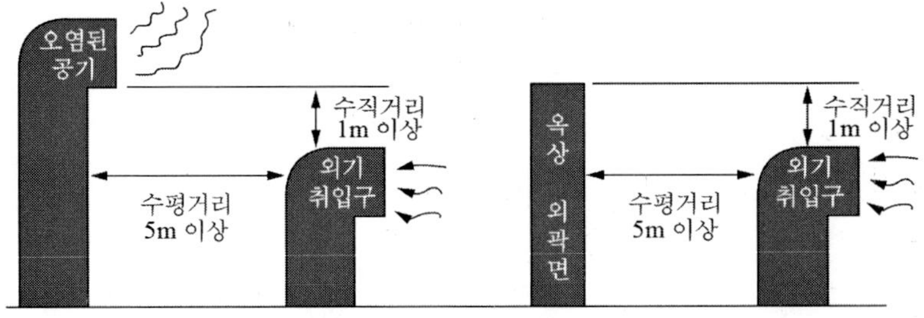

그림 5.24 외기취입구 구조

③ 취입구는 빗물과 이물질이 유입하지 아니하는 구조로 하여야 한다.

그림 5.25 취입구 빗물 유입 방지 장치

그림 5.26 취입구 이물질 유입 방지 장치

④ 취입구는 취입공기가 옥외의 바람의 속도와 방향에 따라 영향을 받지 아니하는 구조로 하여야 한다.

(13) 제연구역 및 옥내출입문

① 제연구역 출입문의 기준

ⓐ 제연구역의 출입문(창문을 포함한다)은 언제나 닫힌 상태를 유지하거나 자동폐쇄장치에 의해 자동으로 닫히는 구조로 할 것. 다만, 아파트인 경우 제연구역과 계단실 사이의 출입문은 자동폐쇄장치에 의하여 자동으로 닫히는 구조로 하여야 한다.

- 화재 시 옥내에 설치된 연기감지기의 작동과 연동되어 결합이 자동으로 해제되고 자동폐쇄기능의 폐쇄력에 의해 출입문이 자동으로 닫혀야 한다.
- 화재 시 제연구역의 차압 유지와 부력 및 굴뚝효과 등으로 연기의 이동·확산 방지

ⓑ 제연구역의 출입문에 설치하는 자동폐쇄장치는 제연구역의 기압에도 불구하고 출입문을 용이하게 닫을 수 있는 충분한 폐쇄력이 있어야 한다.

ⓒ 제연구역의 출입문 등에 자동폐쇄장치를 사용하는 경우는 「자동폐쇄장치의 성능인증 및 제품검사의 기술기준」에 적합한 것으로 설치하여야 한다.

그림 5.27 제연구역 출입문이 완전히 폐쇄되지 않은 사례

그림 5.28 자동폐쇄장치에 의해 상시 개방된 방화문

(자동폐쇄장치에 의해 상시 개방되어 있다가 연기감지기의 동작에 의해 자동으로 폐쇄되는 방화문)

② 옥내출입문의 기준(방화구조의 복도가 있는 경우, 복도와 거실 사이의 출입문에 한함)

ⓐ 출입문은 언제나 닫힌 상태를 유지하거나 자동폐쇄장치에 따라 자동으로 닫히는 구조로 설치하여야 한다.

ⓑ 거실 쪽으로 열리는 구조의 출입문에 설치하는 자동폐쇄장치는 출입문의 개방 시 유입공기의 압력에도 불구하고 출입문을 용이하게 닫을 수 있는 충분한 폐쇄력이 있는 것으로 하여야 한다.

⇒ 연기로부터 제연구역을 보호하기 위해 가압하는 허용 차압에도 출입문이 원활하게

개폐될 수 있도록 제한한 최대 차압의 크기인 110 N을 의미한다.

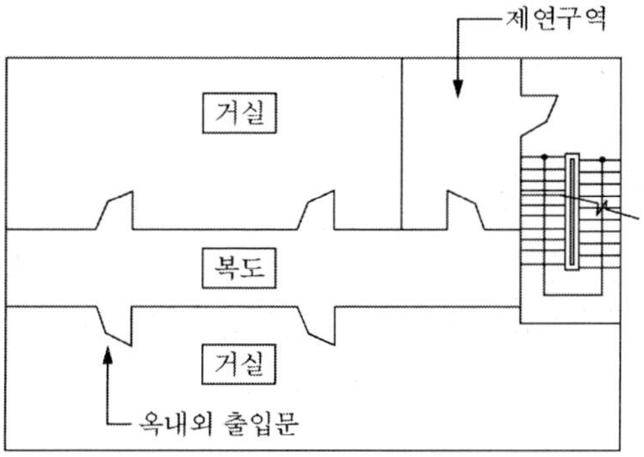

제연구역
거실
복도
거실
옥내외 출입문

그림 5.29 제연구역과 옥내출입문

(14) 수동기동장치 및 제어반

① 수동기동장치

ⓐ 설치목적

수동기동장치의 설치 목적은 화재 시 감지기 등과 연동하여 동작되지 아니하는 경우 해당 설비를 수동으로 동작시키기 위한 것이므로, 해당 댐퍼의 작동뿐만 아니라 감지기 작동 시와 동일하게 시스템이 작동되도록 하는 장치이다.

ⓑ 수동기동장치 설치기준

배출댐퍼 및 개폐기의 직근과 제연구역에는 전용의 수동기동장치를 설치하여야 한다. 다만, 계단실 및 그 부속실을 동시에 제연하는 제연구역에는 그 부속실에만 설치할 수 있다.

㉮ 전 층의 제연구역에 설치된 급기댐퍼의 개방

㉯ 해당 층의 배출댐퍼 또는 개폐기의 개방

㉰ 급기 송풍기 및 유입공기의 배출용 송풍기(설치한 경우에 한한다)의 작동

㉱ 개방, 고정된 모든 출입문(제연구역과 옥내 사이의 출입문 해당)의 개폐장치의 작동

ⓒ 기준에 따른 수동기동장치는 옥내에 설치된 수동발신기의 조작에 따라서도 작동할 수 있도록 하여야 한다.

그림 5.30 쐐기로 방화문 개방한 사례

② 제어반

ⓐ 제연설비의 제어반 설치기준

제어반에는 제어반의 기능을 1시간 이상 유지할 수 있는 용량의 비상용 축전지를 내장할 것. 다만, 해당 제어반이 종합방재제어반에 함께 설치되어 종합방재제어반으로부터 이 기준에 따른 용량의 전원을 공급받을 수 있는 경우에는 그러하지 아니하다.

ⓑ 제어반의 기능

㉮ 급기용 댐퍼의 개폐에 대한 감시 및 원격조작기능

㉯ 배출댐퍼 또는 개폐기의 작동 여부에 대한 감시 및 원격조작기능

㉰ 급기 송풍기와 유입공기의 배출용 송풍기(설치한 경우에 한함)의 작동 여부에 대한 감시 및 원격조작기능

㉱ 제연구역의 출입문의 일시적인 고정 및 개방에 대한 감시 및 원격조작기능

㉲ 수동기동장치의 작동 여부에 대한 감시기능

㉳ 급기구 개구율의 자동조절장치의 작동 여부에 대한 감시기 다만, 급기구에 차압표시계를 고정부착한 자동차압·과압조절형댐퍼를 설치하고 해당 제어반에도 차압표시계를 설치한 경우는 그러하지 아니하다.

㉴ 감시선로의 단선에 대한 감시기능

㉵ 예비전원이 확보되고 예비전원의 적합 여부를 시험할 수 있어야 할 것

문제

댐퍼 수동조작함의 설치 높이는 어느 위치에 설치해야 하는지 그 설치에 대한 기준을 쓰시오.

정답 바닥으로부터 0.8～1.5 m 이하

다음은 전실제연설비의 계통도이다. 다음 조건을 이용하여 ①～⑤까지의 배선 가닥수와 배선의 용도를 표의 빈칸에 쓰시오.

> [조건]
> - 댐퍼의 기동은 기동신호가 인가되면 작동하고 기동신호를 해제하면 자동으로 복구되는 댐퍼이다.
> - 감지기 회로의 공통선은 별도로 사용하고 종단저항은 급기댐퍼 내부에 설치한다.
> - 급기 및 배기댐퍼 기동은 층별로 동시에 기동되는 방식으로 한다.
> - 별도의 복구선은 없는 것으로 한다.
> - 전체는 2개층 2 zone의 구조로 되어 있다.

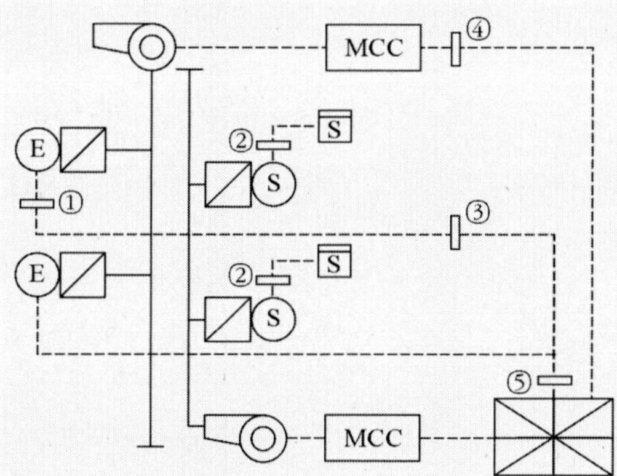

기호	가닥수	배선의 용도
①		
②		
③		
④		
⑤		

정답

기호	가닥수	배선의 용도
①	4	전원+, 전원-, 기동, 배기기동 확인
②	4	감지기구2, 감지기 공통 2
③	7	전원+, 전원-,기동, 감지기 공통, 급기기동 확인, 배기기동 확인, 감지기 지구
④	5	기동, 정지, 공통, 기동확인표시등, 전원감시표시등
⑤	11	전원+, 전원-, 감지기 공통,(기동, 급기기동 확인·배기기동 확인, 감지기지구) × 2

참고

전실제연설비의 기동(급·배기댐퍼 기동) 가닥수

(1) 감시제어반 → 수동조작함

① 전실제연설비 : 1가닥, 거실제연설비 : 2가닥(인접구역으로 나누어져 있음)

② 감시제어반 → 수동조작함

- 전원 +
- 전원 -
- 기동(기동, 급·배기댐퍼기동) : 부속실(전실제연설비)→1가닥, 거실제연설비 : 2가닥
- 확인(배기댐퍼 확인, 급기댐퍼 확인)
- 감지기선
- 복구스위치 (기동복구방식 및 수동복구방식을 채택할 경우, 1가닥 추가/자동복구방식은 선추가 없음)
- 수동기동확인선 : 수신반에서 수동조작함(RM)까지 배출댐퍼 및 개폐기의 직근과 제연구역에는 장치의 작동을 위하여 전용의 수동의 기동장치를 설치하여야 함.

(2) 감시제어반(수신반) ↔ MCC 판넬

- 5가닥 : 공통선, ON(기동), OFF((정지), 전원표시등, 팬기동 표시등

(3) 급기댐퍼

- 4가닥 : 전원 +, 전원 -, 기동, 급기 확인

(4) 배기댐퍼(해당 층만 열림)

- 4가닥 : 전원 +, 전원 -, 기동, 배기 확인

(15) 덕트의 설계 시 고려사항

① 덕트 내부를 흐르는 공기는 덕트 벽면과의 마찰이나 부속품의 저항에 의해 에너지 손실이 발생하며, 에너지 손실량은 덕트의 단면 형상이나 표면거칠기에 따라 다르다.

② 덕트는 여러 가지 형상의 직관, 분기관, 축소 및 확대관으로 구성되며, 각 형상마다 유동저항(마찰손실)이 다르다.

③ 사용 용도에 따라 덕트에는 댐퍼, 그릴, 디퓨저 등의 기구를 부착하게 되며, 이들 기구는 기류의 흐름에 장애가 되기 때문에 저항이 발생할 수 있다.

④ 덕트의 형상 및 용도별 유동저항(마찰손실)과 기구의 유동저항(마찰손실)은 대한 설비공학회의 원형덕트 마찰손실 선도를 이용하여 구한다.

⑤ 덕트의 유동 마찰손실은 대한설비공학회의 원형 덕트 마찰손실 선도에서 수평으로 표시된 유량선과 사선(＼)인 원형 덕트의 지름 선이 교차하는 점에서 수직 하변의 마찰손실값을 읽어서 구한다.

⑥ 대한설비공학회의 원형 덕트 마찰손실 선도에서는 원형 덕트의 마찰손실을 구하는 것이므로, 실제 사용하는 4각 덕트에 대해서는 대한설비공학회의 4각 덕트와 원형 덕트의 치수 환산표를 사용하여 원형 덕트의 상당 지름을 구함으로써 마찰손실을 구할수 있다.

⑦ 덕트의 각 부분별로 대한설비공학회의 원형 덕트 마찰손실 선도에서 구한 손실값을 해당 덕트 길이와 곱하고, 부속의 손실을 합산하여 전체 손실값을 구하면 송풍기 선정에 필요한 정압을 결정할 수 있다.

⑧ 풍량을 거리에 따라 적당히 배분하는 일반 공조 덕트와는 달리, 제연설비에서는 어느 부분에서나 최대 풍량을 취급해야 하기 때문에 근거리 풍량과 원거리 풍량이 동일하다. 그러므로 덕트의 마찰손실은 가장 먼 곳에 전체 풍량을 보내는 조건으로 계산한다

⑨ 배출덕트의 내부 풍속은 NFPC 501A 제14조 제4호 나목에서 15 m/s 이하로 규정하고 있으나, 속도가 너무 클 경우는 부압이 커져서 덕트 누설량이 많아지므로 배출덕트의 풍속은 10 m/s 이하로 하는 것이 좋다.

⑩ 급기덕트의 내부 풍속은NFPC 501 제10조 제1항에서 20 m/s 이하로 규정하고 있으나, 속도가 너무 클 경우는 진동과 덕트 누설량이 많아지므로 급기덕트의 풍속은 15 m/s 이하로 하는 것이 좋다.

(16) 송풍기의 선정 시 고려사항

① 송풍기는 공기와 같은 유체를 수송하는 대표적인 공기이동시스템이며, 이 시스템 중 송풍기는 용도에 따라 급기용으로 사용될 때는 송풍기, 배출용으로 사용될 때는 배출기라고 한다.

② 송풍기의 용량은 덕트를 통해 목적지(제연구역)로 보낼 필요공기량과 공기가 흐를 때 발생하는 저항을 감당할 수 있는 양으로 정한다. 송풍기의 총에너지(출력)를 전압(P_T)이라고 하며, 전압은 정압(P_s)과 동압(P_v)의 합으로 나타내고, 정압과 동압은 덕트의 크기와 유량에 따라 구간마다 달라진다.

③ 동압은 기류속도의 함수가 되며, 송풍기의 풍량은 유속으로 변환되고, 유속은 동압으로 환산되므로 풍량이 결정되면 동압이 결정된다고 할 수 있다. 따라서 송풍기의 동압은 풍량에 의해 송풍기 제조사가 결정하는 것이며, 덕트 설계자가 송풍기 제조사에 요구할 것은 풍량과 정압이다

④ 송풍기의 정압은 에너지 손실의 저항을 이겨낼 수 있도록 선정한다.
※ 송풍기 특성 및 선정순서는 제2장의 송풍기를 참고

(17) 특별피난계단 제연설비 설계 수행순서

① 제연구역 선정

ⓐ 계단실 및 그 부속실을 동시에 가압 제연하는 방식

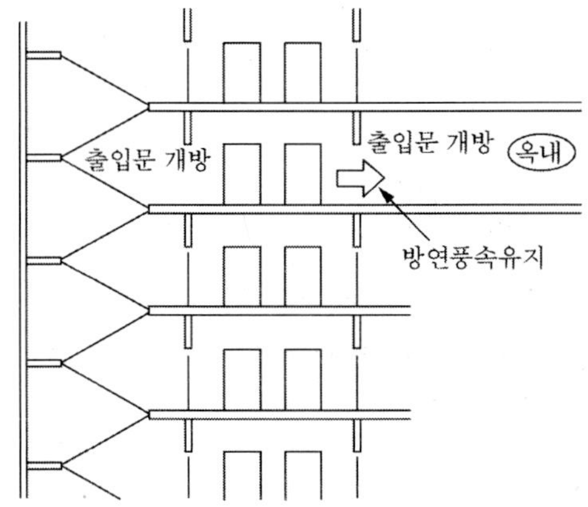

그림 5.31 계단실 또는 계단실과 부속실 동시 가압 방연풍속 예

ⓑ 부속실만 단독 제연

모든 층의 부속실만을 동시에 가압하는 방식이다.

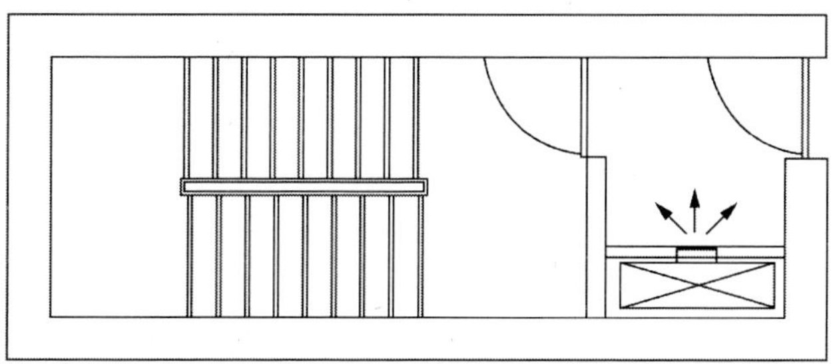

그림 5.32 부속실 급기가압 제연설비 예

ⓒ 계단실 단독 제연

계단실만을 단독으로 가압하는 방식이다.

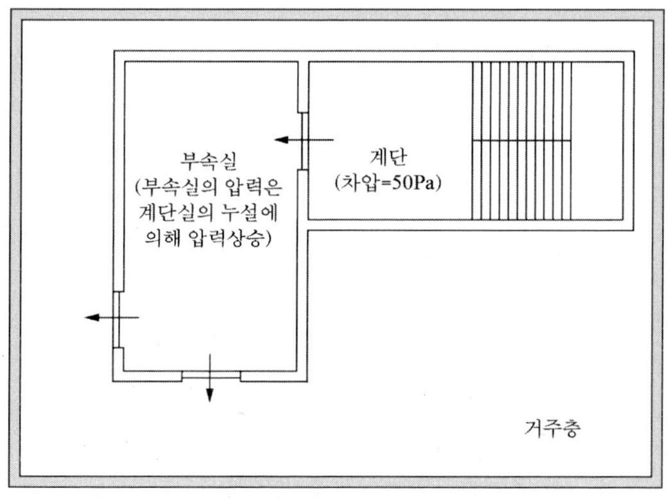

그림 5.33 계단실만 단독 가압하는 경우 예

ⓓ 비상용승강기 승강장 단독가압 제연하는 방식

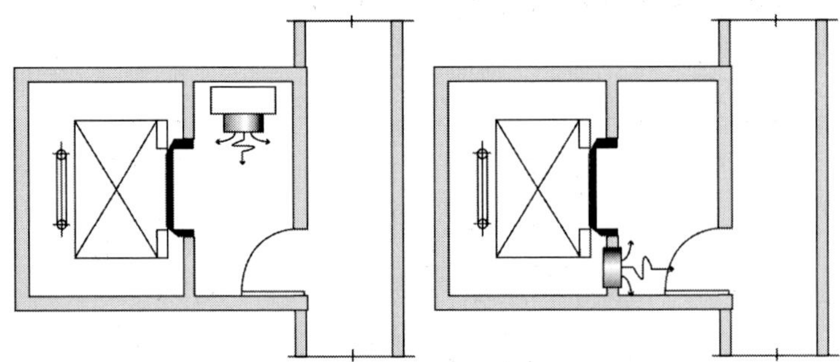

그림 5.34 비상용승강기 승강장 제연설비
(좌 : 승강장가압방식, 우 : 승강로가압방식)

문제

특별피난계단의 계단실 및 부속실 제연설비에서 제연구역의 선정기준 4가지를 쓰시오.

정답 ① 계단실 및 그 부속실을 동시에 가압 제연하는 방식
② 부속실만을 단독으로 제연하는 방식(피난층에 부속실이 설치되어 있는 경우에 한함)
③ 계단실만을 단독으로 제연하는 방식
④ 비상용승강기 승강장을 단독으로 제연하는 방식

② 계단실 가압

ⓐ 각 수직샤프트의 송풍량을 확인한다.

㉮ 누설량 계산

계단실에 연결된 각 층의 출입문이 닫힌 상태에서 누설될 수 있는 양을 모두 더한다. 출입문 1개의 누설량은 KS F 3109(문 세트)의 규정에 따라 차압 25 Pa에서 0.9 $m^3/min/m^2$로 한다. 이것은 출입문의 면적 1 m^2에 대해 매 분당 0.9 m^3까지의 누설은 허용한다는 개념으로 미국 건축 규정 IBC 코드의 규정을 인용한 것이다. 따라서 출입문의 면적이 2 m^2인 경우 25 Pa의 차압에서 매 분당 누설량을 1.8 m^3/min로 산정한다. 누설량은 차압의 제곱근에 비례하므로, 설정 차압이 커지면 누설량도 커진다. 누설량(Q_l)은 다음 식과 같다.

$$Q_l = \frac{0.9}{60} n_s A \frac{\sqrt{\Delta P}}{25} \ [m^3/s] \quad \cdots\cdots (5.19)$$

여기서, Q_l : 총 누설량(초당 누설량을 구하기 위해 60으로 나눔)

n_s : 층수(계단실에 연결된 출입문의 수)

A : 각 출입문의 면적(m^2)(면적이 다른 출입문 따로 계산하여 합산)

ΔP : 설정 차압(Pa)

특별피난계단의 계단실과 거실 사이에는 보통 2개의 출입문이 있으므로, 계단실과 거실 사이에 유지할 설정 차압이 50 Pa인 경우에도 차압은 2개의 문에 분산되므로 계단실 출입문에는 25 Pa의 차압이 작용하는 것으로 볼 수 있다

㉯ 방연풍량 계산

방연풍량은 화재층에 피난을 위해 출입문을 개방할 경우 연기가 계단실로 들어가는 것을 막기 위하여 공급하는 풍량이다. 여러 개의 출입문이 열릴 경우, 어느 출입문이 화재층 출입문인지 알 수 없으므로 동시에 열릴 가능성이 있는 출입문에 모두 방연풍량을 공급하는 것으로 한다. 건물이 총 20층 이상인 경우는 2개 층에서 동시에 피난이 이루어질 것으로 보고, 20층 미만인 경우에는 1개 층에서만 피난이 이루어질 것으로 본다. 피난층(대개 1층)의 출입문도 열리는 것으로 보아야 한다.

방연풍속은 0.7 m/s 이상으로 하여 출입문의 면적을 곱하면 된다. 따라서 방연풍량(Q_d)은 다음 식과 같다.

$$Q_d = 0.7 n_o A \ [m^3/s] \quad \cdots\cdots (5.20)$$

여기서, n_o : 열린 문의 수(20층 이상인 경우 3, 20층 미만인 경우 2)

A : 출입문의 면적(m^2)

㉰ 총급기량 계산

$$Q_T = Q_l + Q_d [m^3/s] \quad \cdots\cdots (5.21)$$

ⓑ 송풍량을 기준으로 덕트의 단면적을 구한다.

㉮ 계단실에는 3개 층마다 급기구를 하나씩 설치하고 전 층을 동시에 급기해야 하므로 수직샤프트가 있어야 한다.

㉯ 수직샤프트는 총풍량이 초속 10 m/s 이내로 흐를 수 있는 단면 크기로서, 전 층에

동일한 단면 크기로 한다.

㉰ 수직샤프트의 공간 상황을 반영하여 덕트의 가로·세로 규격을 결정한다.

ⓒ 덕트의 마찰손실을 계산하여 송풍기의 정압을 구한다.

ⓓ 제조사의 카탈로그에서 최대 풍량과 정압으로 송풍기의 형식과 용량을 선정한다.

ⓔ 급기 송풍기는 상승하는 연기가 유입되지 않도록 건물의 하부에 두어야 한다.

ⓕ 계단실은 동시 급기이므로 풍량을 제어할 필요가 없어서 자동식 차압조절댐퍼가 필요하지 않다. 그 대신 계단실의 과압 해소 대책으로 계단실 상부에는 전체 풍량을 건물 외부로 배출할 수 있는 크기의 배출구가 있어야 한다. 이 배출구는 혹한기에 굴뚝효과에 의해 계단실 공기를 밖으로 배출하는 에너지 누출통로가 되므로 평상시에는 전동댐퍼에 의해 닫혀 있다가 제연시스템과 연동하여 열려야 한다.

ⓖ 방연풍량이 화재층에 공급될 때 화재층 거실의 압력과 계단실의 압력이 평형을 이루지 않도록 급기량 만큼을 옥내에서 외부로 배출해야 한다. 이러한 배출 시스템은 독립된 배출 시스템, 배연창, 거실제연시스템 등의 방식으로 구성할 수 있으며, 독립된 배출시스템은 화재층에서 제연시스템과 연동으로 개방되어 해당 풍량을 배출해야 한다. 배출시스템도 수직풍도와 배출댐퍼 및 배출기를 가져야 하며, 1개층 분량의 방연풍량만 배출하면 되지만 다른 층의 댐퍼에서 누설되는 양이 많으므로 송풍기는 100% 이상의 여유를 가지도록 설계해야 한다.

③ 부속실 가압

ⓐ 각 수직샤프트의 송풍량을 확인한다.

㉮ 누설량 계산

부속실에 연결된 각 층의 출입문이 닫힌 상태에서 누설량을 모두 더한다. 출입문은 기본적으로 계단실 쪽으로 1개 및 옥내 쪽으로 1개(합계 2개)이지만, 옥내 쪽으로 2개인 경우도 있으므로 건축 도면을 잘 파악해야 한다. 그 밖의 누설량 계산 방법은 계단실 제연 방법과 동일하다. 다만, 부속실의 출입문은 계단실 쪽으로나 옥내 쪽으로 한 겹뿐이어서 차압이 분산되지 않으므로 설정 차압 50 Pa을 적용해야 한다.

㉯ 방연풍량 계산

방연풍량의 계산 방법도 계단실 제연방법과 동일하다. 부속실은 옥내 쪽 출입문과 계단실 쪽 출입문이 동시에 열릴 수 있기 때문에 동시에 열리는 출입문의 수는 한 층에서 양쪽의 출입문이 동시에 열리는 것으로 보고 계산해야 한다. 다만, 급기량은 부속실에만 공급하기 때문에 피난층의 출입문이 개방되는 것은 고려할 필요가 없다.
방연풍량(Q_d)은 다음 식과 같다.

$$Q_d = 0.7 n_o A\,[\mathrm{m^3/s}] \quad \cdots\cdots (5.22)$$

여기서, n_o : 열린 문의 수 (20층 이상인 경우 4, 20층 미만인 경우 2)
A : 출입문의 면적($\mathrm{m^2}$)이다.

㈐ 총급기량 계산

$$Q_T = Q_l + Q_d (\mathrm{m^3/s}) \quad \cdots\cdots (5.23)$$

ⓑ 송풍량을 기준으로 덕트의 단면적을 구한다.
㉮ 부속실에는 각 층마다 급기구를 설치하고 전 층에 동시에 급기를 해야 하므로 수직샤프트가 있어야 한다.
㉯ 수직샤프트에는 총 풍량이 10 m/s 이내로 흐를 수 있는 단면의 덕트를 전 층을 동일한 단면 크기로 설치한다.
㉰ 수직샤프트의 공간 상황을 반영하여 덕트의 가로·세로의 규격을 결정한다.
ⓒ 풍량과 정압을 고려하여 송풍기를 선정한다.
ⓓ 급기 송풍기는 원칙적으로 건물의 하부에 두어야 한다. 다만, 고층 건물의 부속실을 제연하는 경우에는 수직샤프트가 길어짐에 따라 덕트의 마찰손실 때문에 상부층과 하부층의 가압 성능에 차이가 있을 수 있기 때문에 옥상에 급기 송풍기를 1대 더 두어 공급 경로의 길이를 줄일 수 있다. 이러한 경우는 연기의 유입을 막기 위하여 NFSC 501A 제20조의 외기 취입구 설치기준을 잘 지켜야 한다.
ⓔ 건물 상부에 급기 송풍기를 설치하는 경우는 가급적 흡입 덕트를 양쪽으로 분기하고 각 분기 덕트마다 연기감지기와 방연댐퍼를 설치하여 연기가 감지되는 쪽의 댐퍼를 닫아 연기의 유입을 방지해야 한다.
ⓕ 부속실은 각 층별로 독립되어 있기 때문에 층별로 차압을 제어할 수 있어야 한다. 차압을 층별로 제어하는 방식에는 층마다 자동식 차압조절댐퍼를 설치하여 차압에 따라 풍량을 변화시키는 방식과 층마다 정풍량을 공급하고 과압 배출구로 배출하는 방식을 적용할 수 있다. 층마다 정풍량을 공급하는 방식은 서징 현상이 없어 안정적이기는 하지만 대규모

풍량이 필요하므로 차압조절댐퍼를 많이 적용하고 있으며, 차압조절댐퍼의 누설로 인해 과압이 발생하는 경우가 많으므로 층마다 과압 배출구를 병설해야 한다.

ⓖ 옥내 배출시설은 계단실 제연 방식의 경우와 같다.

ⓗ 전 층의 차압조절댐퍼가 닫혀서 공급 풍량이 극히 적어질 때는 운전 범위가 송풍기의 서징 영역에 들어가게 되며, 극심한 압력 요동현상이 발생하게 됨으로써 압력제어가 불가능해지므로 인버터 제어로 송풍기의 회전수를 줄여주거나 덕트에 대형 배출구를 설치하여 외부로 풍량을 배출할 수 있도록 해야 한다.

문제

다음은 특별피난 계단 부속실 등에 설치하는 급기가압방식 제연설비의 측정, 시험, 조정, 항목을 열거한 것이다. 맞지 않는 것은?

① 출입문의 크기, 개폐 방향이 설계도면과 일치하는지 여부 확인
② 출입문과 바닥 사이의 틈새가 균일한 지 여부 확인
③ 화재감지기 동작에 의한 설비 작동 여부 확인
④ 피난구의 설치 위치 및 크기의 적정 여부 확인

정답 ②

5.4 승강장 제연설비 설계 순서

(1) 가압공간을 확인

① 수직샤프트 가압

승강장에 독립된 수직샤프트를 통해 가압하는 방식이다.

② 승강로 가압

승강기 승강로를 수직샤프트로 이용하여 승강장을 가압하는 방식으로 별도의 수직풍도가 없는 방식이다.

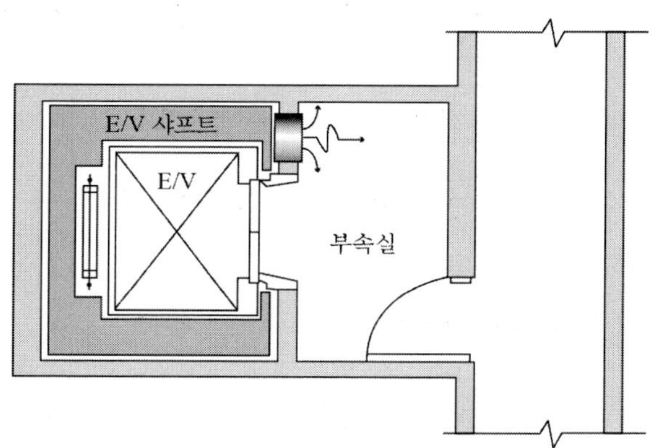

그림 5.35 승강로 가압의 평면도

(2) 수직샤프트 가압

① 각 수직샤프트의 송풍량을 확인

ⓐ 누설량 계산

승강장에 연결된 각 층의 출입문이 닫힌 상태에서 누설량을 모두 더한다. 출입문은 기본적으로 옥내 쪽으로 1개이지만, 옥내 쪽으로 2개인 경우도 있으므로 건축 도면을 잘 파악해야 한다. 승강장에는 옥내출입문 외에도 승강기 출입문이 있으므로 그 문을 통하여 승강로 쪽으로 누설되는 양을 더해야 한다.

㉮ 승강기 승강로를 통한 누설량 계산

승강기 출입문의 누설면적은 NFSC 501A 제12조에 따라 다음 식과 같다.

$$A_{el} = 0.06 \times (L/8)\ \mathrm{m}^2 \quad \cdots\cdots (5.24)$$

여기서, L : 승강기 출입문의 틈새길이(m)

A_{el} : 승강기 출입문의 누설면적(m^2)

위의 식으로부터 구한 승강기 출입문의 틈새면적을 더하여 전체 누설면적으로 하면 누설면적이 너무 커진다. 실제 승강로로 누설되는 공기는 최종적으로 승강로 상단의 로프 홀과 피난층(보통 1층) 및 지하층 피트 출입문으로만 새어 나가기 때문에 그 경로에 대한 상당누설면적을 계산하여 누설량을 계산해야 한다.

승강장에서 승강로로 누설되는 1차 누설틈새면적(A_{e1})은 다음 식과 같다.

$$A_{e1} = (n-1)A_{el} = 0.06 \times (n-1)(L/8)\ [\mathrm{m}^2] \quad \cdots\cdots (5.25)$$

여기서, n : 승강기가 연결된 전체 층수, 피난층에서는 공기가 오히려 밖으로 빠져 나가므로 $n-1$로 하였다.

승강로에서 밖으로 빠져나가는 2차 누설틈새면적은 다음과 같다.

$$A_{e2} = A_{hole} + A_{elo} + A_d\ [\mathrm{m}^2] \quad \cdots\cdots (5.26)$$

여기서, A_{e2} : 승강로에서 밖으로 빠져나가는 2차 누설틈새면적

A_{hole} : 승강로 상단의 로프 홀 틈새면적

A_{elo} : 피난층에서 열린 채로 정지한 승강기 출입문 틈새면적

A_d : 피트의 점검문 틈새면적

2차 누설틈새면적은 우측 3가지 누설틈새 외에도 승강로 벽에 다른 누설 요인이 있을 때에는 추가로 더해야 한다.

승강로를 통해 외부로 빠져나가는 누설량은 A_{e1}과 A_{e2}를 차례로 거쳐 누설되기 때문에 2개의 누설틈새면적을 직렬로 결합하여 다음 식에 의해 상당누설틈새면적 A_e를 계산한다.

$$A_e^2 = \frac{1}{\dfrac{1}{A_{e1}^2} + \dfrac{1}{A_{e2}^2}}\ [\mathrm{m}^2] \quad \cdots\cdots (5.27)$$

승강기 출입문은 KS F 3109(문 세트의 규정을 적용할 수 없고, 전체 층을 합한 상당면적이기 때문에 층별로 나눌 수도 없으므로 승강로를 통한 누설량(Q_{el})은 다음 식과 같이 한꺼번에 전 층의 양을 계산한다.

$$Q_{el} = 0.83 A_e \sqrt{\Delta P}\ [\mathrm{m}^3/\mathrm{s}] \quad \cdots\cdots (5.28)$$

여기서, 0.83은 무차원 유량 계수이며, 상당누설면적을 통한 누설은 승강장과 옥

외 사이의 전체 차압에 의해 이루어지므로 ΔP[Pa]은 설정 차압 50 Pa를 적용한다.

㉯ 옥내 쪽 출입문을 통한 누설량 계산

옥내 쪽 출입문을 통한 누설량(Q_{ld})은 다음 식과 같다.

$$Q_{ld} = \frac{0.9}{60} n_s A_d \sqrt{\frac{\Delta P}{25}} \quad \cdots\cdots (5.29)$$

여기서, n_s는 층수, A_d는 옥내 쪽 출입문의 누설면적(m^2), ΔP는 설정 차압(Pa)이다.

㉰ 전체 누설량 계산

전체 누설량(Q_{lT})은 다음 식과 같다

$$Q_{lT} = Q_{el} + Q_{ld} \ [\text{m}^3/\text{s}] \quad \cdots\cdots (5.30)$$

ⓑ 방연풍량 계산

방연풍량(Q_d)은 옥내 쪽 출입문과 승강기 출입문이 동시에 열리지는 않을 것으로 보고, 옥내 쪽으로 열린 출입문으로 나가는 풍량을 계산한다. 풍량은 다음 식과 같다.

$$Q_d = 0.7 n_o A_d \ [\text{m}^3/\text{s}] \quad \cdots\cdots (5.31)$$

여기서, n_o : 열린 문의 수(20층 이상인 경우 4, 20층 미만인 경우 2)

A_d : 출입문의 면적(m^2)이다.

ⓒ 총급기량 계산

$$Q_T = Q_l + Q_d \ [\text{m}^3/\text{s}] \quad \cdots\cdots (5.32)$$

② 덕트 단면적을 구하는 방법은 부속실 가압과 같다.

③ 그 외의 고려 사항은 부속실 가압과 같다.

④ 아파트의 경우 승강장과 특별피난계단 부속실을 하나의 공간으로 겸용할 수 있으며, 이 경우 승강장에 연결되는 모든 출입문의 누설틈새와 방연풍량을 고려해야 한다.

(3) 승강로 가압

① 각 수직샤프트의 송풍량을 확인한다.

ⓐ 누설량 계산

승강기의 모든 출입문이 닫힌 상태에서 누설될 수 있는 양을 모두 더한다. 승강기 출입문의 누설면적(A_{el})은 승강장 가압과 같은 방법으로 계산한다.

$$A_{el} = 0.06 \times (L/8) \ [\mathrm{m}^2] \cdots\cdots (5.33)$$

승강기 출입문은 KS F 3109(문 세트)의 규정을 적용할 수 없으므로 다음 식으로 계산한다.

$$Q_l = 0.83 n A_{el} \sqrt{\Delta P} \ [\mathrm{m}^3/\mathrm{s}] \cdots\cdots (5.34)$$

여기서, n은 승강로에 연결된 승강장의 전체 층수이며, 승강기 출입문은 승강장으로 향하고 승강장에서 옥내 쪽으로 나가는 문이 또 있어서 차압이 분산되므로 ΔP(Pa)는 설정 차압 25 Pa만 적용하면 된다.

ⓑ 방연풍량 계산

방연풍량(Q_d)은 승강기 출입문의 열린 틈으로 나가는 풍량을 계산한다. 승강기 출입문이 열린 틈새면적은 0.7 m^{2}를 적용하고, 승강기 출입문은 한 층에서만 열리므로 방연풍량은 1개 층만 적용하면 된다.

$$Q_d = 0.7 \times 0.7 \ [\mathrm{m}^3/\mathrm{s}] \cdots\cdots (5.35)$$

ⓒ 전체 급기량(Q_T) 계산

$$Q_T = Q_l + Q_d \ [\mathrm{m}^3/\mathrm{s}] \cdots\cdots (5.36)$$

② 승강로를 급기덕트로 사용하므로 덕트의 단면적은 계산할 필요가 없다.

③ 승강로의 대형 단면으로 공기가 유동하므로 마찰손실이 매우 작아서 송풍기의 용량 부담도 작아진다.

④ 급기 송풍기는 건물 하부에 설치한다.

⑤ 부속실 가압과 마찬가지로 각 층 승강장의 승강로 쪽 벽에 차압조절댐퍼를 설치해야 하고

옥내 쪽 벽에는 과압배출장치를 설치해야 한다.

⑥ 옥내 배출시설은 계단실 가압과 같다.

문제

다음과 같이 엘리베이터 전실에 급기가압을 설치하고자 한다. 다음의 조건에 답하시오.

> [조건]
> - 문틈 사이의 면적은 0.09 m^2이다.
> - 화재 시 개폐되는 문은 0.9 × 2.1 2개이고 그때의 풍속은 0.9 m/s이다.
> - 지하 1층~지하 3층까지 설치한다.
> - 주덕트의 풍속은 15 m/s로 한다.
> - 급기 팬은 지상 3층의 옥탑에 설치한다.
> - 전실의 차압은 50 Pa로 한다.
> - 송풍기의 효율은 50%이고 여유율은 10%이다.

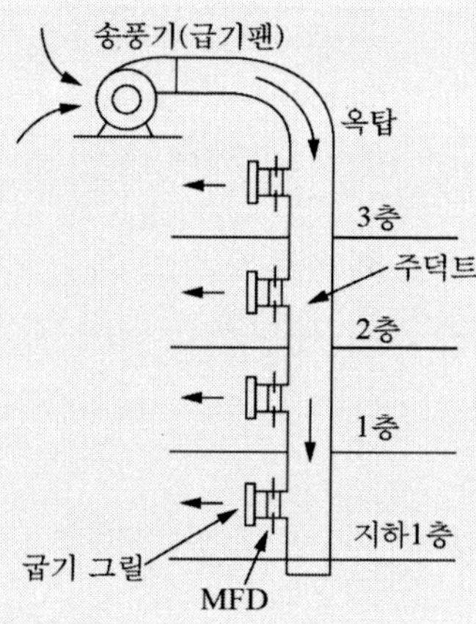

① 전실의 가압 급기량은 얼마인가?

$$Q_1 = K \times A \times \Delta P^{1/n} = 0.827 \times A \times \Delta P^{1/n}$$

여기서, Q_1 : 급기량

A : 누설면적(m^2)

ΔP : 차압(Pa 또는 N/m^2)

n : 누설면적과 관계되는 상수(출입문 2, 창문 1.6)

K : 상수(0.827)

$$Q_2 = A_D \times V_A \times N$$

여기서, Q_2 : 문 개방 급기량

A_D : 문의 면적(m²)

V_A : 공기속도(m/s)

N : 문의 개수

㉮ 문의 틈새에 의한 급기량(Q_1)은 얼마인가?

㉯ 문의 개폐에 의한 급기량(Q_2)은 얼마인가?

㉰ 총급기량은 얼마인가?

② 주덕트 한변의 길이는 얼마인가?

③ 전압이 60(mmAq)인 경우 송풍기의 동력(L(KW))은 얼마인가?

④ 급기 그릴의 크기는 얼마인가?(단, 가로길이는 40 cm이다)

풀이 ① 전실의 가압 급기량

㉮ 문의 틈새에 의한 급기량(Q_1)

$$Q_1 = 0.827 \times A \times P^{1/n} = 0.827 \times 0.09 \times 50^{1/2} = 0.526\ \mathrm{m^3/s}$$

㉯ 문의 개폐에 의한 급기량(Q_2)

$$Q_2 = A_D \times V_A \times N = 0.9 \times 2.1 \times 0.9 \times 2 = 3.402\ \mathrm{m^3/s}$$

㉰ 총급기량(Q)

$$Q = Q_1 + Q_2 = 0.526 + 3.402 = 3.928\ \mathrm{m^3/s}$$

② 주덕트 한 변의 길이

$Q = A \cdot V$

$3.928\ \mathrm{m^3/s} = \mathrm{L}^2 \times 15\ \mathrm{m^3/s}$

$L^2 = 0.262\, m^2$

∴ 1변의 길이 $L = \sqrt{0.262} = 0.512\ \mathrm{m} = 51.2\ \mathrm{cm}$

③ 송풍기 동력(L(KW))

$$L(\mathrm{KW}) = \frac{P_T \times Q}{102 \times 60 \times E} = \frac{60 \times 3.928 \times 60}{102 \times 60 \times 0.5} \times 1.1 = 5.083\ \mathrm{KW}$$

④ 급기그릴의 크기

예상제연구역에 공기가 유입되는 공기의 순간풍속은 5 m/s 이하로 설계하므로

$Q = A \cdot V$에서 $3.928\ \mathrm{m^3/s} = \mathrm{L}^2 \times 5\ \mathrm{m/s}$

$L^2 = = 0.786\ \mathrm{m^2}$

세로의 길이$= \dfrac{0.786\ \mathrm{m^2}}{0.4\ \mathrm{m}} = 1.97\ \mathrm{m} = 197\ \mathrm{cm}$

5.5 부속실 및 승강장 겸용 제연설비 계산 예제

(1) 계산 조건

특별피난계단 부속실과 비상용승강기 승강장을 겸용하는 아파트의 부속실에 대한 급기가압용 송풍기 용량을 구해보기로 한다. 부속실 및 승강장 겸용 제연설비 예제 도면은 그림 5.36에 나타내었다.

건물 층수는 50층이다. ①번은 두 세대의 현관문으로써 폭이 90 cm이고 높이는 210 cm이며, ②번은 계단실로 나가는 출입문이고 크기는 ①번과 같으며, ③번은 비상용승강기의 출입문이고, 각 출입문의 누설 요소는 표 5.6과 같다.

설정 차압은 50 Pa로 한다. 스프링클러가 있는 경우에 규정 차압은 12.5 Pa 이상이지만, 정확한 차압 형성은 매우 어려우므로 시스템의 불균형을 고려하여 50 Pa을 목표로 한다.

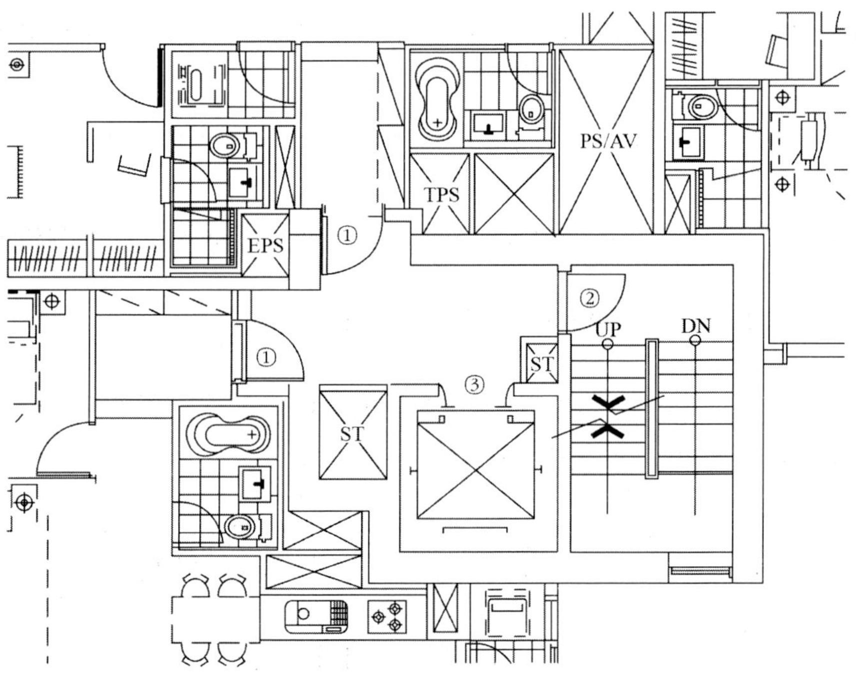

그림 5.36 부속실 및 승강장 겸용 제연설비 예제 도면

표 5.6 각 출입문의 누설 요소

번호	명칭	크기[m]	수량	기호[입력]	틈새면적[m²]
①	세대별 출입문	0.9 × 2.1	층별 2개	A_d	
②	계단실 출입문	0.9 × 2.1	층별 1개	A_d	
③	승강기 출입문	1.0 × 2.1	층별 1개	L	
기타	승강기 피트 점검문	0.9 × 2.1	지하층 1개소	A_d	0.007
	1층에서 멈춰서 열린 승강기 출입문		1개소	A_{elo}	0.7
	승강로 상단의 승강기 로프 홀		1개소	A_{hole}	0.1

(2) 제연설비 계산과정

① 누설량 계산

누설 요소는 세대 출입문 2개소, 계단실 출입문 1개소, 그리고 승강기 출입문이 1개소이다. 세대 출입문과 계단실 출입문은 동일한 크기로 하였으므로 누설량도 같다.

ⓐ 세대 출입문과 계단실 출입문을 통한 누설량(Q_{ld})은 식 5.29로부터 다음 식과 같다.

$$Q_{ld} = \frac{0.9}{60} n_s A \sqrt{\frac{\Delta P}{25}} \quad \cdots\cdots (5.37)$$

위의 식에서 A는 출입문 면적이고, 출입문은 0.9 m × 2.1 m의 크기가 3개이므로

$$A = 0.9\ \text{m} \times 2.1\ \text{m} \times 3\text{개} = 5.67\ \text{m}^2$$

n_s는 층수이고, 건물이 50층이므로 n_s=50이고, ΔP는 설정 차압이고 $\Delta P = 50\,Pa$이 된다. 따라서 누설량은 다음과 같다.

$$Q_{ld} = \frac{0.9}{60} n_s A \sqrt{\frac{\Delta P}{25}} = \frac{0.9}{60} \times 50 \times 5.67 \sqrt{\frac{50}{25}} \simeq 6\ \text{m}^3/\text{s}$$

ⓑ 승강기 출입문을 통한 누설량은 식 5.38을 이용하여 계산한다.

$$A_{e1} = (n-1)A_{el} = 0.06 \times (n-1)(L/8)\ [\text{m}^2]$$

$$A_{e2} = A_{hole} + A_{elo} + A_d\,[\mathrm{m}^2]$$

$$A_e^2 = \frac{1}{\dfrac{1}{A_{e1}^2} + \dfrac{1}{A_{e2}^2}}\,[\mathrm{m}^2]$$

$$Q_{el} = 0.83 A_e \sqrt{\Delta P}\ [\mathrm{m}^3/\mathrm{s}] \quad \cdots\cdots (5.38)$$

승강기 출입문의 크기는 표 4.26으로부터 1.0 m × 2.1 m이므로 틈새의 길이는 그림 5.37과 같이 둘레 길이와 양쪽 출입문의 가운데 접촉부까지 총 8.3 m(1.0 × 2 + 2.1 × 3 = 8.3)이다.

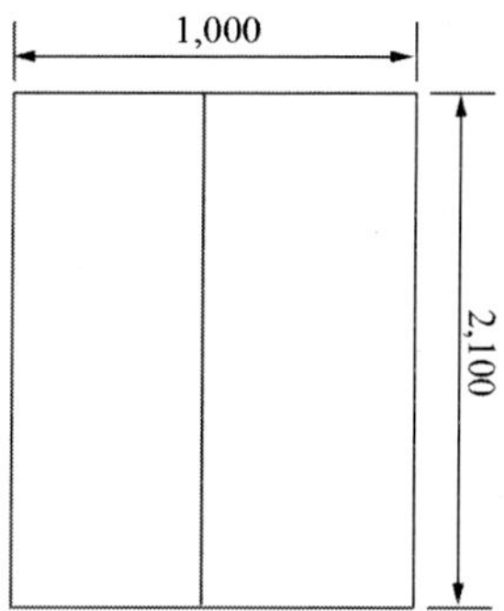

그림 5.37 승강기 출입문의 틈새길이

㉮ 1층을 제외한 전체 49개 층의 1차 누설틈새면적(A_{e1})은

$$A_{e1} = (n-1)A_{el} = 0.06 \times (n-1)(L/8)\,[\mathrm{m}^2]$$
$$= 0.06 \times (50-1) \times (8.3/8) = 3.05\ \mathrm{m}^2$$

㉯ 2차 누설틈새면적(A_{e2})은

$$A_{e2} = A_{hole} + A_{elo} + A_d = 0.1 + 0.7 + 0.007 = 0.807\ [\mathrm{m}^2]$$

㉰ 승강로를 통한 상당누설면적(A_e)은

$$A_e^2 = \frac{1}{\dfrac{1}{A_{e1}^2} + \dfrac{1}{A_{e2}^2}} = \frac{1}{\dfrac{1}{3.05^2} + \dfrac{1}{0.807^2}} = 0.78\ \mathrm{m}^2$$

㉣ 승강로를 통한 누설량(Q_{el})은

$$Q_l = 0.83A_e\sqrt{\Delta P} = 0.83\times 0.78\sqrt{50} = 4.578\ [\mathrm{m^3/s}]$$

ⓒ 전체 누설량(Q_{lT})은

$$Q_{lT} = Q_{el} + Q_{ld} = 4.578 + 6 = 10.578\ [m3/s]$$

② 방연풍량(Q_d) 계산

$$Q_d = 0.7n_oA_d$$

위 식에서 열린 출입문의 수 n_o는 20층 이상이므로 층당 2개소씩 2개층으로 4를 대입하고, 출입문의 면적$A_d = 1.89\,(\mathrm{m^2})$를 대입하면

$$Q_d = 0.7n_oA_d = 0.7\times 4\times 1.89 = 5.292\ (\mathrm{m^2/s})$$

③ 전체 풍량 계산

전체 풍량은 총누설량과 방연풍량을 더한다.

$$Q_T = Q_{lT} + Q_d = 10.578 + 5.292 = 15.87\ [\mathrm{m^3/s}]$$

이상의 계산에서 Q_{ld}를 계산할 때 누설되는 출입문이 있는 층수는 방연풍속이 방출되는 두 개의 층을 제외하고 $n_s - 2$를 대입하는 것이 엄밀한 계산이지만, 풍량은 큰 차이가 없기 때문에 편리하게 n_s를 대입하여 계산하였다.

④ 송풍기 용량 결정

ⓐ 송풍기의 용량은 화재안전성능기준(NFPC 501A) 제19조 제1호의 규정에 따라 송풍량의 계산 결과에 15%를 할증하여 정한다.

$$\text{송풍기 용량 } Q = 15.87\ \mathrm{m^3/s}\times 1.15 \fallingdotseq 18.25(\mathrm{m^3/s}) = 65{,}700\ \mathrm{m^3/h}$$

ⓑ 송풍기 정압 결정

송풍기 정압은 송풍기로부터 가장 먼 곳에 전체 풍량(65,700 m^3/h)을 보내는 것으로 계산한다. 자세한 계산은 생략한다.

⑤ 덕트 단면 결정

송풍기 1대만을 설치하는 경우의 덕트 단면적(A_{duct})은 풍속을 15 m/s 이내로 하여

$$A_{duct} = 18.25(\mathrm{m^3/s}) \div 15(\mathrm{m/s}) = 1.22\ \mathrm{m^2}$$

이상으로 하고, 송풍기를 분리하여 건물 상하부에 1대씩 설치하는 경우는 풍량이 두 방향으로 분할되므로 덕트 단면적은 A_{duct}에서 계산된 값의 절반인 0.61 m^2 이상이 된다.

⑥ 급기댐퍼의 크기 결정

급기댐퍼의 면 풍속은 5 m/s 이하로 하고, 열린 출입문 2개소 (계단실 및 세대 출입문 각 1개소)에 0.7 m/s의 방연풍속으로 내보내는 방연풍량(Q)은

$$Q = 2 \times 1.89\ \mathrm{m^2} \times 0.7\ \mathrm{m/s} = 2.65\ \mathrm{m^3/s}$$

따라서 급기댐퍼의 유효면적은

$$a = 2.65(\mathrm{m^3/s})/5(\mathrm{m/s}) = 0.53\ \mathrm{m^2}$$

개구율을 60%로 가정하면, 급기댐퍼 전체 크기(A_{damper})는

$$A_{damper} = 0.53/0.6 = 0.9\ \mathrm{m^2}$$

(3) 서징 현상 검토

일반적인 서징 현상에 대한 현상은 제2장 송풍기에서 발생하는 특이현상에서 설명하였다.

① 서징 발생 가능성 검토

일반적으로 다익형 송풍기(sirocco fan)는 설계점 풍량의 70% 이하로 내려가면 서징이 발생하고, 에어포일형 송풍기는 설계점 풍량의 40% 이상이 되어야만 안정된 운전범위라고 알려져 있다. 따라서 송풍기의 운전 조건을 검토하여 서징 발생 가능성을 예측하고 대책을 세워야 한다.

특별피난계단 부속실 및 비상용 승강기 승강장의 급기가압용 송풍기는 송풍량의 변화 폭이 크기 때문에 서징이 발생할 가능성이 크다. 서징 발생 가능성은 송풍기의 최소 운전 풍량을 검토함으로써 판단할 수 있다. 급기가압용 송풍기의 최소풍량은 방연풍량이 공급되지 않고 누설량도 매우 작을 때 나타날 수 있다.

위의 부속실 예제의 경우 송풍기 설계풍량은 18.25 m^3/s이고, 누설량은 10.578 m^3/s 이므로 방연풍량이 공급되지 않을 때의 풍량은 설계풍량의 58% 정도이다. 이 운전 조건으로는 다익형 송풍기에서는 반드시 서징이 발생한다. KS F 3109(2013)에 의하면 25 Pa의 차압에서 0.9 $m^3/m^2 \cdot min$ 이하로 규정되어 있으므로 이 예제에서 각 출입문에 설치되는 방화문의 허용 누설은 그 한계값을 적용하지만, 출입문의 실제 검사 결과는 누설이 그 반 이하이며, 승강기 출입문 누설틈새도 준공 초기에는 대부분 화재안전성능기준 및 화재안전기술기준에 규정된 계산 기준의 절반 이하로 나타난다. 따라서 방연풍량이 공급되지 않을 때의 운전 범위는 설계풍량의 25%에도 미치지 못할 수 있으므로 모든 종류의 송풍기에서 서징이 발생할 가능성이 크다.

② 서징 예방 대책

서징은 덕트 계통의 댐퍼 폐쇄 등으로 인해 배출량이 줄어들 때 덕트 내 정압이 송풍기 배출압력보다 순간적으로 높아지는 현상이 반복되면서 생기는 현상이므로 송풍기의 배출압력이 덕트 계통의 정압보다 낮아지지 않는 방식으로 배출량을 줄이거나 덕트 계통의 저항을 줄여서 서징한계 이상의 최저 풍량을 공급할 수 있도록 해야 한다.

ⓐ 송풍기 배출압력이 덕트 정압보다 낮아지지 않게 풍량을 줄이는 대표적인 방법은 인버터를 사용하여 송풍기 회전수를 줄이는 것이다.(회전수변화법) 송풍기 배출 측의 정압을 측정하여 인버터와 연동시킴으로써 덕트 내의 정압을 일정하게 유지하도록 함으로써 해결할 수 있다.

ⓑ 서징한계 이상의 풍량을 공급할 수 있도록 하는 방법으로는 덕트 계통의 어느 부분에 릴리프 댐퍼를 설치하여 공기의 일부를 덕트 외부로 배출하는 것이다. 댐퍼나 출입문이 정밀하게 제작되면 누설틈새는 거의 0이 되므로 최저 풍량 전체를 배출할 수 있는 크기이

어야 한다. 따라서 이 예제에서 필요한 배출량은 다음과 같다.

㉮ 다익형 송풍기의 경우

$$Q_{re} = 18.25\ \mathrm{m^3/s} \times 0.7 = 12.8\ \mathrm{m^3/s}$$

송풍기 배출측에 인접하여 설치할 경우, 송풍기의 설계정압이 300 Pa이라면 릴리프는 송풍기 정압보다 조금 높은 350 Pa에서 전량을 배출할 수 있도록 배출단면적(A_{re1})을 구한다.

$$A_{re1} = \frac{Q_{re}}{0.83\sqrt{P}} = \frac{12.8}{0.83\sqrt{350}} \fallingdotseq 0.824\ \mathrm{m^2}$$

덕트 계통의 말단에 설치할 경우, 말단에서 유지해야 하는 기본 정압을 초과할 때 전량을 배출할 수 있어야 한다. 기본 정압이 100 Pa이라면 릴리프는 기본 정압보다 조금 높은 150 Pa에서 전량을 배출할 수 있도록 배출 단면적(A_{r2})을 구한다.

$$A_{re2} = \frac{Q_{re}}{0.83\sqrt{P}} = \frac{12.8}{0.83\sqrt{150}} \fallingdotseq 1.26m^2$$

이 계산에서는 배출 단면적이 덕트의 단면적과 같아진다. 즉, 덕트 단면의 전체를 개방하고 150 Pa에서 자동으로 완전히 개방되는 댐퍼를 설치하여야 한다.

㉯ 에어포일 송풍기의 경우

$$Q_{re} = 18.25\ \mathrm{m^3/s} \times 0.4 = 7.3\ \mathrm{m^3/s}$$

릴리프 댐퍼의 면적 ($A_{re1,}\ A_{re2}$)은 배출풍량에 비례하므로 다익형 송풍기 배출단면적의 약 57% 정도가 된다.

$$A_{re1} = 0.57 \times 0.824 = 0.47\ \mathrm{m^2}\ \text{이상}$$

$$A_{re2} = 0.57 \times 1.26 = 0.72\ \mathrm{m^2}\ \text{이상}$$

찾아보기

| 지은이 소개 |

추 병 길

• 전남대학교 기계공학과 공학박사

• 전) 순천제일대학교 소방방재과 교수
청암대학교 소방안전관리과 교수

제연설비

1판 1쇄 발행 2024년 1월 30일

지은이 추병길
발행인 서철종
발행처 도서출판 지우북스
주소 경기도 파주시 문발로 115 세종출판벤처타운 209호
전화 031-915-6670(代)
팩스 031-915-6671
이메일 jwbooks@nate.com
홈페이지 www.jwbooks.co.kr
출판등록 제406-251002017-000032호

ISBN 979-11-92639-18-5 93530

정가 24,000원

※ 본 저작물의 무단복제는 저작권법 제136조(권리의 침해죄)에 따라 위반자는 5년 이하의 징역 또는 5천만 원 이하의 벌금에 처하거나 이를 병과할 수 있습니다.